金属弹性材料研究及应用

吴淑媛　编著

北　京
冶 金 工 业 出 版 社
2021

内 容 简 介

本书共 13 章。前 9 章主要从基本物理概念出发，介绍与弹性材料有关的基础理论知识，通过阐述弹性、塑性变形机理和应力应变的关系，对 150 多个牌号的组织、性能、用途做了介绍；后 4 章主要阐明弹性材料的分类、化学组成、组织结构、性质、特点和用途。

本书可供从事金属材料研发、生产、工艺技术研究工作的科技人员、工程技术人员参考，也可供大专院校相关专业师生阅读。

图书在版编目(CIP)数据

金属弹性材料研究及应用/吴淑媛编著．—北京：冶金工业出版社，2018.10（2021.8 重印）

ISBN 978-7-5024-7866-7

Ⅰ.①金… Ⅱ.①吴… Ⅲ.①金属材料—弹性材料—研究 Ⅳ.①TG14

中国版本图书馆 CIP 数据核字(2018)第 216563 号

出版人　苏长永

地　　址　北京市东城区嵩祝院北巷 39 号　邮编　100009　电话　(010)64027926

网　　址　www.cnmip.com.cn　电子信箱　yjcbs@cnmip.com.cn

责任编辑　李培禄　美术编辑　彭子赫　版式设计　禹　蕊

责任校对　石　静　责任印制　李玉山

ISBN 978-7-5024-7866-7

冶金工业出版社出版发行；各地新华书店经销；北京建宏印刷有限公司印刷

2018 年 10 月第 1 版，2021 年 8 月第 2 次印刷

710mm×1000mm　1/16；13 印张；253 千字；197 页

55.00 元

冶金工业出版社　投稿电话　(010)64027932　投稿信箱　tougao@cnmip.com.cn

冶金工业出版社营销中心　电话　(010)64044283　传真　(010)64027893

冶金工业出版社天猫旗舰店　yjgycbs.tmall.com

（本书如有印装质量问题，本社营销中心负责退换）

前　言

弹性材料是精密合金的组成部分，是精密仪器仪表及精密制造工业中不可缺少的材料。中华人民共和国成立以来，为了适应国防和工业建设的需要，我国建立了研究和生产精密合金的基地。至1964年，弹性合金的生产、研究已初具规模，品种、质量及数量与日俱增。作者从到全国各地访问用户、了解弹性材料的使用情况和对材料的具体要求开始，自始至终都参加了原冶金部组织的弹性材料标准的实验和制订工作。这些工作不仅加深了人们对弹性材料的认识，而且对我国"四化"建设起到了积极作用。本书以标准中所列牌号为准，给出的性能、数据、曲线和图表主要为笔者多年来在科研、试制和生产中积累的实测数据，为求得数据的准确，相继得到中国科学院物理研究所、中国金属研究所（沈阳）、鞍山钢铁厂中心实验室的协助测试，余者便是引自国内外的有关资料。实践得知，弹性材料研究是一门介于软磁合金、膨胀合金、电阻合金和高温合金之间的边缘科学，它始于弹性和滞弹性，并为科学家所继续。因此本书具有以下四方面特点：

（1）把材料研究与应用以及彼此间微妙的相互渗透的关系紧密地结合起来。

（2）从实践中汲取事实，并以新概念丰富这种实践。

（3）为方便读者材料按用途分类。

（4）本书对150多个牌号的性能、用途作了介绍，具有手册性的特点。

鉴于本书涉及的知识面广，且尚处于不断发展阶段，所以力求编著的内容在有一定广度的基础上，突出那些比较成熟、比较实用的材料。为此对3J1、3J21、3J53、3J40等合金的性质、用途、成分、主要工艺参数及组织结构做了比较系统的介绍，从而也可作为入门性的读物。

在我所经手的弹性材料中，加工难度最大的是3J40合金，虽然它的耐磨性和抗蚀性都优于其他合金，尤其是钴基合金，可现在世界各国都无一例外地使用钴基合金材料做轴尖。我认为这是个误区，这是根据我亲力亲为二十多年工作实践得出的结论。而得到 ϕ0.003mm 的微细丝则更是难上加难，可以说是前无古人所为。我认为有责任把它传承下去，这也是我写这本书的目的。

吴淑媛

2018 年 5 月

书用主要的物理量符号

σ_b——破断强度，MPa

σ_s——屈服极限，MPa

σ_e——弹性极限，MPa

σ_{-b}——压缩强度极限，MPa

δ——伸长率,%

ε——变形程度,%

ψ——面缩率、变形量、减面率,%

ϕ——直径，mm

μ——泊松比或横向变形系数

γ——剪切的相对变形，rad

e——弹簧刚度系数

$\sigma_{0.2}$——条件屈服极限，MPa

$\sigma_{0.002}$——弹性极限，MPa

σ_k——断裂强度，MPa

HB——布氏硬度

HRC——洛氏硬度

HV——维氏硬度，MPa

a_K——冲击韧性，MPa

τ——剪应力，MPa

ε_e——弹性应变

E——弹性模量，MPa

G——剪切模量（切变弹性模量），MPa

D——流体静压力压缩模量，MPa

f_c——扭转振动频率，Hz

f_L——垂直振动频率，Hz

θ^{-1}——内耗

H——激活能

T_c——居里温度,℃

λ_s——饱和磁致伸缩系数（$\times10^{-6}$）,$℃^{-1}$

H_c——磁矫顽力

k_α——磁各向异性常数

k_π——矩形系数

β_g——剪切模量温度系数（$\times10^{-6}$）,$℃^{-1}$

β_{fg}——剪切频率温度系数（$\times10^{-6}$）,$℃^{-1}$

α——线膨胀系数（$\times10^{-6}$）,$℃^{-1}$

ρ——电阻率，Ω·mm/m

M_n——扭矩，N·m

J_p——极惯性矩，cm^4

W_p——抗扭截面模量，cm^3

W_z——抗弯截面模量，cm^3

β——弹性模量温度系数（$\times10^{-6}$）,$℃^{-1}$

Q——机械品质因数

目　　录

1 弹性材料的基本物理概念

1.1 晶体的构造与结晶

弹性合金同一切固体物质一样，分为晶体和非晶体两大类（也称为晶态和非晶态）。

晶体是由原子或离子、分子等按一定的周期排列而成的，如 3J1、3J21、3J53 等合金。非晶体，内部原子的排列则没有明确的周期性，例如 $Fe_{73}Si_{10}B_{12}$、$Fe_{67}Cr_{4}Mo_{1\sim6}B_{28}$、$(Fe_{65},Ni_{50},Co_{50})Mo_{25\sim40}B_{10}$、$F_{56}Cr_{26}C_{18}$、$Fe_{46}Cr_{16}Mo_{20}C_{18}$、$Mo_{60}Fe_{20}B_{20}$、$Ti_{50}Be_{40}Zr_{10}$等合金。目前弹性材料所研究的领域主要是晶态（体），故在以后的叙述过程中，如无特别指明都是指晶态（体）。

由于非晶体的内部原子排列没有一定的周期性，故非晶体没有一定的几何形状，当受外力敲击成碎片时，所得碎片形状是各不相同的，而各种晶体则各有一定的几何形状。每个晶体的表面由苦干对称平面所组成，晶体受外力打击成小块，是沿着某一平面裂开的（这个平面叫做解理面）。裂开后变成多个小晶体，并保持原有晶体的形状。

晶体的最大特点是它具有各向异性的性质，即晶体的各种物理性质常常随着不同的方向而变。无论硬度、弹性模量、强度等力的性质，线膨胀系数、导热系数等热的性质，折射率等光的性质以及电阻系数、电极化强度等电的性质都是如此。非晶体与此相反，它们的物理特性是各向同性的，即不随方向而变。

晶体溶解时有一定的温度。如果加热某一晶体，当温度升到一定数值时，它才开始溶解。在溶解时，晶体虽吸收热量，从固态过渡到液态，但温度恒定不变。只有当晶体全部溶解后，温度才继续上升。溶解后的晶体因放热而凝固时，情形也与上述相同，而且在相同压强下，凝固温度等于溶解温度。可见晶体的固、液两态界限分得很明确，溶解或凝固温度十分确定。非晶体与此完全不同。当温度升高时，非晶体逐渐软化，软化程度随温度升高而增大，最后完全过渡到液态。溶解后的非晶体因冷却而过渡到固态时也是逐渐的。所以非晶体没有明确的溶解或凝固温度，它的固、液两态没有明确的界限，因此非晶体可认为是黏滞性很大的液体。

按晶体结构不同，晶体又可分为单晶体和多晶体。有些物质的晶体（如石英、方解石等)，在它的全部体积中，含有完全一样的晶体结构，这类晶体叫做单晶体。而弹性合金是由许多晶体结构相同但是任意排列而且大小不等的小晶体所组成，这类晶体叫做多晶体。多晶体的物理性质几乎是各向同性的。多晶体裂开时没有一定的解理面。但多晶体仍然有明确的溶解和凝固温度。

晶体外形的对称性、各向异性等性质，与构成晶体的粒子（原子、分子、离子）的对称排列有着密切的联系。这种对称排列叫做晶体点阵或晶体格子（简称晶格)。晶体点阵是一切晶体所特有的，因此晶体可定义为：凡固体的粒子在空间按一定点阵排列者，这个固体就称为晶体。

晶体点阵按照微粒的性质，可分为离子、原子及分子三种类型。

离子晶体点阵是由正负离子交替排列而成的，例如岩盐的点阵是由带正电的钠离子和带负电的氯离子所组成，每一个离子都占据一个立方体的角。

原子晶体点阵完全由中性原子所组成，碳化硅、金刚石是这类晶体的代表。这类晶体的特点是具有很小的电子和离子导电性、很高的硬度和不显见的解理性。

金属晶体点阵由金属元素正离子所组成。从原子中分离出来的电子（原子中的价电子)，可以在点阵中自由运动，好像容器中气体分子的运动一样。这些自由电子参加热运动，并起导电作用。所以金属的特点是具有良好的导电性和导热性。金属也具有高强度和塑性。

分子晶体点阵由坚固的分子所组成。多原子化合物的晶体例如 P_2O_5、SO_2 属于这一类。这种晶体的特点是具有低熔点和低沸点。

按着晶体点阵的形式，还可以把晶体分成若干晶系。晶体中最小的单位称为晶胞。沿着晶胞交于一个顶点的三条边做三条轴线，则如图 1-1 所示，晶胞的三个边长 a、b、c 和轴线的三个夹角 α、β、γ 这六个数称为晶胞参数或晶格参数。这些参数表示出晶胞的大小和形状，将晶胞沿着三条轴线叠加起来，就成为整个晶体。

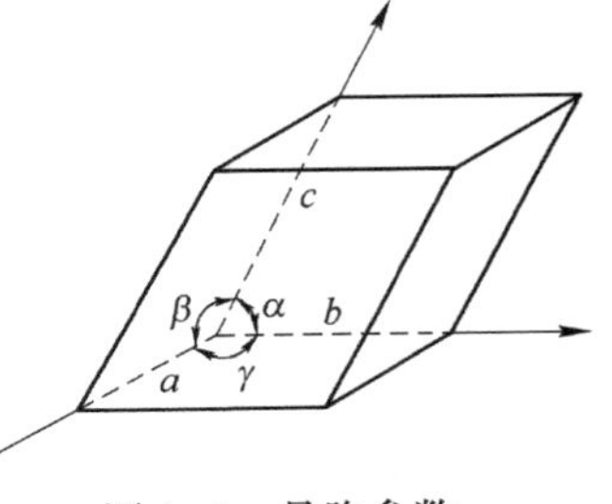

图 1-1 晶胞参数

按晶胞参数可将晶体分为 7 种主要晶系，它们的名称和形状见表 1-1。

表 1-1 主要晶系的名称和形状

晶系	原始点阵	底心点阵	体心点阵	面心点阵	晶胞参数
三斜					$a \neq b \neq c$ $\alpha \neq \beta \neq \gamma \neq 90°$

续表 1-1

晶系	原始点阵	底心点阵	体心点阵	面心点阵	晶胞参数
单斜	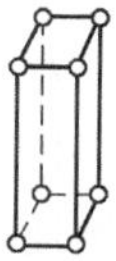	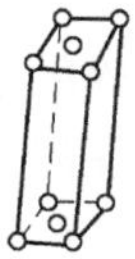			$a \neq b \neq c$ $\alpha = \gamma = 90°$ $\beta \neq 90°$
斜方	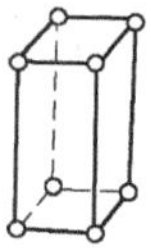	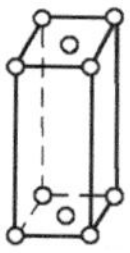	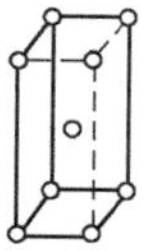	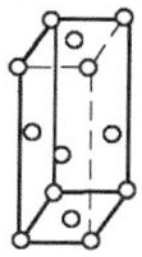	$a \neq b \neq c$ $\alpha = \beta = \gamma = 90°$
三方	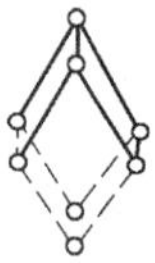				$a = b = c$ $\alpha = \beta = \gamma \neq 90°$
四方	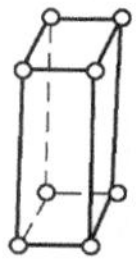		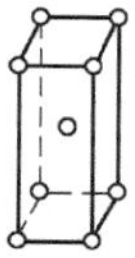		$a = b \neq c$ $\alpha = \beta = \gamma = 90°$
六方		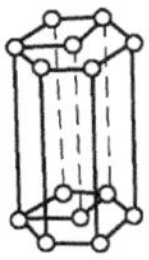			$a = b \neq c$ $\alpha = \beta = 90°$ $\gamma = 120°$
立方	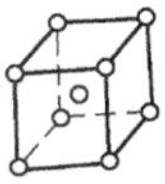		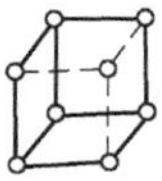	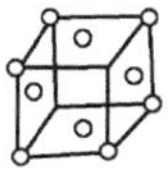	$a = b = c$ $\alpha = \beta = \gamma = 90°$

其中三斜晶系具有最大的普遍性（因为 6 个参数都不相同），立方晶系因边长相等而且轴线互成直角故形状整齐，其他晶系则介于这两者之间。

原子在晶胞中占据各种不同的位置。在表 1-1 中列出了四种最简单的位置。在原始点阵中，每一个角上有一个原子。在底心点阵中，除每个角上有原子外，在上下底面的中心也有原子。在面心点阵中，除每个角上有原子外，在每个面的中心还有一个原子。

上面简单介绍了晶体的结构。必须指出，这里所说的晶体点阵是理想化的。在实际晶体上，总存在着一些缺陷，如空位或混有杂质等。另外，晶体中的原子也在平衡位置附近作热振动。

结晶：溶解后的晶体冷却时所发生的凝固过程称为结晶过程，凝固温度称为结晶温度。

仔细观察溶液的结晶过程发现，溶液开始结晶时的温度往往低于溶解曲线上对应于某一压强的温度。如果我们很小心地将纯粹的液体放在干净的容器内，使它毫无振动地冷却，就可使液体温度降到平衡结晶温度以下若干度，液体仍不结晶。这种低于平衡结晶温度的液体称为过冷液体。结晶温度与物质纯度及外界影响（振动）有密切关系。

结晶过程是这样的：首先在液体中生成晶核（结晶中心），然后由晶核长大成晶体。晶核的产生与液体的过冷程度、内部的能量起伏以及杂质含量等有密切的关系。由于能量起伏，液体中各处的温度不是完全一样的，有的高于平均温度，有的低于平均温度，晶核最容易在温度最低的地方产生。液体中总存在着少量的杂质，各种杂质又不可能完全被溶解。这样，没有被溶解的杂质微粒就最容易成为液体的结晶中心。

如果整个晶体是由一个晶核长大而成的，显然这种晶体是单晶体。但对于弹性合金或各种金属来说，结晶开始后，晶核的数目是不断增加的，晶核的长大与晶核的产生是同时进行的。当由晶核长成的小晶体分散各处尚未接触以前，每个小晶体都被液体所包围，因而这些小晶体的形状是有规则的。但当小晶体继续长大受到相邻小晶体的限制时，小晶体的形状就变为不规则的。这样我们就不难理解为什么金属或合金是由许多大小不一、形状不同的小晶体所组成的多晶体。

1.2 金属与合金的结构

1.2.1 金属的结构

金属又可分为简单金属和过渡金属两类。凡是内电子壳层完全被填满或完全空着的那些元素均属于简单金属，而内电子壳层未完全填满的元素则属于过渡金属。

简单金属元素形成晶体时，是以交出外层价电子的方式而进行相互结合的。可以根据元素最外层的价电子数决定原子价。但是在过渡族元素中，除去最外层的价电子以外，还有其他未填满的电子层，所以它们的结合可能是比较复杂的，原子价可以变化。

由于金属键没有明确的方向性与饱和性，因此可以近似地将金属的原子看成是相互吸引的钢球，结合成晶体时，它们要尽可能地靠近而形成所谓的密集结构。因此典型的金属晶格结构有下列三种：体心立方结构，配位数为 8；面心立方结构，配位数为 12；密集六方结构，配位数为 12。

面心立方结构中原子间的最短距离为$\sqrt{2}a/2$，a 为单位立方体的边长。若把原子所占的体积与这些原子所组成的格子的总体积之比称为紧密系数，则对面心结构来说，这个系数是 0.74。

体心立方结构是不够紧密的，其紧密系数为 0.68。其中每个原子有 8 个与它相距为 $\sqrt{3}a/2$ 的临近原子，故这种结构的配位数为 8。也有人认为在 8 个原子之外还有 6 个与它相距为 a 的次邻近原子。这个次邻近原子与该原子间的距离只比邻近原子与该原子间的距离远 15%，因此配位数是 8+6。

密集六方结构的紧密系数也等于 0.74。其中每个原子都有 6 个与它相距为 a 的邻近原子（在同层上），以及在上下邻近层上还有 6 个邻近原子（上下层各 3 个）。设 a 为底边之长，c 为垂边之长，若轴比 $\frac{c}{a}=\sqrt{\frac{8}{3}}=1.633$，则 12 个邻近原子正好分布在相等的距离 a 上，配位数正好为 12。一般六方结构金属中 $\frac{c}{a}$ 的比值在 1.57~1.64 的范围内变动。

属于体心立方结构的金属有：锂、钠、钾、铷、铯、钡、钛、锆、钒、铌、钽、铬、钼、钨、铁等。

属于面心立方结构的金属有：钙、锶、铝、铜、银、金、铂、铱、铑、钯、铅、钴、镍、铁、铈、钍等。

属于密集六方结构的金属有：铍、镁、钙、钪、钇、镧、铈、镨、钕、铕、钆、钛、锆、铪、铹、铼、钴、镍、钌、锇、锌、镉等。

有些金属的晶体结构可以有几种存在形式，如 Fe 有体心立方结构也有面心立方结构。这种情形称为多型性转变。

从金属晶体的晶胞参数，可以求出两个邻近金属原子间的距离，此距离的一半就称为金属的原子半径。金属原子半径随配位数的不同而稍有变化。如配位数为 12 的面心立方结构与密集立方结构的金属原子半径为 1.00，则配位数为 8 的体心立方结构的金属原子半径为 0.97。

1.2.2 合金的结构

把几种金属元素熔合成一体所得到的物质称为合金。合金的种类很多，其物理性能与合金的结构有密切的关系。组成合金的元素可以互相溶解而形成所谓的固溶体，或者进行化合作用而形成化合物，另外尚能形成以上两者都不能包括的相，称为中间相。下面对这三种合金的结构特点分别加以说明。

1.2.2.1 固溶体

固溶体是固态的溶液，其中一种元素可以认为是溶剂，另一种较少量的金属元素或非金属元素可以认为是溶解在溶剂中的溶质。组成合金的元素称为组元。

固溶体可以分成填隙式与替代式两种类型。如以二元合金为例，若B原子无规则地溶解在金属晶体A的间隙位置中，则称它为间隙式固溶体。晶体的间隙位置一般只能容纳较小的原子，如氢、硼、碳、氮、氧等，才可以占据间隙位置形成填隙式固溶体。

若B原子无规则地在金属A的晶格中替代了A原子，则称这样形成的固溶体为替代式固溶体。替代式固溶体又根据溶质元素的溶解度是有限还是无限，而分成两大类。

若两种组元在各种成分下都可以互相溶解时，则称为无限固溶体。经验证明，若形成无限固溶体，两种组元金属必须具有相同的晶体结构类型，它们的原子半径之差要小于15%，并且它们在周期表中处于相邻的位置，即它们的价数相近。若不符合上述条件，则一般溶质原子在固溶体中的溶解度就是有限的，而形成所谓的有限固溶体。通常，高价金属溶于低价金属比后者溶于前者的量要多。即溶质的价越高，最大溶解度就越低。

有限固溶体或无限固溶体都可能存在有序化状态。在替代式固溶体中，若溶质原子无规则地占据溶剂晶格上的格点，则称为无限固溶体。但是许多实验证明，当温度较低时，溶质原子的无序排列过渡到有序排列，而形成有序固溶体。这种过程称为有序化。实验得知，固溶体从有序到无序的转变，是一个突变过程，存在着一个转变温度 T_c，常称为合金的“居里点”。在绝对零度下，合金处于完全有序状态。当温度由低于 T_c 升高到高于 T_c 时，合金的无序程度将突然增加，变到完全无序状态，并且在转变温度的附近，合金的许多物理性能，如比热容、电阻率、弹性模量、温度系数、线膨胀系数等也都要发生突变。

1.2.2.2 化合物

若合金是由组成元素通过化学作用形成的，且其成分是固定的，并可用简单的原子浓度比表示，则我们称这类合金为金属化合物。

1.2.2.3 中间相

上面所说的化合物，有一定的原子比，可用单一的化学式来表示，故又称为正常价化合物。但另外尚有很多金属化合物，仍属于金属键的类型，成分往往可以在一个范围内变动，不能用单一的化学式来表示。这是一种不能包括在固溶体和正常化合物中的相，称为中间相。其中主要有电子化合物和间隙相。

电子化合物是由两种金属组成的，其中一种为一价的金属（Cu、Ag、Au、Li及Na）或过渡族金属（Mn、Fe、Co、Ni、Rh、Pd、Pt、La及Pr），而另一种称为普通2~5价的金属（Be、Mg、Zn、Cd、Hg、Al、Ga、In、Si、Ge、Sn、As及Sb）。这种化合物的特点是，价电子数目与原子数目之间具有一定的比例，即

3∶2、21∶13、7∶4 等。每一比值均对应于一定的晶格结构。

如果某一合金相，它们的晶体结构相同，都是体心立方结构（或都是面心或六方结构），虽然它们的原子百分数很不相同，但价电子总数与原子总数之比值（称为电子浓度）相同，可见这类化合物的结构决定于电子浓度，故称为电子化合物。经验表明，当电子浓度为3∶2 时，化合物具有体心立方晶格结构（称为β相）；当电子浓度为 21∶13 时化合物具有复杂的立方晶格结构，单位晶格含有 52 个原子（称为γ相），如α-Mn 所具有的晶格就属于这种结构；当电子浓度为 7∶4 时，具有密集六方晶格结构。总之在同一种合金系中，随着成分的变化，可以出现不同的电子浓度，从而反应出 2~3 个相。由以上这些特点，我们可把电子化合物认为是介于正常价化合物与固溶体之间的中间相，如 Cu_3Al。

间隙相是由过渡族金属元素与原子半径较小的非金属元素（氢的 r_H = 0.045nm，氮的 r_N = 0.071nm，碳的 r_C = 0.077nm，硼的 r_B = 0.097nm）化合而成的。只有当非金属的原子半径（r_X）与金属原子半径（r_M）之比小于 0.59 时，金属原子才能形成普通简单的晶格结构，在晶格的间隙中填入非金属原子。适合这种比值的结构，才称为间隙相。

间隙相与有限固溶体不同，它的特点在于几乎所有的间隙相都具有与形成它的母体金属不同的晶格结构。

间隙相具有高熔点及高硬度。

1.3 弹塑性变形和强度

1.3.1 弹塑性变形的基本概念

把一根长为 L、截面面积为 S 的棒，一端固定，一端悬挂重物 P，逐渐增大 P，同时测定棒的伸长 ΔL，直到将棒拉断为止。这就是在拉伸试验机上做的拉伸实验。以应变$\dfrac{\Delta L}{L}$为横坐标，应力$\dfrac{F}{S}$为纵坐标，就可以画出一条曲线，如图 1-2 中 $OABC$ 所示，C 是断点。曲线 OA 段表示，当应变不太大时应变与应力呈直线关系，即遵从虎克定律。这时如果移去重量，棒仍可恢复至原来长度。这种变形称为弹性变形，OA 段称为弹性范围，A 点称为弹性极限。曲线 ABC 段表示，超过弹性极限后，应变与应力不再呈直线关系。这时，如将重量移去，棒不再恢复原来长度。例如在 B 点撤去重量，棒将保持剩余应变 AB。这种变形称为塑性变形，AC 段称为塑性范围，C 点是断点，对应于 C 点的应力称为强度极限。

根据这种弹性范围和塑性范围的大小，物质常被分为下述三类：弹性范围比较大的物质称为弹性物质，金属及合金即属于这类；塑性范围很小的物质称为脆性物质，这种物质只能产生很小的剩余应变，同时弹性范围也比较小，铸铁、合

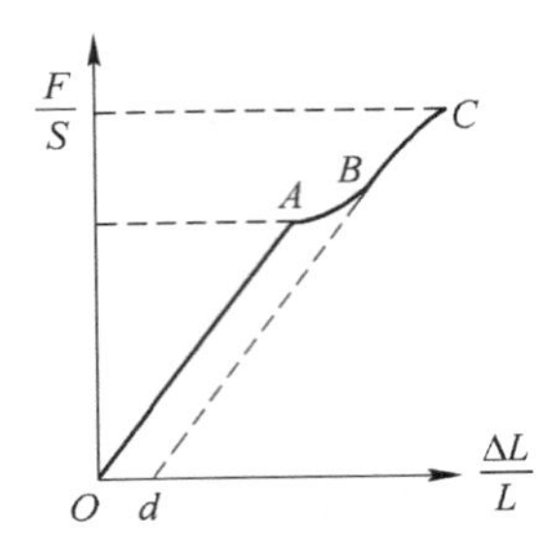

图 1-2　棒拉长时应力-应变的关系曲线

金中的金属和非金属夹杂物等属于这类；塑性范围很大的物质称为塑性物质，这种物质几乎没有弹性，稍受外力作用便呈永久变形，铅就属于这类。

变形与时间也有复杂关系。例如，在弹性极限内，当外力作用时，变形并不立即全部产生，在外力撤去后，变形也不立即全部消失。在弹性极限内，物体在外力撤去后要经过一段时间才能恢复原状的现象称为弹性后效。

1.3.2 材料弹塑性变形的基本类型

1.3.2.1 材料的拉伸

拉伸试验样品可为圆形、矩形或方形，但是试棒的长度 l 与试样断面之横向尺寸或相当于横向尺寸 $\sqrt{F}$ 之比值，必须符合圆形标准试棒中该两值的比例，即

$$l=10d,\ \frac{l}{\sqrt{F}}=\frac{10d}{\sqrt{\frac{\pi}{4}d^2}},\ l:\sqrt{F}=11.3$$

式中，l 为矩形或方形试棒的长度；F 为矩形或方形试棒的断面面积；d 为圆形断面的直径，如图 1-3 所示。

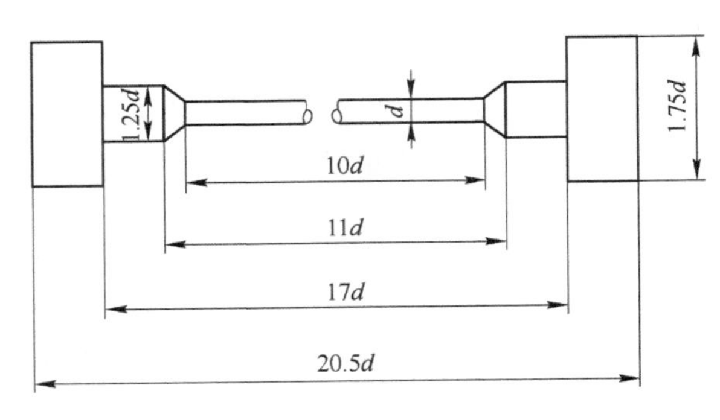

图 1-3　圆形试棒尺寸示意图

图 1-4 是软钢在静拉伸时所描绘出来的应力-应变图。

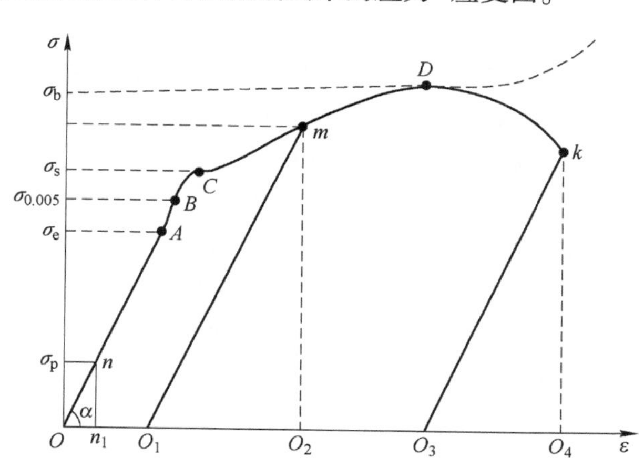

图 1-4 应力-应变图

（1）比例极限：在 A 点以下是一条陡直的直线，它表明在对应于这个点的载荷 P_A 以下作用时，试棒的变形随载荷成正比的增加，即此时试棒内的应力与相对变形成正比例的变化。所以当材料的应力值不超过对应于此点的应力 σ_p 时，其应力与变形的关系，遵循着虎克定律，我们称 σ_p 为比例极限。在比例极限以下的 OA 直线上任取一点 n，这一点所对应的 $n_1n=\sigma$，令 $On_1=\varepsilon$，可得 $\tan\alpha=\dfrac{n_1n}{On_1}=\dfrac{\sigma}{\varepsilon}$，因 $\dfrac{\sigma}{\varepsilon}=E$，所以 $\tan\alpha=E$。

（2）弹性极限：过点 A 后变形速度稍快，不再随载荷成正比增加，因此严格地说这时的图形已不再是一条直线，并且在靠近 A 点不远的 B 点处，变形中也越来越多地增加了塑性变形成分，即试棒所产生的变形，在载荷撤消后已不能完全恢复，开始残留过大的永久变形，这表明材料已超出了它的弹性变形阶段，因此把这点的应力 σ_e 叫做弹性极限。

事实上即使在比例极限内就有永久变形产生，一般规定，当永久变形值达到试棒原长度的 0.005%时，把此时的应力称为弹性极限，弹性极限以下部分称为弹性范围，材料在弹性范围内一般认为是没有永久变形产生的。

弹性极限与比例极限的位置一般非常接近，往往被看作是一个值。

（3）屈服极限：B 点以上图形曲线向上突出，表明变形速度急剧加快，这时即使应力增加的很小，也会引起很大的变形。当达到 C 点时，曲线几乎与横坐标平行，这表明即使应力不再增加，而变形仍在继续产生。这时，材料几乎完全失去了对变形的抵抗能力。产生这种屈服现象时的应力叫做材料的屈服极限 σ_s。曲线平行于横坐标的部分叫做材料的屈服极限。当材料进入屈服时表面粗糙、发暗且在试棒表面出现与轴线成45°角的纹线（切尔诺夫线）。同时晶体已发生了显著的相对错动。

（4）强度极限：屈服极限过后，材料又恢复了抵抗变形能力，不过此时变形速度增长很快，而且永久变形显著增加。D点是曲线的最高点，对应于这点的应力σ_b是试棒在破断前所能承受的最大应力，也称强度极限或暂时强度。在D点以前材料的变形在整个试棒上几乎是均匀产生的，即在试棒轴线方向的每段上，产生的相对变形值或在每个断面上的横向相对变形都是相同的。但是到达D点以下材料的变形便开始集中在某一局部区域产生，造成局部断面的迅速收缩，而形成试棒的缩头。缩头的出现使材料继续变形所需要的载荷逐渐降低，所以应力图中D点以下的曲线是下垂的。实际上D点以后试棒的应力是继续增加的，所以在图1-4中曲线还应该是上升的，如虚线部分所示。但是由于此时的应力是按着规定的方法以试棒原来的断面面积F_0计算而得到的，所以应力图中的曲线，在D点以后就造成下垂状态。到达k点后试棒断裂，拉伸图中对应于k点的横坐标OO_4值是试棒在对应于k点载荷的作用下所产生的变形值，而在试棒断裂后，测量试棒时其长度较原长增加了OO_3。显然变形中的O_3O_4部分是随着载荷的消除而恢复了，只残留OO_3部分，所以OO_4是试棒弹性变形部分。OO_3是试棒破坏时的永久变形。如果我们在O_3点与k点之间作一连线，则O_3k直线与图中OA部分近于平行。

对于这一现象，在试验进行中的其他阶段里也可以找到，比如在图形中任取一点m时，如果在m点把载荷消除，则其变形将要由OO_2恢复成OO_1，O_1O_2就是弹性变形部分或OO_1是试样在P_m载荷作用下得到的永久变形，而把O_1m连接起来，它将同样是与OA接近于平行的一条直线，若在图形中A点以下取某一点的情况时，则载荷消除后其变形一定会完全恢复，这就是弹性范围。

（5）塑性：材料的塑性，就是当载荷消除后，保留由于载荷作用所产生变形的能力，这个特性可以用试件断裂后的相对伸长和断面的相对收缩来表示，即：

相对伸长率 $$\delta = \frac{l_k - l_0}{l_0} \times 100\%$$

式中，l_0为试样长度；l_k为断裂后的长度。

断面收缩率 $$\psi = \frac{F_0 - F_k}{F_0} \times 100\%$$

式中，F_k为试棒断裂后的断面面积；F_0为试棒原来的断面面积。

显然δ和ψ值越大，表明材料的塑性也越大。一般把$\delta>5\%$的材料称为塑性材料。

（6）冷作硬化：在试棒中，如果在试棒经过屈服后，还没有达到屈服时将载荷作用停止，如图 1-5 所示，例如在 Z 点停止载荷作用，则试棒要保留 OO_1 的永久变形而 O_1Z 是一条与拉伸图中 OA 平行的直线，然后重新做拉伸试验，这时载荷与变形按照 O_1Z 直线关系变化，当到达 Z 点以后，仍保持直线继续上升至点 C'处才变成曲线。然后试棒至一很不明显的屈服阶段后，达到最高点 D'，而在 k'点断裂，当第二次加载荷时材料的屈服极限和强度极限值均比原来的提高了很多，而只是所产生的塑性变形小了一些，这种现象叫做材料的冷作硬化现象。

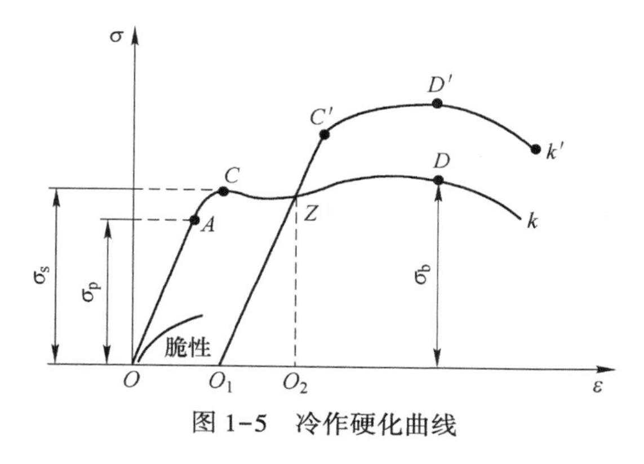

图 1-5　冷作硬化曲线

脆性材料在拉伸试验中所表现出的机械性质与塑性材料有很明显的区别。脆性材料没有真正的直线部分，只能在试验刚开始阶段找到一条近似于直线的弧形线段。它表明脆性材料的变形并不遵循虎克定律。但是由于这条直线在应力不太高的阶段内近似于直线，所以在计算杆件变形时，可以近似认为是符合虎克定律的。脆性材料在试验中没有屈服现象，故脆性材料在工作时，不会产生像塑性材料那样过大的变形。

1.3.2.2　压缩时材料的力学性能

为了防止试件的弯曲，压缩试件的尺寸，直径 d 与高 h 之比等于 1 : (1.5~3)。

图 1-6(a) 为塑性好的材料中压缩应力-应变曲线，实践证明塑性好的材料越压越扁，并不断裂。而拉伸和压缩时的弹性模量 E 和屈服极限 σ_s 是相同的。

图 1-6(b) 示出脆性材料拉压时的 $\sigma-\varepsilon$ 曲线，没有明显的直线部分，也不存在屈服极限。压缩时试件有显著的变形，随着压力增加试件呈鼓形，最后在很小的塑性变形下突然断裂，破坏断面与轴线呈 45°~55°的斜角。压缩时的强度极限以 σ_{-b}表示，它比拉伸时的强度极限 σ_b 高得多，为拉伸时的 4~5 倍。脆性材料拉伸时强度极限低，塑性差，但受压能力却较强，因此脆性材料多用作承载构件。工程中根据应力、安全系数和许用应力来校核强度。在脆性材料中用公式：$[\sigma]=\dfrac{\sigma_b}{n_b}$，式中 $[\sigma]$ 为许用应力，n_b 为 2.0~5.0，σ_b 为极限应力。

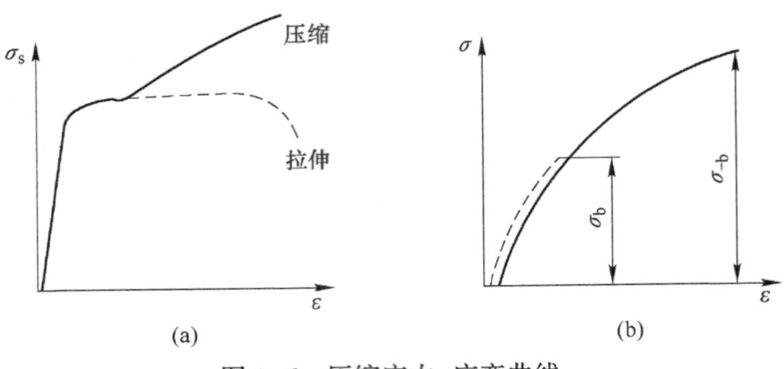

图 1-6 压缩应力-应变曲线

当产生塑性变形时 $[\sigma]=\dfrac{\sigma_s}{n_s}$，$n_s$ 规定为 1.5~2.0。

一般材料的塑性指标伸长率 δ、面缩率 ψ 随温度升高而显著增大，强度指标 σ_s、σ_b 随温度升高而减小。

等截面杆受轴向拉（压）时，在离开外力作用点足够远的截面上应力分布是均匀的，在截面突变处，有应力骤然增大的现象，这种现象称为应力集中。应力集中处的最大应力 σ_{max} 与杆横截面上的平均应力 σ 之比称为理论应力集中系数，以 K_a 表示，即 $K_a=\dfrac{\sigma_{max}}{\sigma}$，$K_a$ 与材料无关，它反映了杆件在静载荷时应力集中的程度。应力集中的存在对塑性材料承受载荷的能力没有什么影响，因为当某一点的最大应力 σ_{max} 达到屈服极限时，将发生塑性变形，应力基本不增加，直到整个截面上的应力都达到屈服极限时才是杆的极限状态，所以材料的塑性具有缓和应力集中的作用。由于脆性材料没有屈服阶段，当应力集中处的最大应力 σ_{max} 达到 σ_b 时杆件就会在该处开裂，所以应考虑应力集中的影响。

受拉（压）杆件的变形及横向变形系数：

$$\Delta L=\frac{NL}{EF}$$

此式称为虎克定律。式中 E 为拉（压）时的弹性模量；EF 为抗拉（压）刚度，它反映了杆件抵抗拉伸（或压缩）变形的能力。从公式得知：对长度相同、受力相等的杆件，EF 越大则变形 ΔL 越小。

$$\varepsilon=\frac{\Delta L}{L}$$

ε 为轴向相对变形或称轴向线应变。将 $\sigma=\dfrac{N}{F}$ 和 $\varepsilon=\dfrac{\Delta L}{L}$ 代入 $\Delta L=\dfrac{NL}{EF}$，得到虎克定律的另一种形式：

$$\sigma=E\varepsilon$$

若杆件变形前的横向尺寸为 b，受轴向拉伸力变形后为 b_1，则杆件的横向压缩为：

$$\Delta b = b_1 - b$$

同样为了清除杆件尺寸的影响，其横向线应变为：

$$\varepsilon' = \frac{\Delta b}{b} = \frac{b_1 - b}{b}$$

实验结果表明，杆在弹性范围内，其横向应变与轴向应变之比的绝对值为一常数，即

$$\mu = \left|\frac{\varepsilon'}{\varepsilon}\right|$$

式中，μ 为横向变形系数或称泊松比。

1.3.2.3 剪切应力和变形间的关系

根据杆件剪切时断面间距离不变，只是断面间发生错动，而且断面在变形后仍保持平面这一现象，肯定杆件横断面上没有正应力，只产生剪应力，而且剪应力是均匀分布在断面上的，这样我们就不难求出杆件的剪切应力和变形公式了。

由平衡条件可得：

$$P = \tau F$$

式中，F 为横断面面积；P 为作用力。

剪切变形如图 1-7 所示。变形只发生在力的作用范围内，使矩形 $abcd$ 变成平行四边形 $a'bcd'$，显然断面 ac 对 bd 所错动距离的大小即表示杆件剪切变形的大小。把这段变形称为剪切的绝对变形，以 Δs 表示，$\Delta s = aa' = dd'$，显然 Δs 的大小是与两个断面间距离 h 有关的，从图 1-7 中可以看出：

$$\tan\gamma = \frac{\Delta s}{h}$$

式中，γ 为两断面间相对错动的角度，其单位为弧度。

一般 γ 很小，可认为 $\tan\gamma = \gamma$，即 $\gamma = \frac{\Delta s}{h}$。

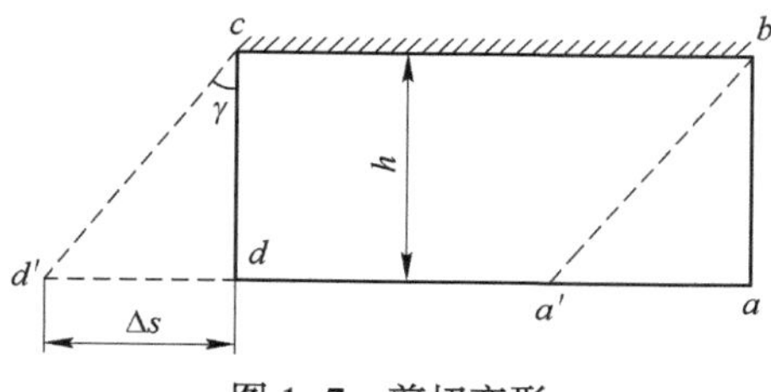

图 1-7 剪切变形

这样杆件剪切时所产生的变形就可以用 γ 角的大小来表示。γ 被称为剪切的相对变形。

由虎克定律得知：杆件的剪切变形与载荷的断面间距离之积成正比，而与杆件断面面积和剪切模数之积成反比。体积变形如图 1-8 所示，GF 值表示对杆件变形的抵抗能力，称为剪切刚度。如果杆件在变形前各部尺寸为 AB、AD 及 AA'，变形后各部尺寸为 AB、AA'及 AD，$AB=h$、$AD=a$、$AA'=b$，$b\cos\gamma=h$。

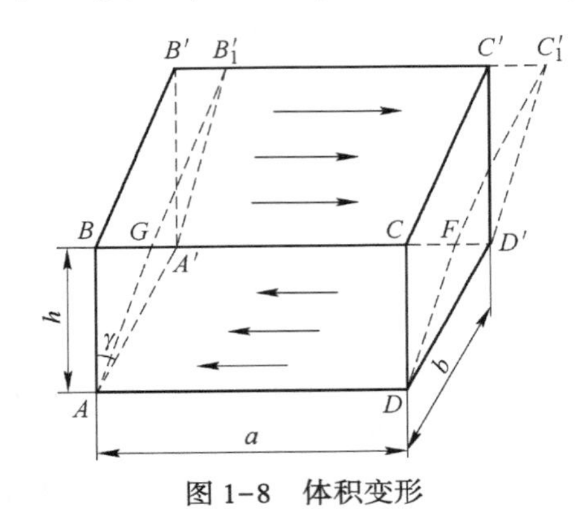

图 1-8 体积变形

如以 V 表示变形前的体积，V_1 表示变形后的体积，则 $V=abh$。

由此可见杆件受剪切作用，只发生形状的变化，而体积的大小是不变的，这一点和拉伸或压缩时的情况不同。

剪切强度的计算：

$$\tau = \frac{P}{F} \leqslant [\tau]$$

式中，$[\tau]$ 为剪切许用应力。

材料的剪切许用应力和拉伸许用应力间的关系为：

对塑性材料 $[\tau] = (0.5 \sim 0.6)[\sigma]$

对脆性材料 $[\tau] = (0.8 \sim 1.0)[\sigma]$

式中，$[\sigma]$ 为拉伸许用应力。

1.3.2.4 扭转变形

如果棒的一端是固定的，另一端作用着一个位于垂直于轴平面中的力偶，这样棒所产生的变形称为扭转变形。

由动力学可知：功率就是单位时间内所做的功，如在 t 秒内所做的功为 A，当轴的转速为 n、单位为 r/s 时，则有：

$$N = \frac{A}{t} = \frac{Ps}{t} = 2M\pi n$$

上式为功率 N、力偶矩 M 和转速 n 之间的关系。而 $1000M=1000\text{N}\cdot\text{m/s}$。

$$M = \frac{N \times 1000}{2\pi n} = 159\,\frac{N}{n}$$

若给出的功率为 N 马力（1 马力 = 0.7355kW），则外力偶矩的计算公式应为：

$$M = 117\,\frac{N}{n}$$

式中，M 为外力偶矩，N·m。

如图 1-9 所示，角应变为：

$$\gamma = \frac{R\mathrm{d}\varphi}{\mathrm{d}x}$$

根据虎克定律有：

$$\tau_p = G\gamma = GR\,\frac{\mathrm{d}\varphi}{\mathrm{d}x}$$

静力学关系如图 1-10 所示，截面上微力矩的合成结果应等于横截面上的扭矩 M_n，即

$$M_n = \int_F R\tau_p \mathrm{d}F$$

式中，F 为整个截面面积。

$$M_n = \int_F GR^2\,\frac{\mathrm{d}\varphi}{\mathrm{d}x}\mathrm{d}F = G\,\frac{\mathrm{d}\varphi}{\mathrm{d}x}\int_F R^2\mathrm{d}F$$

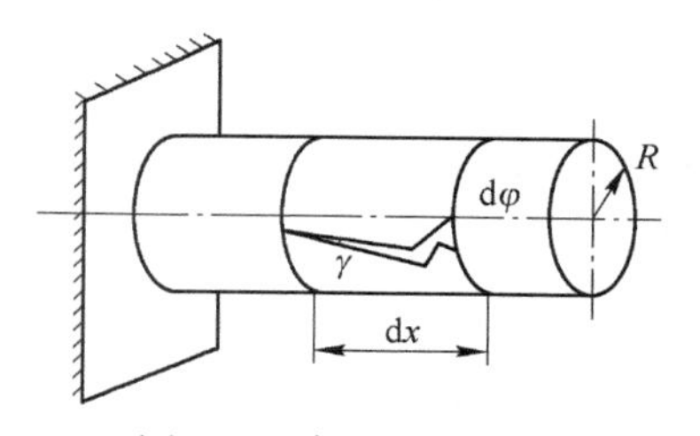

图 1-9 角应变示意图

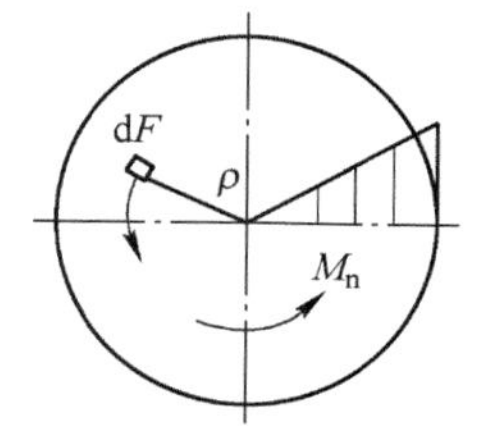

图 1-10 静力学关系示意图

极惯性矩为：

$$J_p = \int_F R^2\mathrm{d}F,\quad M_n = GJ_p\,\frac{\mathrm{d}\varphi}{\mathrm{d}x},\quad \frac{\mathrm{d}\varphi}{\mathrm{d}x} = \frac{M_n}{GJ_p},\quad \tau_p = \frac{M_nR}{J_p}$$

抗扭截面模量为：

$$W_p = \frac{J_p}{R},\quad \tau_{\max} = \frac{M_n}{W_p} \leqslant [\tau]$$

扭转时强度条件为：

$$\tau_{\max}=\frac{M_{\text{nmax}}}{W_p}\leqslant[\tau],\ [\tau]=(0.5\sim0.6)[\sigma]$$

对圆实心截面杆，如图 1-11 所示，截面上距圆心为 R 处取厚度为 dR 的环形面积作为微面积 dF，于是 dF=2πRdR，则有：

$$J_p=\int_F R^2\mathrm{d}F=2\pi\int_0^{\frac{d}{2}}R^3\mathrm{d}R=2\pi\frac{R^4}{4}=\frac{2\pi\left(\frac{D}{2}\right)^4}{4}=\frac{\pi D^4}{32}=0.1D^4$$

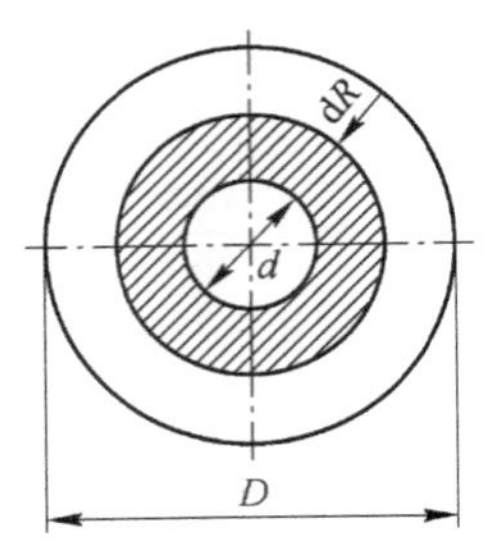

图 1-11　圆实心截面杆

如是空心圆杆，则有：

$$J_p=\int_F R^2\mathrm{d}F=\int_{\frac{d}{2}}^{\frac{D}{2}}2\pi R^3\mathrm{d}R=\frac{\pi}{32}(D^4-d^4)=\frac{\pi D^4}{32}(1-\alpha^4)\approx0.1D^4(1-\alpha^4)$$

式中，$\alpha=\frac{d}{D}$。

于是抗扭截面模量 W_p 为：

对实心截面

$$W_p=\frac{J_p}{R}=\frac{\pi D^3}{16}\approx0.2D^3$$

对空心截面

$$W_p=\frac{J_p}{R}=\frac{J_p}{\frac{D}{2}}=\frac{\pi D^3}{16}(1-\alpha^4)\approx0.2D^3(1-\alpha^4)$$

圆轴扭转时的变形，是用两个横截面间绕轴线的相对扭转角 φ 来度量的，根据$\frac{\mathrm{d}\varphi}{\mathrm{d}x}=\frac{M_{\text{n}}}{GJ_p}$，就可以求出相距为 L 的两个截面之间扭转角的计算公式：

$$\varphi=\int_L\mathrm{d}\varphi=\int_0^L\frac{M_{\text{n}}}{GJ_p}\mathrm{d}x=\frac{M_{\text{n}}L}{GJ_p}$$

式中，GJ_p 反映了截面抵抗扭转变形的能力，称为截面抗扭刚度。GJ_p 越大，φ 就越小。扭转角 φ 的单位是 rad（弧度）。

圆柱形密圈弹簧的计算参看图 1-12。

当弹簧圈的平均直径 D 比簧丝直径 d 大得多时可略去 α 的影响，即 $\alpha=0$，称密圈螺旋弹簧。这就可以认为簧丝横截面与外力 P 的作用线平行。

为了计算簧丝内的应力，可先用截面法求出簧丝横截面上剪力 Q 的扭矩 M_n 为：

$$\sum y = 0,\quad Q = P,\quad \sum M_0 = 0,\quad M_n = PR$$

剪力 Q 使簧丝发生剪切变形，与它相应的剪应力为：

$$\tau' = \frac{Q}{F} = \frac{P}{\frac{\pi}{4}d^2}$$

扭矩 $M_n=PR$，使簧丝发生扭转变形，与它相应的剪应力在横截面上的分布如图 1-13 所示，最大的剪应力 τ_{max} 为：

$$\tau_{max} = \tau' + \tau'' = \frac{P}{\frac{\pi}{4}d^2} + \frac{16PR}{\pi d^3} = \frac{16PR}{\pi d^3}\left(1 + \frac{d}{4R}\right)$$

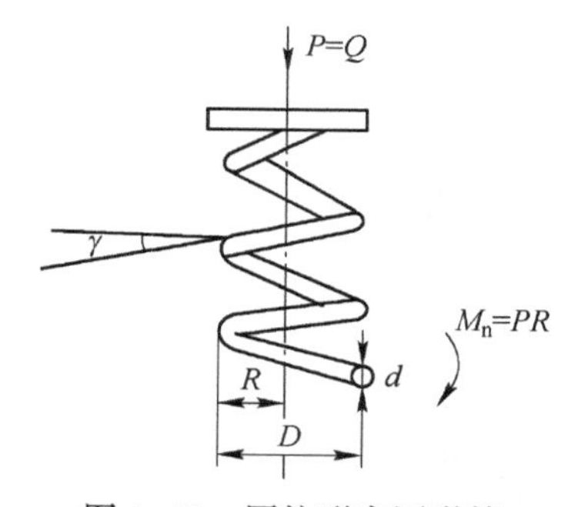

图 1-12 圆柱形密圈弹簧

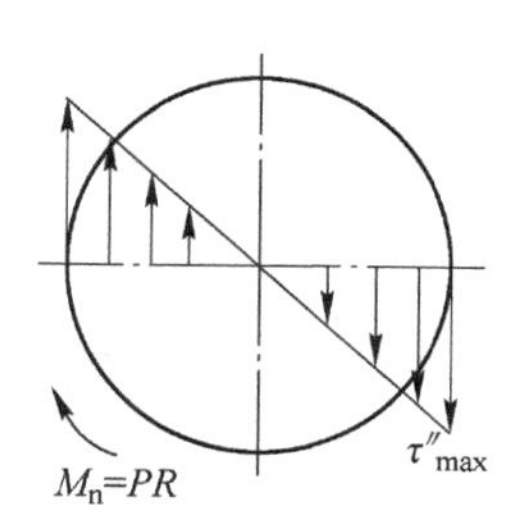

图 1-13 剪应力在横截面上的分布

在设计簧丝直径 d 时，为方便起见，在 $\frac{D}{d}$ 很大的情况下，可忽略剪切的影响，即有：

$$\tau_{max} = \frac{16PR}{\pi d^3}$$

弹簧的轴向变形计算公式为：

$$\lambda = \frac{8PD^4}{G\pi d^4} \times \pi Dn = \frac{8PD^5 n}{Gd^4}$$

式中，G 为材料的剪切弹性模量；D 为簧圈的平均直径；d 为簧丝直径；P 为弹簧受到的轴向力；n 为弹簧的有效圈数。

从式中可见：弹簧的变形 λ 与作用力 P 成正比，在同样大小力的作用下簧圈

的平均直径 D 越大、簧丝越细，则变形 λ 越大，弹簧越柔软。

$$\lambda=\frac{P}{e}$$

式中，$e=Gd^4/(8D^3n)$，称为弹簧的刚度系数。

1.3.2.5　弯曲变形

使棒保持水平而把它的一端固定，另一端悬挂重物，这时棒就要弯曲，棒的这种变形称为弯曲变形。弯曲变形受力分析如图 1-14 所示。

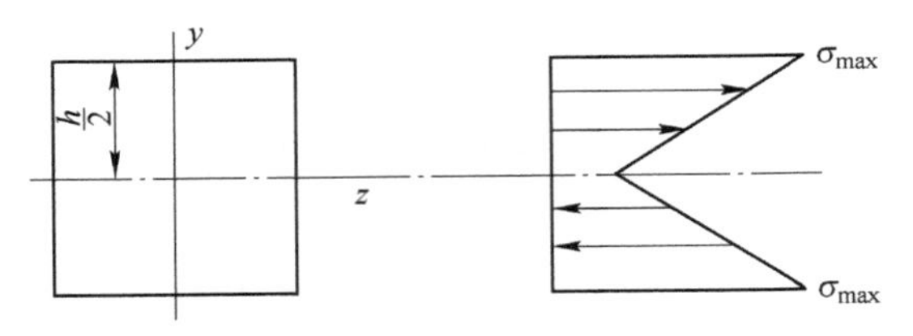

图 1-14　弯曲变形受力分析图

直梁弯曲时正应力的计算公式为：

$$\sigma=\frac{My}{J_z}$$

式中，M 为横截面上的弯矩；y 为横截面的对称轴。

$$J_z=\int_F y^2\mathrm{d}F$$

式中，J_z 为横截面对中性轴 z 的惯性矩。

$$W_z=\frac{J_z}{y_{\max}},\quad \sigma_{\max}=\frac{M}{W_z}$$

式中，W_z 为抗弯截面模量。

对于矩形截面：

$$y=\frac{h}{2},\quad W_z=\frac{J_z}{y_{\max}}=\frac{\frac{1}{12}bh^3}{\frac{h}{2}}=\frac{1}{6}bh^2$$

对圆截面：

$$y_{\max}=\frac{d}{2},\quad W_z=\frac{J_z}{y_{\max}}=\frac{\frac{\pi d^4}{64}}{\frac{d}{2}}=\frac{\pi}{32}d^3$$

剪力 Q 在横截面上所对应的剪应力，可按下列公式计算：

$$\tau = \frac{QS_z}{J_z b}$$

式中，τ 为横截面上离中性轴（z 轴）为 y 处的剪应力；Q 为该横截面上的剪力；b 为在横截面上所求剪应力的宽度；J_z 为整个横截面对中性轴 z 的惯性矩；S_z 为距中性轴为 y 的一侧的部分横截面面积对中性轴的静矩。

令以矩形截面梁为例（图 1-15）说明 τ 沿截面高度的变化。先求出上式在计算 $S_z = \int y_1 \mathrm{d}F$ 时可以取 $b\mathrm{d}y_1$ 作为微面积 $\mathrm{d}F$，从而得到：

$$S_z = \int_y^{\frac{h}{2}} y_1 b \mathrm{d}y_1 = \frac{b}{2}\left(\frac{h^2}{4} - y^2\right), \quad \tau = \frac{Q}{2J_z}\left(\frac{h^2}{4} - y^2\right)$$

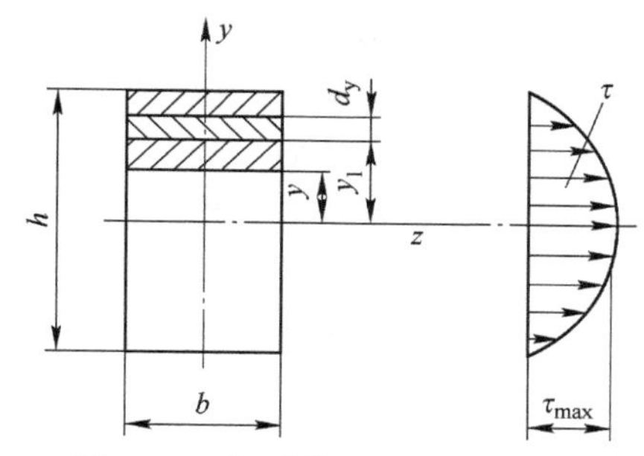

图 1-15　矩形截面梁受力分析图

当 $y = \frac{h}{2}$ 时，也即在横截面的上下边缘处的各点上其剪应力 $\tau = 0$，越靠近中性轴处 τ 就越大，而当 $y = 0$ 时即在中性轴上各点处其剪应力达到最大值：

$$\tau_{\max} = \frac{Qh^2}{8J_z} = \frac{Qh^2}{8 \times \frac{bh^3}{12}} = \frac{3Q}{2bh} = \frac{3}{2}\frac{Q}{F}$$

可见矩形截面的最大剪应力比平均值大 50%。

1.4　金属的塑性与超塑性变形

1.4.1　金属的塑性变形

对通常的金属和合金施加压力，达到一定的应力值时材料就急剧开始变形，人们把这种急剧开始变形的现象叫做屈服，在发生屈服后的变形称为塑性变形。塑性变形发生后即或取消外力也不会还原而永远保持变形后的形状。金属的塑性变形是通过晶内变形和晶间变形实现的。

1.4.1.1 晶内变形

塑性变形首先发生在那些具有最有利滑移面方位的晶粒中。也就是滑移面与力系引起的最大剪应力作用的平面相重合，其他晶粒产生弹性变形，并可获得相对位移。当线性压缩或拉伸时，在滑移面与外力成45°角的那些晶粒中具有最有利于开始塑性变形的方位。

当单向拉伸或压缩时使金属的绝大多数晶粒得到塑性变形的正应力称为屈服极限。

塑性变形过程中晶粒形状变化的同时，部分晶粒的晶轴发生转动。随着塑性变形的发展，部分晶粒的晶轴方向的差别减小了，而滑移面趋向于与金属强烈流动方向一致。这就造成了很大变形时多晶体晶粒结晶轴有很突出的方向性。此种方向性称为变形织构。织构的出现将造成多晶体性能的异向性。

金属或合金的塑性变形可伴随有溶质原子的定向扩散。溶质原子引起了原子间距离的局部改变并趋向于聚集在位错附近，当位错运动的时候能够带来部分溶质原子。除此之外与位错无关，溶质原子在变形力作用下能够穿过空位而移动。这样就组成了在被变形晶粒中应力梯度方向上的定向位移（扩散），也称扩散塑性变形的现象。

扩散塑性现象对滑移也一样，由于位错移动的结果造成晶粒形状和尺寸的永久变化。扩散塑性变形机理，在晶粒边缘层内和镶嵌块边界上最强烈地表现出来。这种机理伴随着滑移而生，其作用在加工变形时就增大了。

上述晶内变形过程，是引起多晶体金属形状变化的主要过程，这种含义下晶间变化所引起的作用很小。

1.4.1.2 晶间变形

晶间变形就是一个晶粒对另一个晶粒的相对位移。这时多晶体晶内和晶界性能上的差异影响了晶内变形和晶间变形间的比例关系。在晶粒边界上有过渡层存在，在过渡层中原子排列的规律性被严重破坏。由于相邻晶粒原子的相互作用，以及溶液结晶过程中晶粒形状的不完整和晶粒的相互挤压，在晶粒边界上就出现了原子的不规则排列。此外溶液在凝固过程中晶粒边界上聚集了不能溶解的溶质。这样在晶粒的边界层上和内层上就有了物理-化学性能的差异。在晶粒间边界层上金属结构失去规律性，造成了这些层中的原子不是处于最低位能的位置，所以晶粒边界层的可动性要比晶粒内层的大，它们之间的相对位移（不是在某滑移面上进行的）需要相对较小的剪应力。但是边界层上原子相对位移的可能性不是永远大于晶粒内层的，在晶粒内层因位错的移动而产生了滑移，非溶溶质的存在和变形过程中晶粒相互啮合或钉扎而形成晶粒外表形状的不规则，使得晶粒边界原子相对移动变得困难。当晶间变形时，产生晶粒边界的损伤。在晶间变形发展时又造成了微观的而后发展为宏观的裂纹，到最后阶段导致多晶体的破坏。随着晶粒尺寸的减小，晶粒边界的损伤降低，这是由于在这种情况下晶粒尤其是等轴晶粒容易转动之故。当晶间位移不大并只起次要作用时，在晶粒边界强度相当大的条件下可以产生比较大的塑性变形。

塑性变形的结果将产生残余应力、弹性后效、应力松弛、弹性滞后、硬化及显微裂纹治愈等现象。所谓残余应力，是指一个受力作用的物体，取消外力作用时在物体内部保持平衡而存在的力。

残余应力分为三类：第一类残余应力为固体（毛坯）个别部分之间相互平衡的力；第二类残余应力为多晶体晶粒之间相互平衡的力；第三类残余应力为个别原子群（位错）之间保持互相平衡的力。

弹性后效：在不超过流过极限的恒定载荷下，随着时间延续，试件得到附加变形，而去掉外力后还有某些随时间延长而减少或消逝的残余变形。为了保持试件的恒定变形，随着时间的延续所需应力的减少称为应力松弛。在力和变形关系曲线上，加载线不与卸载线重合而形成滞后线称弹性滞后。

硬化曲线分为两类：第一类硬化曲线中给出了流动应力与伸长率之间的关系；第二类硬化曲线中给出了应力与断面收缩率之间的关系。

当把金属或合金加热至热变形温度时，塑性的提高是由于增大了原子的可动性。除此之外，伴随着塑性增加也产生了一些其他现象。

例如在热变形温度下含有较多杂质的晶间薄层的塑性得到显著的提高，还可以解释为杂质含量较高的晶间薄层具有较低的热力学稳定性，并且比基体金属晶粒的熔化温度低。由加热到变形温度开始晶间薄层的强度比晶粒强度降低快得多。这样在总变形中晶间变形的比例就增高了。与此同时这些薄层的脆性降低了，因而也减少了在薄层中显微裂纹的形成。显微裂纹生成的危险性减少，有利于变形过程中显微裂纹被治愈。

在双相合金变形过程中，当原子在相之间移动时，就发生了显微裂纹的治愈，这是由于在显微裂纹中容易产生金属的沉淀所致。因为原子的可动性，随着温度上升而增加，所以在热变形的温度下显微裂纹被治愈。并且在热变形条件下的压力加工，需要最小的变形力，而获得毛坯的最大形状变化。

1.4.2 超塑性

与一般变形条件相比较，超塑性变形的特点是在非常低的变形抗力下（有时低于两个数量级之多），可使拉伸时的伸长率显著增加（一至两个数量级）。已知在共晶和共析合金中经常发现超塑性现象，例如锡、铅、铋、78%锌、22%铝合金等。在具有同素异形转变的金属和合金中，于一定条件下较少发现超塑性现象。例如铁、铁镍铬锰合金。目前已知，超塑性现象的出现与晶粒尺寸和变形的温度、速度条件有关。为了出现超塑性现象，希望晶粒为等轴的，而其尺寸为1~2μm 级别（一般变形金属中的晶粒大小为 10~100μm 级别）。实验结果指出，超塑性简单拉伸的伸长率超过 1000%，并不引起显微组织的改变。这点证明超塑性条件下塑性变形的机理，显著地区别于普通塑性变形的机理（滑移和孪晶）。研究结果指出，在超塑性现象中，起决定作用的是在相间附近或晶粒边界附近进行的过程，而塑性变形主要是通过晶间变形来实现的。超塑性变形与塑性变形一样，也通过空位和位错的蠕动来实现。为了使这种变形机理成为现实，就完全有必要增大多晶体晶粒边界层的势能（由于减少晶粒尺寸而增大晶粒的总表面面积）和晶粒结构缺陷（空位、位错）的能量。当冷变形程度超过 50%时，可使晶粒碎细，晶粒边界由于晶粒拉长而增加了晶粒边界的位能。此外上述变形扩大了晶粒断层，因而生成了镶嵌块和扩大了镶嵌块间的方位差别（镶嵌块边界上位错的聚集）。晶粒边界层势能的提高和晶粒尺寸的减小以及由于加热使原子可动性增加，造成了容易产生晶间变形，如同微细的圆晶粒，处于具有非晶结构的相当厚的晶间边界层中，容易产生晶粒间相对滑落、滚越和流动的条件，类似于黏性液体中混杂有硬块的流动一样。同时显著冷变形引起晶粒结构缺陷的增加，使得晶粒内的类似蠕变现象的扩散过程易于进行，晶粒形状向着有利于晶间变形产生的晶粒形状方向变化。在一定的高温下，提高多相合金晶粒边界的可动性，并促使晶间变形易于形成“假液相”，该相的成因主要是在提高势能的晶粒边界上，出现了新相晶粒和实际上增加了晶间包层的厚度。实践得知显现最明显的超塑性现象的温度，一般为相转变点附近的温度（同素异性转变或熔化）。为了保持当加热到超塑性最高效果的温度时，具有提高了势能的细晶结构，应采用极高的加热速度（200~300℃/s），因为高速加热时，再结晶尤其是集合再结晶来不及进行，经冷变形的金属结构实际上没有发生变化。

除了温度和金属结构外，应变速度显著地影响超塑性效果，通常认为，出现超塑性效应的最佳应变速度为在应变速度下硬化过程速度和硬化解除过程速度相等。

超塑性时，极限变形程度和变形抗力与应变速度之间的关系曲线如图 1-16 和图 1-17 所示。

由图 1-16 可见：当某一适合的应变速度达 ε_0 时产生最大的变形。当应变速度较大时，金属硬化极限程度变低（伴随超塑性而生的过程被抑制了，其中包括扩散）。当应变速度较低时，硬化解除过程占优势，减小了金属结构的势能（再结晶时减少了位错的数量等），出现了集合再结晶，增大了晶粒尺寸，因而使晶粒间的滑移或滚越变得困难。所有这些造成极限变形的减少和超塑性效应的降低。

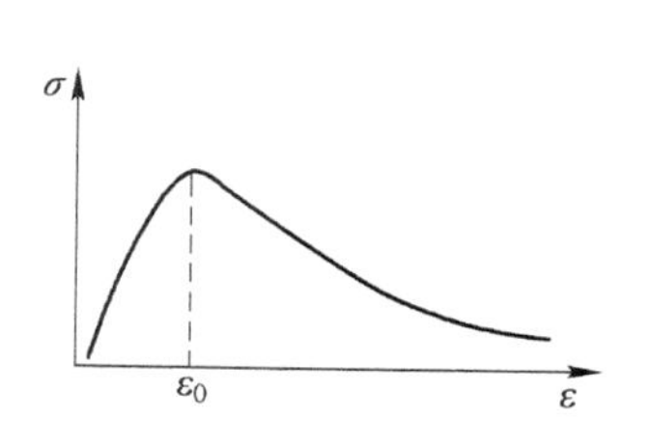

图 1-16 塑性材料的应力-应变曲线

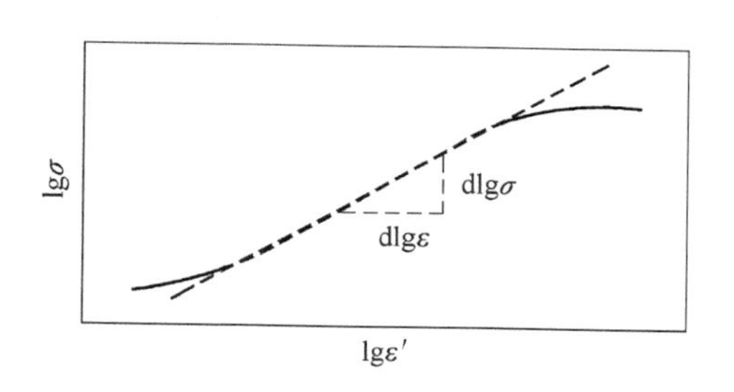

图 1-17 超塑性金属变形时应力与变形速度之间关系的 S 曲线

从图 1-17 得知，在最佳的应变速度 ε'范围内发现应变速度变化对变形抗力值有较大影响$\left(\frac{\mathrm{dlg}\sigma}{\mathrm{dlg}\varepsilon}\text{具有最大值}\right)$。正是这点，可用来解释超塑性条件下单向拉伸时显著增大均匀变形的原因。由实验得知，超塑性变形表现有和非线形黏性流动相似的行为，对变形速度极为敏感。因此，其应力 σ 与变形速度 ε'之间的关系可用下式表述：

$$\sigma = K\varepsilon'^{m}$$

式中，σ 为真应力（流变应力）；K 为取决于实验条件的常数；m 为变形速度敏感性指数。

变换上式可得：

$$m = \frac{\mathrm{dlg}\sigma}{\mathrm{dlg}\varepsilon}$$

可见，当应力-变形速度表示为对数曲线时，此变形速度敏感性指数为该曲线的斜率（图 1-17）。

变形速度敏感性指数 m 是表达超塑性特征的一个极其重要的指标。当 $m=1$ 时，前式即变为牛顿黏性流动公式，而 K 就是黏性系数。对于普通金属，$m=0.02 \sim 0.2$；而对于超塑性材料，$1>m>0.3$。由实验得知，m 值越大塑性越高（图 1-18）。对此可大致做如下分析。

假设在横断面面积 A 上加以拉伸负荷 P，则 $\sigma = P/A$。由前式可得：

$$\sigma = K\varepsilon'^{m} = \frac{P}{A}$$

另外有：

$$\varepsilon' = -\frac{1}{A}\frac{\mathrm{d}A}{\mathrm{d}t}$$

式中，t 为时间。

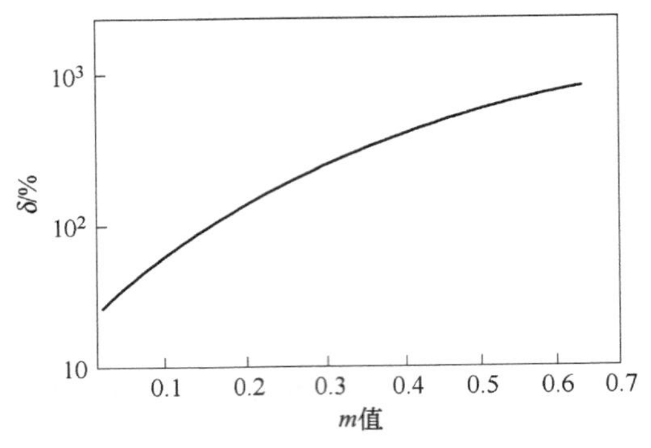

图 1-18 Ti 及 Zr 合金的伸长率 δ 与 m 值的关系

解此两式最后可得：

$$\frac{\mathrm{d}A}{\mathrm{d}t}=-\left(\frac{P}{K}\right)^{\frac{1}{m}}A^{1-\frac{1}{m}}$$

或

$$-\frac{\mathrm{d}A}{\mathrm{d}t}\propto A^{1-\frac{1}{m}}$$

上式表明，试样各横断面面积的减小速度与 $A^{1-\frac{1}{m}}$ 成正比例，即断面收缩率与 m 值有关。分析上式看到，当 $m=1$ 时，$\frac{\mathrm{d}A}{\mathrm{d}t}$ 与 A 无关，也就是 $\frac{\mathrm{d}A}{\mathrm{d}t}$ 不再随试样各处的横断面面积 A 的不同而变化，它将只随加载 P 而获得均匀的变形，达到很大的伸长率，并且不会显现出细颈的倾向。而当 $m<1$ 时，则在试样某一横截面尺寸较小的部位，断面收缩是急剧的；而在断面尺寸较大的区域，断面收缩是比较平缓的。m 值越小这种效应就越大；反之，m 值越大则此效应越小。由此可见，当 m 值增大时，对局部收缩的抗力增大，变形趋于均匀，因此就有出现大延伸的可能性。

总之金属材料的超塑性行为自 1920 年在 Zn-Cu-Al 合金中发现，直到 20 世纪 60 年代中期后才得到大量的系统的研究，目前它已成为 Galorizing 工艺的理论基础，并正应用于封闭模压成型、真空成型和吹塑法来生产镍、钛、铜、铝、锌以及铁合金，表现出无法比拟的优越性。当然超塑性材料也有它的局限性，不易快速大批量生产。

2 应力应变及其理论

2.1 金属材料的力学性能和组织的关系

金属弹性是金属较为稳定的力学性能，即弹性模量 E 很少受内外在因素的影响，而金属的塑性变形能力和塑性变形抗力，是受各种内外在因素影响的。因此与塑性变形有关的许多力学性能，甚至在成分完全确定的情况下，也可能随着铸造时原始组织状态（晶粒的大小和结构、晶体的取向、宏观或微观的缺陷）的不同、以后机械加工的性质和热处理方法的不同，以及试验条件（试样的大小、形状，试验的速度、温度，试样的表面状态，进行试验时试样周围的介质等）的不同，而有剧烈的改变，就此被称为组织敏感性的性能。为便于生产和更合理地使用金属材料，有必要从金属学的观点研究一下材料的弹性模量和强度（弹性极限、屈服极限和硬度等），塑性和韧性等与金属材料内部组织的关系。

2.1.1 屈服应力与组织的关系

图 2-1 中屈服点 c 及屈服极限 σ_s，应理解为金属材料抵抗微量塑性变形的抗力指标，对单晶体而言，它标志着第一条滑移线出现时的抗力大小。它和单晶体的弹性极限仅有质的区别而没有量的不同，即单晶体的弹性极限是代表第一条滑移线将要出现尚未出现时的抗力指标，而屈服点是代表第一条滑移线已出现时的抗力指标。实质上这两个指标的抗力大小（绝对值）完全一样，只是意义不同而已。

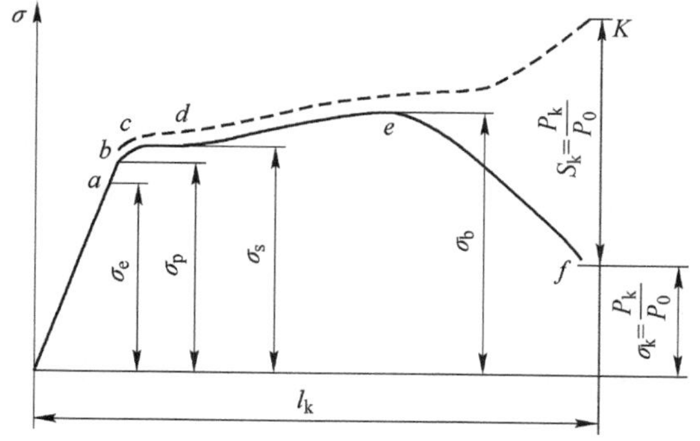

图 2-1 应力-应变曲线

（实线为条件的应力曲线；虚线为真实的应力-应变曲线）

σ_e（a 点）—弹性极限；σ_p（b 点）—比例极限；σ_s（c 点）—屈服极限

对多晶体而言，由于各晶粒的取向不同和各向异性，要观察到个别晶粒的第一条滑移线的开始是很困难的。

屈服点的数值随时跟仪器的

精度而异，要确定可资比较的屈服点，不得不采用近似的办法，即测定产生残余应变等于某一规定数值（0.1%~0.5%，最常用的是0.2%）时的载荷 P，相当这个载荷应力以 $\sigma_{0.2}$ 表示，称为条件屈服点。而测定弹性极限 σ_e，经常以0.002%应变为标准。

2.1.2 强度与组织的关系

对于有缩头的塑性材料来说，强度极限 σ_b 表示大量塑性变形的抗力，而将它看做试样断裂前最大负荷（e 点）时的变形抗力。

对于脆性材料 $\sigma_b=\sigma_k$，即强度极限与断裂强度相等。$\sigma_{0.2}$ 和 σ_b 都是材料抵抗塑性变形的抗力，因此影响塑性变形的因素均影响 $\sigma_{0.2}$ 和 σ_b。从化学成分和组织结构来看，固溶体合金化可使 $\sigma_{0.2}$ 和 σ_b 提高，晶粒越细，$\sigma_{0.2}$ 和 σ_b 越高，而在多相合金中强度则选定于各相的本质，即它的数量、大小、形状和分布。各相的弥散程度越高，$\sigma_{0.2}$ 和 σ_b 也越高。

2.1.3 硬度与组织的关系

硬度不是材料的物理本质，而是一个综合性能，不同硬度测定方法表示不同性质。譬如回跳硬度，表示材料抵抗弹性变形的抗力，常用布氏硬度 HB 与洛氏硬度 HRC 来表示材料抵抗大量塑性变形的能力，因此硬度是与 σ_b 相联系的，通常平衡状态的塑性材料 $\sigma_b\approx\frac{1}{3}\mathrm{HB}$。

硬度的大小及均匀程度取决于组织的比例，而强度则是成分起主要作用。

2.1.4 金属的塑性指标以及塑性与硬度和强度的关系

实践证明，并不是在所有情况下，硬度大、强度高的材料塑性就一定差。塑性可表现为延性和展性两个方面，但二者不是相同的，延性是指抽拉成丝的能力，而展性是指捶击成薄片的能力，如 Sn 和 Pb 的展性很好，但延性很差。

拉伸时材料的塑性，由伸长率 δ 和断面收缩率 ψ 来决定，断裂处的最大变形值用断面收缩率评定，而试样整个工作部分的变形用伸长率评定。

伸长率 $\delta=\frac{\Delta l}{l_0}\times100\%$ 的大小决定于试棒的尺寸，它随着试样计算长度及其直径的增加而减小，即 l_0 短和直径小时 δ 大。

由于伸长率 δ 的大小随试样的尺寸而变化，因此它不能充分代表塑性特征，而断面收缩率 $\psi=\frac{F_0-F_k}{F_0}\times100\%$ 能很好地满足这一要求。

当塑性变形很大时，缩头及变形局限在试样长度上很狭窄的区域内，条件应力-应变图不能反映在负荷下金属的状况，因此用真实应力-应变图，最后断裂强度以 σ_k 表示。

真实应力可看成两条直线，如图 2-2 所示。第一条直线到 σ_s 为止，它的倾斜角的正切等于 E。第二条直线由 σ_s 到 σ_k，其倾斜角的正切数等于模数 D，它表示材料加工硬化的能力。

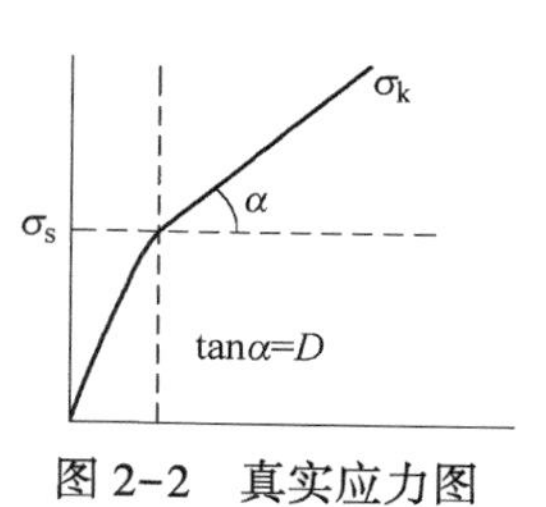

图 2-2 真实应力图

若忽略弹性变形，那么材料的塑性 e 由 σ_s、σ_k 及 D 来决定，即

$$e = l_k = \frac{\sigma_k - \sigma_s}{D}$$

因此试样的塑性，随着断裂强度 σ_k 的上升及屈服点 σ_s 和弹性模数 D 的下降而增加。

2.1.5 塑性和韧性与金属材料内部组织的关系

静力韧性（变形功）与冲击韧性 a_K 值反映破坏金属所需的功。材料的静力韧性等于变形功，即

$$e = \frac{\sigma_k + \sigma_{0.2}}{2} \cdot l_k$$

$$a_K = \frac{\sigma_k^2 - \sigma_{0.2}^2}{5D}$$

由 e 和 a_K 的公式示出塑性和韧性一样，同样由 σ_k、$\sigma_{0.2}$、D 来决定，不过 a_K 中 σ_k 和 $\sigma_{0.2}$为平方值。

冲击韧性（a_K）是一个缺口的试样，在摆锤冲击下单位面积上所消耗的功，其单位为 J/cm^2，它的试验条件是动力负荷，因此不同于变形功，并且 a_K 值无明确的物理意义，只代表冲击一定形状的试样所需的能量。

2.2 主应力的概念及应力状态的形式

2.2.1 主应力的概念

杆件受轴向的拉伸或压缩时，任一斜面上同时存在着正应力 σ_a 和剪应力 τ_a。但当断面与杆轴垂直时，断面上只有正应力 σ_a 而无剪应力。当断面与杆件平行时，正应力与剪应力都等于零。这种没有剪应力的平面称为主平面，作用在主平面上的正应力称为主应力。

在轴向拉伸、压缩中横断面和平行于轴的平面都是主平面，横断面上的应力

为主应力，而平行于轴的平面上主应力为零。

因此在杆件内任一点处（例如 A 点）用四个互相垂直的主平面可以截取一个很小的单元体，作用在该单元体上的应力情况称为单向应力状态，如图 2-3 所示。

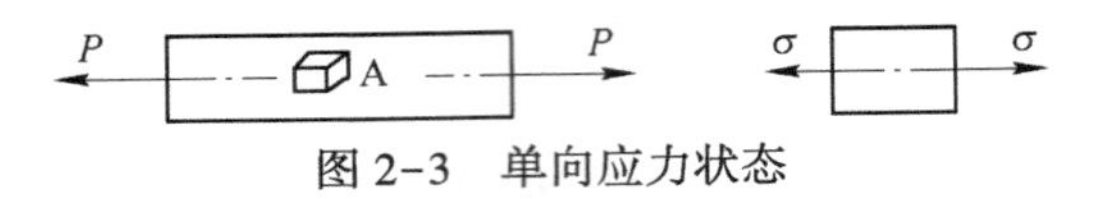

图 2-3 单向应力状态

实际上在任何一个受力物体内的每一点都可以取出一个由互相垂直的主平面构成的单元立方体，在主平面上作用着主应力。当三个主应力都不为零时这种应力情况称为三向应力状态。当三个主应力中有一个等于零时称为两向应力状态。当有两个主应力等于零时则称为单向应力状态。

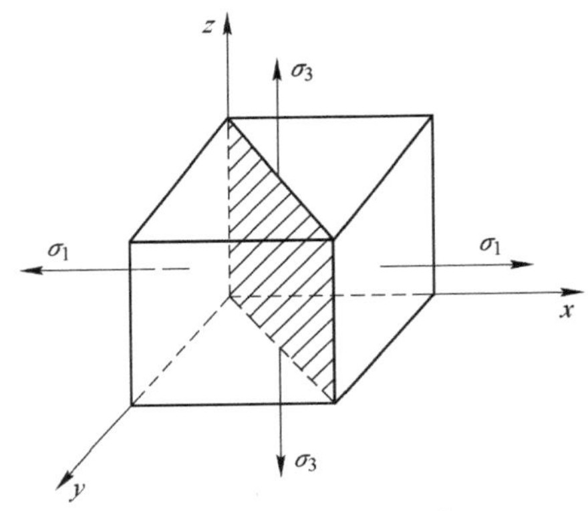

图 2-4 两向应力状态

为了便于讨论，规定用 σ_1、σ_2、σ_3 来代表主应力，如图 2-4 所示，其中 σ_1 代表代数值最大的主应力，σ_3 代表代数值最小的主应力，即

$$\sigma_1 > \sigma_2 > \sigma_3$$

一杆件在两向受力及三向受力时，斜面上的应力列于图 2-5。为了校核杆件在两向及三向应力状态下的强度，必须知道正应力和切应力的最大值及其所在的断面。已知 σ_1 与 σ_2 为拉应力，$\sigma_3=0$，如图 2-5 所示，取一斜断面以 α 代表断面之外法线 n 和正应力 σ_1 所夹之角。

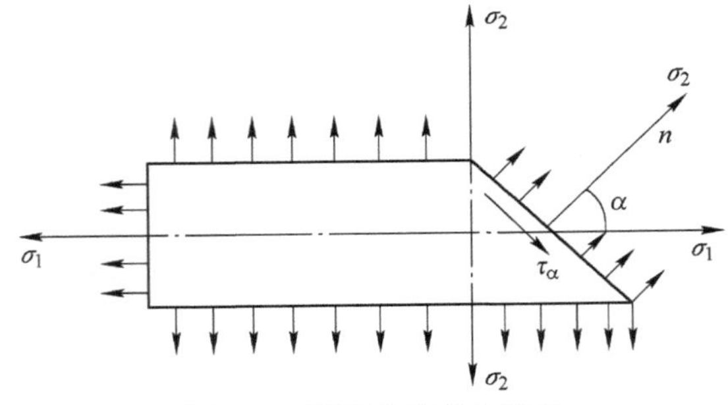

图 2-5 受两向拉应力状态

图 2-5 为受两向拉应力状态，计算在该断面上的正应力 σ_α 和剪应力 τ_α。

如果用叠加原理分别来看 σ_1 及 σ_2 的作用，并把结果加起来，就可以得到 σ_α 和 τ_α。

当只考虑 σ_1 作用时：

$$\sigma_\alpha' = \sigma_1\cos^2\alpha$$

$$\tau'_\alpha = \frac{\sigma_1}{2}\sin2\alpha$$

当只考虑 σ_2 作用时：

$$\sigma''_2 = \sigma_2\cos^2[-(90-\alpha)] = \sigma_2\sin^2\alpha$$

$$\tau''_2 = \frac{\sigma_2}{2}\sin2[-(90-\alpha)] = \frac{-\sigma_2}{2}\sin2\alpha$$

当 σ_1 与 σ_2 同时作用时：

$$\sigma_\alpha = \sigma'_\alpha + \sigma''_\alpha = \sigma_1\cos^2\alpha + \sigma_2\sin^2\alpha \tag{2-1}$$

$$\tau_\alpha = \tau'_\alpha + \tau''_\alpha = \frac{\sigma_1}{2}\sin2\alpha - \frac{\sigma_2}{2}\sin2\alpha = \frac{\sigma_1-\sigma_2}{2}\sin2\alpha \tag{2-2}$$

由以上两个公式可知 σ_α 和 τ_α 的大小随 α 而改变，为了求出正应力的最大值，可将式（2-1）对 α 取导数并使它等于零：

$$\sigma'_\alpha = -2\sigma_1\cos\alpha\sin\alpha + 2\sigma_2\sin\alpha\cos\alpha = 0$$

或

$$-(\sigma_1-\sigma_2)\sin2\alpha = 0$$

假设 $\sigma_1>\sigma_2$，则 $\sigma_1-\sigma_2\neq0$，欲使上式为零必须使 $\sin2\alpha=0$，即当 $\alpha=0°$、$\alpha=90°$时成立。

将 $\alpha=0°$及 $\alpha=90°$分别代入式（2-1）中，得 $\sigma_0=\sigma_1$，$\sigma_{90}=\sigma_2$。因为 $\sigma_1>\sigma_2$，所以 $\sigma_{最大}=\sigma_1$，$\sigma_{最小}=\sigma_2$。

这一结果表明，杆内最大与最小的正应力就是作用在主平面上的主应力，如果把 $\alpha=0°$及 $\alpha=90°$代入式（2-2）就会得到 $\tau_\alpha=0$。由式（2-2）可直接看出：当 $\sin2\alpha=1$，即 $\alpha=45°$时，剪应力为最大：

$$\tau_{最大} = \frac{\sigma_1-\sigma_2}{2}$$

所以剪应力的最大值等于主应力差的一半，并作用在与主平面成45°角的斜面上（该面与图面垂直）。

当 $\sigma_2=0$ 亦即单向应力状态时根据上面的结果可得：

$$\sigma_{最大} = \sigma_1 \quad (\alpha = 0° 时)$$

$$\sigma_{最小} = 0 \quad (\alpha = 90° 时)$$

$$\tau_{最大} = \frac{\sigma_1}{2} \quad (\alpha = 45° 时)$$

当杆件受三向应力状态，并且 $\sigma_1>\sigma_2>\sigma_3$ 时，求最大剪应力大小及其作用平面。如图 2-6 所示，平行于 σ_3 取一断面（阴线），因为平行于所取断面的主应力 σ_3 在该断面上既不产生剪应力也不引起正应力，因此该断面仅受 σ_1 与 σ_2 作用，成为两向应力状态。根据两向应力状态的讨论可知：最大剪应力应发生在法线与 σ_1 成45°的断面上，其值为：

$$\tau_{1、2}=\frac{\sigma_1-\sigma_2}{2}$$

当平行于 σ_1、σ_2 分别取一断面并且采用和上面同样的方法时可得：

$$\tau_{2、3}=\frac{\sigma_2-\sigma_3}{2}$$

$$\tau_{1、3}=\frac{\sigma_1-\sigma_3}{2}$$

因为 $\sigma_1>\sigma_2>\sigma_3$，所以 $\tau_{1、3}=\dfrac{\sigma_1-\sigma_3}{2}$ 为 $\tau_{最大}$。

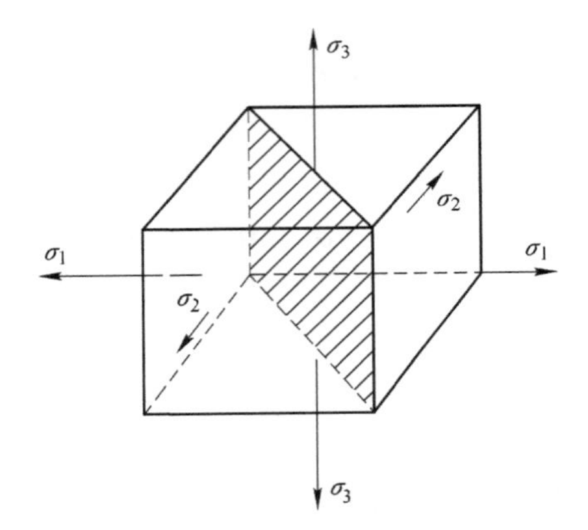

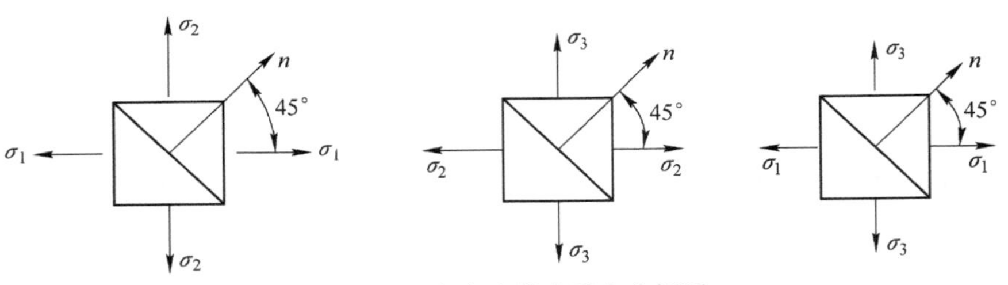

图 2-6　三向应力状态受力分析图

2.2.2　广义虎克定律与体积变形

图 2-7 为一处在三向应力状态下的单元立方体，在计算立方体的体积变形时，用三个单向主应力所引起的变形叠加起来就得到在三个主应力同时作用下的总变形。

在 σ_1 的作用下，根据虎克定律，x 方向的伸长为 $\varepsilon_1'=\dfrac{\sigma_1}{E}$，在 σ_2 及 σ_3 分别作用下 x 方向的缩短为 $\varepsilon_1''=-\mu\dfrac{\sigma_2}{E}$，$\varepsilon_1'''=-\mu\dfrac{\sigma_3}{E}$。因此在 x 方向的总变形等于：

$$\varepsilon_1 = \varepsilon'_1 + \varepsilon''_1 + \varepsilon'''_1 = \frac{\sigma_1}{E} - \mu\left(\frac{\sigma_2}{E} + \frac{\sigma_3}{E}\right) \tag{2-3}$$

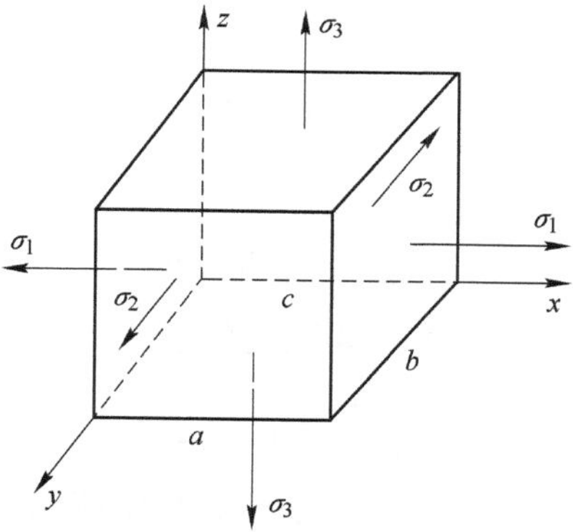

图 2-7　三向应力状态下的单元立方体

同样对 y、z 方向的变形可以得到相似的表述式。所以受三向应力时的公式为：

$$\left.\begin{aligned} \varepsilon_1 &= \frac{\sigma_1}{E} - \mu\left(\frac{\sigma_2}{E} + \frac{\sigma_3}{E}\right) \\ \varepsilon_2 &= \frac{\sigma_2}{E} - \mu\left(\frac{\sigma_1}{E} + \frac{\sigma_3}{E}\right) \\ \varepsilon_3 &= \frac{\sigma_3}{E} - \mu\left(\frac{\sigma_1}{E} + \frac{\sigma_2}{E}\right) \end{aligned}\right\} \tag{2-4}$$

这一组公式（2-4），表示了在复杂应力作用下，主应力与相对变形间的关系，称为广义虎克定律。如果有的主应力为压应力，在应用上式计算时，应连同负号一块代入。若令公式（2-4）中 $\sigma_3=0$，则得到两向受力时的变形公式：

$$\left.\begin{aligned} \varepsilon_1 &= \frac{\sigma_1}{E} - \mu\frac{\sigma_2}{E} \\ \varepsilon_2 &= \frac{\sigma_2}{E} - \mu\frac{\sigma_1}{E} \\ \varepsilon_3 &= -\mu\left(\frac{\sigma_1}{E} + \frac{\sigma_2}{E}\right) \end{aligned}\right\} \tag{2-5}$$

在单元体受力后，由于各边长发生变形，因此其体积大小也发生了改变。

设立方体各边长为 a、b、c，则变形前的体积为：

$$V_0 = abc$$

变形后的体积为：

$$\begin{aligned} V_1 &= (a + \Delta a)(b + \Delta b)(c + \Delta c) \\ &= (a + a\varepsilon_1)(b + b\varepsilon_2)(c + c\varepsilon_3) \end{aligned}$$

$$=abc(1+\varepsilon_1)(1+\varepsilon_2)(1+\varepsilon_3)$$

将括号展开后由于 ε_1、ε_2、ε_3 都很小，其乘积可忽略，于是有：

$$V_1=abc(1+\varepsilon_1+\varepsilon_2+\varepsilon_3)=V_0(1+\varepsilon_1+\varepsilon_2+\varepsilon_3)$$

变形前后体积变形为：

$$V_1-V_0=V_0(\varepsilon_1+\varepsilon_2+\varepsilon_3)$$

单位体积的改变为：

$$Q=\frac{V_1-V_0}{V_0}=\varepsilon_1+\varepsilon_2+\varepsilon_3 \tag{2-6}$$

若将式（2-4）代入式（2-6）则得到复杂应力状态下立方体单位体积的改变为：

$$\theta=\frac{1-2\mu}{E}(\sigma_1+\sigma_2+\sigma_3)$$

由于 E、μ 对某种材料来说是个常数，故单位体积变形只取决于各主应力之和而与某应力的大小无关。因此，若用 σ_1、σ_2、σ_3 的算术平均值即平均应力 $\overline{\sigma}=\frac{\sigma_1+\sigma_2+\sigma_3}{3}$来代替 σ_1、σ_2、σ_3 的作用，则单位体积的变形仍然是一样的，这时各边的变形也应相等，如以 $\overline{\varepsilon}$ 表示则有：

$$\overline{\varepsilon}=\frac{\varepsilon_1+\varepsilon_2+\varepsilon_3}{3}$$

2.2.3 复杂应力状态下的弹性变形能

杆件在单向应力状态下的弹性变形能为 $U=\frac{1}{2}\sigma\varepsilon$，在复杂应力作用下物体的弹性变形能可以根据叠加原理，分别计算在 σ_1、σ_2、σ_3 单独作用下所得变形能，然后相加即得：

$$U=\frac{1}{2}\sigma_1\varepsilon_1+\frac{1}{2}\sigma_2\varepsilon_2+\frac{1}{2}\sigma_3\varepsilon_3$$

式中的 ε_1、ε_2、ε_3 为三向应力同时作用下所产生的变形，根据广义虎克定律，将上式写成：

$$U=\frac{1}{2}\left[\frac{\sigma_1}{E}(\sigma_1-\mu\sigma_2-\mu\sigma_3)+\frac{\sigma_2}{E}(\sigma_2-\mu\sigma_1-\mu\sigma_3)+\frac{\sigma_3}{E}(\sigma_3-\mu\sigma_2-\mu\sigma_1)\right]$$

$$=\frac{1}{2E}[\sigma_1^2+\sigma_2^2+\sigma_3^2-2\mu(\sigma_1\sigma_2+\sigma_2\sigma_3+\sigma_3\sigma_1)]$$

立方体的变形包括体积大小的改变和形状的改变，因此上述能量可以看成是由下述两部分组成：

（1）由于单位体积改变而储存起来的能量称为体积变形能 U_v。

（2）由于单位体积形状改变而储存起来的能量称为形状变形能 U_φ。

在只有体积改变而无有形状改变时，立方体各处变形均应等于 $\bar{\varepsilon}$，这时作用在主平面上的正应力为 $\bar{\sigma}$，故体积变形能为：

$$U_{\mathrm{v}} = 3 \times \frac{1}{2}\bar{\sigma}\bar{\varepsilon} = \frac{3}{2}\left(\frac{\sigma_1 + \sigma_2 + \sigma_3}{3}\right)\frac{\varepsilon_1 + \varepsilon_2 + \varepsilon_3}{3}$$

$$= \frac{1 - 2\mu}{6E}(\sigma_1 + \sigma_2 + \sigma_3)^2 \qquad (2-7)$$

根据式（2-6）有：

$$\theta = \frac{V_1 - V_0}{V_0} = \frac{1 - 2\mu}{E}(\sigma_1 + \sigma_2 + \sigma_3) = \varepsilon_1 + \varepsilon_2 + \varepsilon_3$$

所以：

$$H_V = \frac{3}{2} \times \frac{\sigma_1 + \sigma_2 + \sigma_3}{3} \times \frac{1 - 2\mu}{3E}(\sigma_1 + \sigma_2 + \sigma_3)$$

$$= \frac{1 - 2\mu}{6E}(\sigma_1 + \sigma_2 + \sigma_3)^2$$

显然形状变形能等于总的变形能减去体积变形能而求得，即：

$$U_{\varphi} = U - U_{\mathrm{v}} = \frac{H\mu}{3E}(\sigma_1^2 + \sigma_2^2 + \sigma_3^2 - \sigma_1\sigma_2 - \sigma_2\sigma_3 - \sigma_1\sigma_3)$$

在单向拉伸和压缩时 $\sigma_1 = \sigma = \frac{P}{F}$，$\sigma_2 = \sigma_3 = 0$，则体积变形能为：

$$U_{\mathrm{v}} = \frac{1 - 2\mu}{6E}\sigma \qquad (2-8)$$

形状变形能为：

$$U_{\varphi} = \frac{H\mu}{3E}\sigma^2 \qquad (2-9)$$

而总的变形能为：

$$U = U_{\mathrm{v}} + U_{\varphi} = \frac{\sigma^2}{2E}$$

2.3 应力应变的测定

为了测量实际工程上所用的模片、弹簧及轴等构件受力后的应变，需要采用一种将应变转换为电阻变化的转换器——电阻片。为了能将电阻片的极小变量测试出来，还需要采用应变仪。

2.3.1 电阻片

在测量中常用的电阻片有丝式和箔式两种。丝式电阻片是由直径为 0.02～

0.05mm 的康铜丝或镍铬合金丝绕成栅形，夹在两层绝缘薄纸或塑料膜中制成。两端引出直径为 0.1~0.2mm 的铜线就构成应用的电阻片。箔式的电阻片是将上述材料的金属箔，采用光刻腐蚀方法制成；或用上述成分的圆丝压扁再绕成栅形，夹在两层绝缘胶之间，在扁丝的两端用直径为 0.1~0.2mm 的铜线引出构成。这几种电阻片的使用方法基本相同，分常温和高温两种。

测量应变时，先用特种胶水将电阻片粘贴在零件的待测部位上。随着机械应变的产生，电阻丝也一起变形，这就使电阻片的电阻发生变化，如果以 ΔL 表示电阻片丝的长度变化，以 ΔR 表示电阻丝电阻值的改变，则由物理试验可知，这两个改变量之间的关系可由下式表示，即：

$$\frac{\Delta R}{R} = K\frac{\Delta L}{L}$$

式中，R 是电阻丝的电阻值；K 是比例常数，也称为灵敏系数。电阻片的灵敏系数越大，表示它对变形的敏感性越高。因为$\frac{\Delta L}{L}$就是零件在被测点处的应变 ε，于是通过电阻片，就将机械应变转换为电阻应变。测得了电阻的改变率$\frac{\Delta R}{R}$就可按上式求得 ε 值。电阻片的阻值 R、电阻片的标距 L、电阻片的宽度 b 和 k 均由生产单位提供。一般 R 约为 120Ω，K 值在 2.0~2.5 之间。

在工程实际中，物体的变形往往很小，在测量精度上要求又高，应变的读数误差为 5 微应变以内（1 微应变为 1 应变的$\frac{1}{10^6}$）。

若电阻片的电阻 $R = 120\Omega$，灵敏度 $K = 2.0$，则对应的电阻改变的测量精度为：

$$\Delta R = RK\varepsilon = 120 \times 2 \times \frac{5}{10^6} = 0.0012\Omega$$

应用一般的电表是不可能测量此精度的。

2.3.2 应变仪

电阻应变仪就是用来测量 ΔR 并将它放大输出的仪器，目前我国应用的 YT-5 型静态电阻应变仪的读数精度为 1 微应变，最大误差不大于 1%。

应变仪测量所采用的电路是惠斯登电桥电路，如图 2-8 所示。

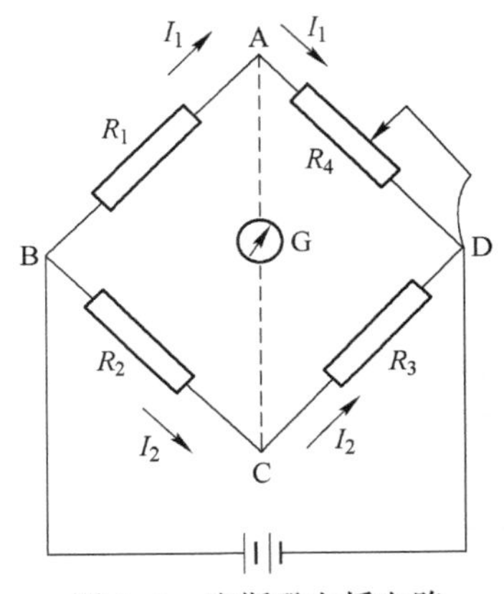

图 2-8 惠斯登电桥电路

电阻应变仪是一种可用来测定未知电阻的装置。被测点的电阻片构成电桥的一个臂（R_1），称为工作电阻片。当电桥平衡时，电表 G 的指针指零。AG两点电位相等，所以有：

$$E_{BA}=E_{BC},\ E_{AD}=E_{DC}\text{ 或 }I_1R_1=I_2R_2,\ I_1R_4=I_2R_3$$

两式相除得：

$$R_1R_3=R_2R_4 \tag{2-10}$$

式（2-10）表明，当电桥平衡时，其中的一个电阻可由另外三个电阻的比值来确定。

设电阻片 R_1 的电阻随着零件的变形改变了 ΔR_1，R_4 是一个标有刻度的可变电阻，当 R_1 变化时可以调整 R_4 的数值，使电桥恢复平衡。若以 ΔR_4 表示 R_4 相应的改变值，则在新的平衡条件下有：

$$(R_1+\Delta R_1)R_3=R_2(R_4+\Delta R_4)$$

根据式（2-10）可得：

$$\Delta R_1=\Delta R_4\frac{R_2}{R_3}$$

由于 R_4 的调整值 ΔR_4 与 R_1 的改变量（即线应变 ε）具有确定的比例关系，因此为了便于仪器的操作使用，可经过换算将可变电阻 R_4 的刻度直接用线应变 ε 标出。如测量过程中发生温度变化，则电阻片的电阻也将随之变化。这种变化缘于两方面：一方面是温度对金属丝电阻率的直接影响；另一方面是电阻片与零件间同材料的线膨胀系数随温度的变化而异所造成的影响。

为了消除影响，选用一个和 R_1 相同的电阻片，贴在与被测构件相同的材料上，并放置在与被测构件温度变化相同的环境中，作为电桥的另一臂 R_2。这个用来平衡温度变化影响的电阻片称为“补偿电阻片”。因此在电桥中，至少要有一个工作电阻片 R_1 和一个温度补偿电阻片 R_2 构成电桥的两臂。这种只在电路中配置两个电阻片的电接法叫做半桥接法。此时另外的两个电阻 R_3、R_4 就装在应变仪内。为了提高桥路的灵敏度，也可以不用装在应变仪内的电阻 R_3、R_4，而用四个电阻片构成全桥电路。

2.3.3 基本变形时应力应变的测定

2.3.3.1 拉压时应力应变的测定

直杆受轴向拉伸或压缩时是单向应力状态，这时如以 ε_1 表示轴向应变，则横向应变 $\varepsilon_2=-\mu\varepsilon_1$。实验时可以应用两个电阻片，如图2-9所示方式粘贴。这两个电阻片中的一个，作为工作电阻片，另一个兼做补偿电阻片 R_2。由于它们之间的变形符号相反，而检流计的指针向同一方向偏转，所以由应变仪所测得的读数 $\varepsilon_{读}$ 为 ε_1 和 ε_2 的绝对值之和，即：

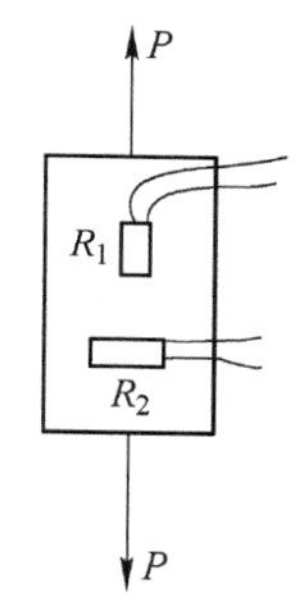

图2-9 拉压时电阻片粘贴方式示意图

$$\varepsilon_{读}=|\varepsilon_1|+|\varepsilon_2|=\varepsilon_1(1+\mu)\quad\text{或}\quad\varepsilon_1=\frac{\varepsilon_{读}}{1+\mu}$$

根据单向应力状态的虎克定律：

$$\sigma_1 = E\varepsilon_1 = \frac{E\varepsilon_{读}}{1+\mu}$$

便可求得应力 σ_1 的数值。

如果在构件上只贴一片沿轴向的电阻片 R_1，则补偿片 R_2 需贴在另一个同等条件的构件上，即材料相同、所处温度相同，但这时在不受力的试块上 $\varepsilon_1=\varepsilon_{读}$，因此有：

$$\sigma_1 = E\varepsilon_1 = E\varepsilon_{读}$$

2.3.3.2 弯曲时应力应变的测定

设有一个矩形截面的悬臂梁如图 2-10 所示。根据弯曲理论可知该梁上下两侧的变形相等，符号相反。如果在上下两侧对应位置各贴一电阻片并构成桥路两臂，则有：

$$|\varepsilon_1| = |\varepsilon_2| = \frac{\varepsilon_{读}}{2}$$

由于梁的上下两侧是单向应力状态，故用单相时的虎克定律：

$$\sigma_{上} = |\sigma_{下}| = E\varepsilon_1 = \frac{E\varepsilon_{读}}{2}$$

2.3.3.3 扭转时应力应变的测定

根据圆轴扭转理论分析得知扭转时主应力的方向与杆轴线成 45°，这也就是两个主应力的方向，且 $\varepsilon_1=-\varepsilon_2$。因此如果按图 2-11 所示位置把电阻片沿着主应力方向粘贴就不难求出：

$$\varepsilon_1 = |\varepsilon_2| = \frac{\varepsilon_{读}}{2}$$

根据两向应力状态下的虎克定律：

$$\varepsilon_1 = \frac{1}{E}(\sigma_1 - \mu\sigma_2) \quad 和 \quad \varepsilon_2 = \frac{1}{E}(\sigma_2 - \mu\sigma_1)$$

算出应力为：

$$\sigma_1 = -\sigma_2 = \frac{E}{1-\mu^2}(\varepsilon_1 + M\varepsilon_2) = \frac{E}{2(1-\mu)}\varepsilon_{读}$$

式中，μ 为泊松比。

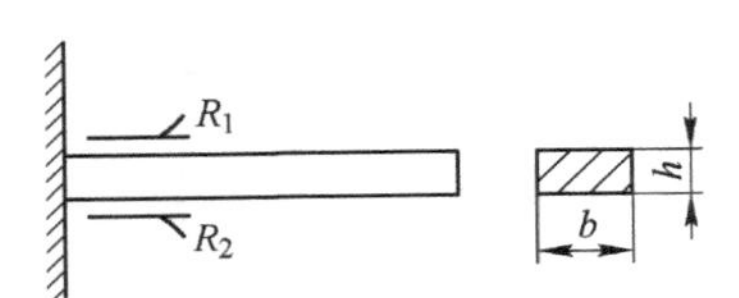

图 2-10 矩形截面的悬臂梁

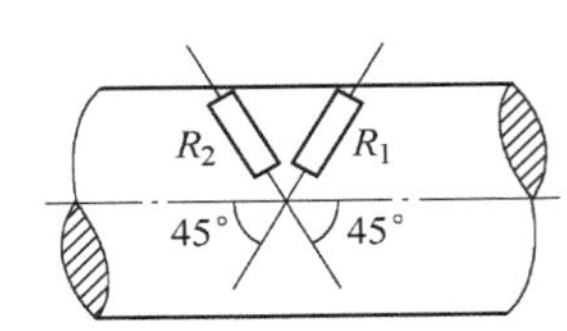

图 2-11 扭转时电阻片粘贴方式示意图

3 残余应力

3.1 残余应力的分类

物体内部保持平衡的应力系统称为固有应力或初始应力，有人称固有应力为内应力。残余应力和热应力是固有应力的一种。此处的残余应力是指当没有外力作用时，在物体内部保持平衡而存在的应力。

残余应力按相互作用范围的大小，可分为宏观应力和微观应力；考虑到材料的组织和残余应力产生的原因也可分为体积应力和组织应力或嵌镶应力。

这个分类是 Orowan 等人采用的，从产生过程来说：体积应力是由于外部的机械作用、热作用或化学作用对物体的不均匀影响而产生的，因此即使材料是完全均匀的也会产生体积应力。组织应力则显然是由于组织不均匀而产生的。所谓组织不均匀，就是外加的宏观作用（变形、加热和冷却或化学变化等）即使都一样也会产生残余应力的情况。

也有人将 Orowan 等人所分的体积应力及与之对应的宏观应力称为第一残余应力，而把组织应力及与之对应的微观应力称为第二残余应力。

3.1.1 宏观残余应力

（1）不均匀塑性变形所产生的残余应力。

（2）热影响所产生的残余应力，即由于热应力等的体积变化而产生的应力。热应力本身就是由于物体内各部分的膨胀不均匀而产生的。当经过平衡温度消除其热应力时，就会有不均匀塑性变形发生，有时候还有体积的永久变形残余，因而产生残余应力。在加热和冷却过程中，有时材料既有相变等组织变化又有不均匀的体积永久变形。

一般淬火或时效除热应力外，同时伴有体积变化的相变应力作用的情况。随着相变而引起的相变区域的体积变化，这比热应力引起的体积变化要大，相变区域显示一种所谓相变塑性的黏性状态，随着物体的冷却而逐渐产生相变，即产生相变应力和热应力重叠，其结果是在组织转变的体积变化上，塑性变形的状态下产生残余应力。

（3）化学变化产生的残余应力，是由于从表面向内扩散的化学或物理化学的变化。

3.1.2 微观残余应力

（1）由于晶粒的各向异性而产生的残余应力。这包括晶体的线膨胀系数、弹性系数等的各向异性和晶粒间的方位不同而产生的残余应力。

（2）由于晶粒内外的塑性变形而产生的残余应力。这包括晶粒内的滑移、穿过晶粒间的滑移，以及双晶的形成而产生的残余应力。

（3）由于夹杂物、析出物和相变而使第二相出现所产生的应力。

3.2 热处理过程产生残余应力的机理

热处理产生残余应力的原因是淬火或时效时材料外表面和心部的温差而形成的热应力，再加上因为相变的体积变化而产生的相变应力。

3.2.1 由热应力产生的残余应力

首先研究一下淬火在冷却过程中材料无组织转变时残余应力的产生，如图3-1所示。

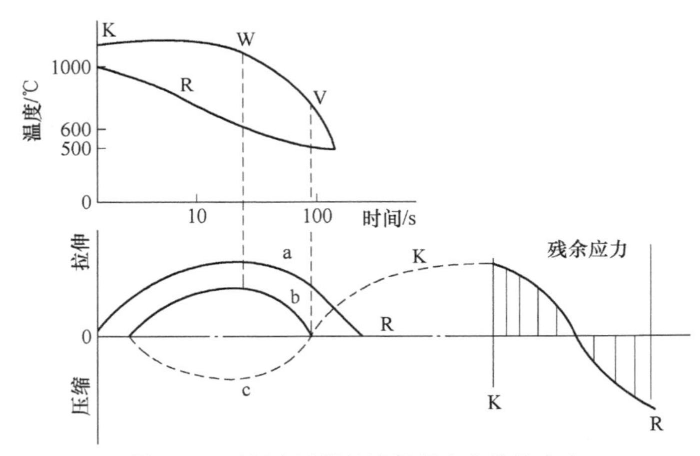

图 3-1　无相变过程的冷却所产生的热应力

图中曲线 a 表示外表和心部处于完全弹性状态下的外表应力。曲线 b 表示实际应力，应力 b 相当于该温度下材料的屈服应力。曲线 c 是心部应力。图 3-1 示出淬火后冷却时材料的外表 R 和心部 K 的冷却状态不同出现温度差，因而产生热应力，即在 W 点的状态外表的拉伸应力和心部的压缩应力都增加。经过 W 以后温度逐渐降低，内外层温度也减小，因此两部分的应力也减小。在达到 W 点以前的时间内，外部承受的拉伸应力很大，超过了该温度下材料的屈服应力。现设 W 点时的温度差为 600℃，则外面和心部的长度差为 0.5%，因此外面产生塑性变形，经 W 点后不再有塑性变形。随着两部分的温差减小，应力分布在 V 处发生反向。最后得到外面为压缩应力、心部为拉伸应力的残余应力状态。

因此，这时残余应力的大小，由经过 W 点时的温度差和材料的屈服强度所决定。而温差主要取决于材料的直径、热传导系数、冷却剂的冷却能力（速度）。

Bühler 曾研究 ϕ50mm 和 ϕ25mm 的阿姆柯铁（0.025%C）在各种温度下淬火的残余应力，随着直径的不同，淬火温度越高，冷却到 W 点时塑性变形和温差越大，从而由热应力产生的残余应力越大。

3.2.2 由热应力和相变应力产生的残余应力

经淬火后的金属材料冷却时的热应力，加上相变时产生的相变应力，冷却后就得到各种各样的应力分布。残余应力随材料的成分、规格的大小、冷却剂的冷却能力等条件的变化而变化。

当产生马氏体相变时，该部分的体积膨胀而产生的相变应力和热应力相叠加。在什么样的热应力状态下，这部分开始发生相变，有着重要的影响，也就是说图 3-1 所示的模型中，材料的外表和心部的相变是在热应力反向期 V 点之前还是之后进行。

如果在应力反向期 V 之后，心部发生相变，则由于心部体积膨胀，而使总体平衡的内应力减少。如果外表进行相变，则其效应相反。当应力反向期之前产生相变时，若心部相变，则使总体平衡的内应力增加，而外表相变，则内应力减少。

Bühler Scheil 为测得相变应力做了下述试验：将含镍 17%的镍钢（相变开始温度 M_s 为 360℃）加热到 900℃使其奥氏体化，然后缓冷到 360℃，接着在冰水中淬火。由于缓冷到 360℃消除了热应力，所以淬火后的残余应力表现为仅受相变应力的影响。应力测量结果如图 3-2 所示。

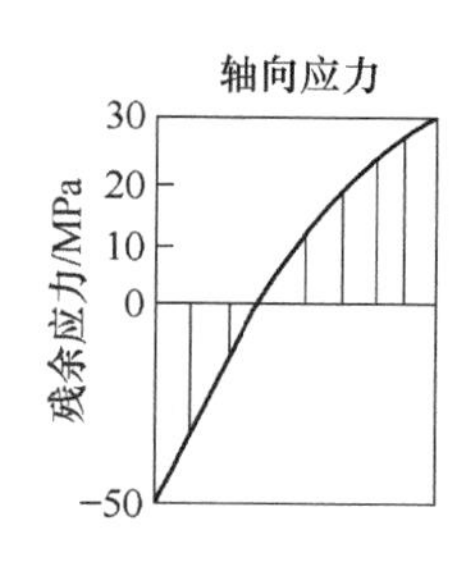

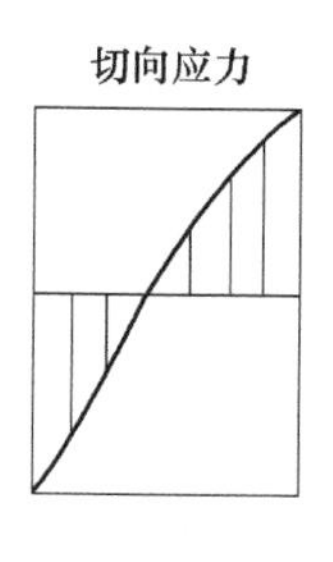

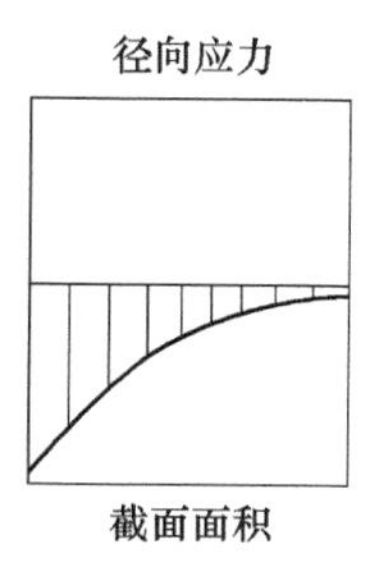

图 3-2 相变应力型分布

相变应力型分布和热应力型分布形式刚好相反。

由于马氏体相变的体积膨胀，一般依赖于材料的成分，因为体积的变化决定于晶格转变时所产生的晶格尺寸的变化，所以，假使截面内具有均匀一致的体积变化，则在上述相变实验中，相变开始之前，实际尺寸没有因塑性变形而变化很大，而且消去了热应力，相变终止后没有残余应力，因此对上述实验所出现的残余应力，可以认为是相变终止时试样内各部分的尺寸变得不一样而造成的应力。

若在试样内开始马氏体相变，则其体积膨胀不仅对其他部分产生应力，而且该应力对相变本身也产生影响。Kontrovicn 等人认为，马氏体相变本身是由各奥氏体晶格的微观切应变所形成的，当外力作用于该晶格时，相变后总容积内要产生很大的变形。已经证实相变的部分具有显著的可塑性，产生了所谓的相变塑性，有的合金还会产生超塑性。

3.2.3 残余应力产生的过程

热应力反向后开始相变，各部分的体积变化和应力分布如图 3-3 所示。图 3-3 示出了冷却时外表、中间和心部的比容变化和内应力的关系。冷却时，首先在 Z_1 时外表开始相变，这时热应力分布已发生反向，因此外表体积增加，外表压应力增加，中心的拉应力也增加。而到了时间 Z_2、Z_3 由于进行相变，伴随着心部的体积膨胀，所以外表和内部的压力达到最大值后又下降，当心部的相变终了后，应力分布发生反向，变成外表显示拉应力的分布。从残余应力产生的过程来说，可暂时认为如此。

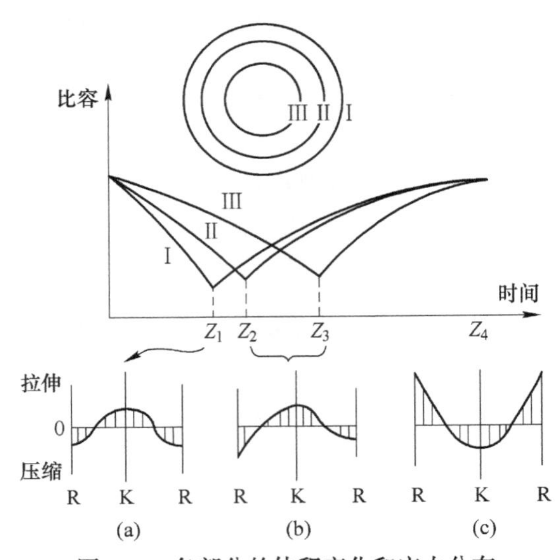

图 3-3　各部分的体积变化和应力分布

Ⅰ—外层；Ⅱ—中心；Ⅲ—心部；R—外表；K—心部

而最后的应力分布，则决定于热应力对相变应力的比例，即：热应力较大，外表显示压应力；相变应力较大，则外表显示拉应力。

图 3-4 表示热应力反向前开始相变的情况，一般来说，这种情况的相变开始

温度较高，在时间 Z_1 时的应力分布，仍然是外表为拉应力，心部为压缩应力。因此当外表进行相变时，由于外表的体积增加，应力分布立即发生图中（b）所示的反向，外表变为压缩应力。相变再继续向内部进展，从时间 Z_2~Z_5 之间已相变区和未相变区之间的正在相变区，其边界显示出极大的压缩内应力，变成如（c）所示的状态；然后从时间 Z_5 心部开始相变，又由于体积膨胀，变成如（d）所示的内应力分布，心部为压缩应力，外表为拉伸应力。与热应力反向后开始相变的情况相比，当热应力反向前时由于从相变开始温度到相变终止温度都比室温高得多，因此再进一步冷却到室温就成为（e）所示的残余应力分布，若相变终止温度过高，就产生（f）那样的反向，得到外表为压缩、心部为拉伸的残余应力。

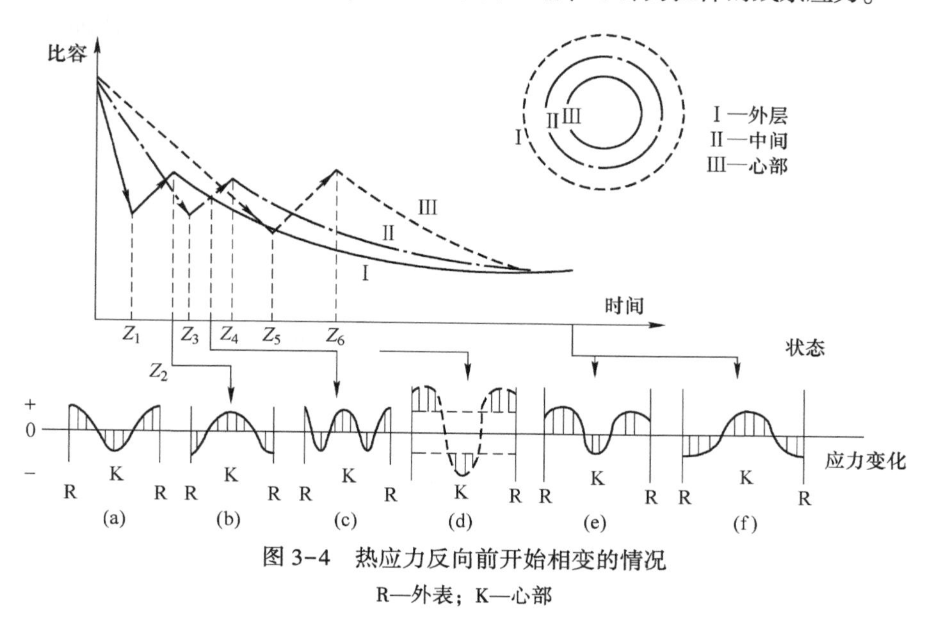

图 3-4　热应力反向前开始相变的情况

R—外表；K—心部

以上为热处理金属材料时产生的残余应力。此外在金属材料磨削或切削时也会产生热的残余应力。由于在切削或磨削时材料内产生“压缩”效应是残余应力产生的原因，并且磨削时发热温度远比切削时高，据说有时超过材料的熔点，对热应力产生残余应力影响较大的因素是表面达到的最高温度；此外与材料的高温屈服强度也有关系，若屈服强度大，则通过加热和冷却过程产生较大的拉伸残余应力。另外经磨削的淬火钢，如果最表面的一层有淬火效应，则和表面硬化淬火的情况如同图 3-4 中（b）的 R 一样，这部分产生压缩残余应力。

3.2.4　冷压力加工过程产生的残余应力

现说明棒材拉拔和挤压、管材拉拔以及板材轧制残余应力的产生机理。这些加工中所产生的残余应力和热处理残余应力相同，对材料的加工工艺和质量也都有不同的影响。在大多数情况下，加工后材料表面附近产生拉伸残余应力。这对材料加工时的开裂是有影响的。

3.2.4.1 拉拔后的残余应力分布

拉拔后的残余应力分布，主要有以下三种形式：

（1）外表是压缩应力、心部是拉伸应力的单纯残余应力分布。这是在断面收缩率很小的表面变形时得到的应力分布。图 3-5（a）表示其产生过程。拉拔时，棒截面的心部和外围承受大小相等的压缩应力。这时棒的外围由于和模具接触首先被屈服，因此即使心部和外围达到同样的压缩变形 S，在拉拔后弹性恢复时，与恢复相应的变形 R_k 和 R_0 还有一定的差值，为了调整该差值而产生图 3-5(a)所示的残余变形。

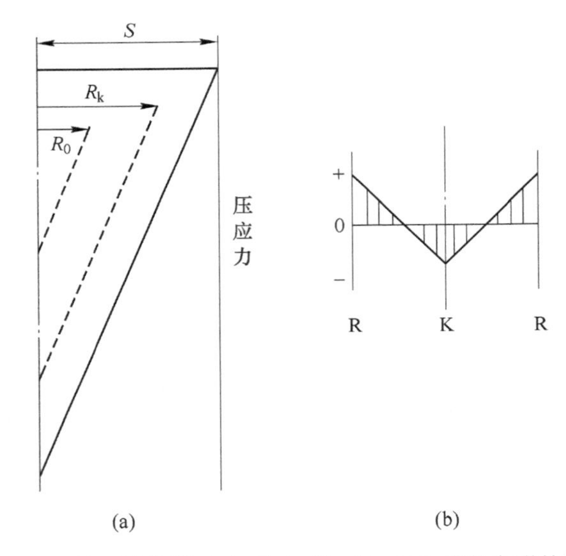

图 3-5 截面的外周（a）和心部（b）产生塑性变形的情况

（2）外表是拉伸应力、心部是压缩应力的单纯残余应力分布。这是当材料很软而截面收缩率又很大时，使心部也产生了塑性变形，就得到图 3-5(b) 示出的应力分布图。

（3）图 3-6 表示被拉拔的材料外表和心部是拉伸应力，而其中间部分是压缩应力的分布，这种情况是由于拉拔的材料很硬或冷拔条件的影响，材料心部没有产生塑性变形，而在截面的中间部分有压缩应力的分布，说明这部分已产生了塑性

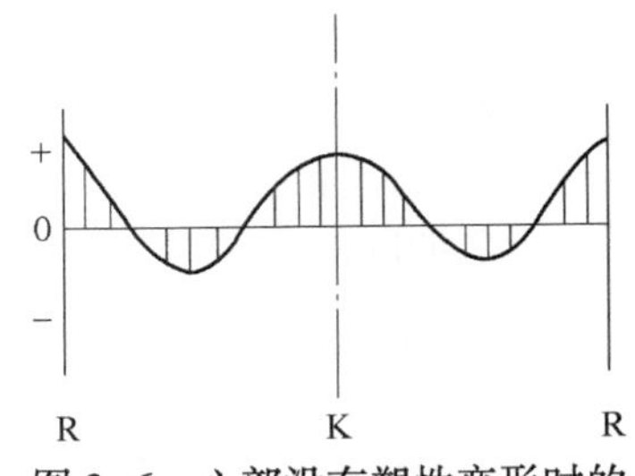

图 3-6 心部没有塑性变形时的残余应力分布

变形。这是上述两种状态的中间状态。

3.2.4.2 影响拉伸残余应力的因素

（1）断面收缩力的影响：当断面收缩率小时是图 3-5(a) 中的应力分布；当断面收缩率大时是图 3-5(b) 中的应力分布。

（2）模具形状的影响：冷拔时对好变形的材质选用定径带短的模具，对难变形的材质要用长定径带的模具。此外采用易带入润滑剂的入口锥。

（3）材质的影响：就材质来说，材料越硬屈服应力越高，拉拔时由于要维持高的内应力状态，所以拉拔后产生大的残余应力。作为分布的影响来说，材料越硬，心部越不易出现塑性变形，所以其残余应力分布容易呈现上述 3 种分布形式，即图 3-6 所示。

此外 W. Leng、O. Paweiski 等人对于拉拔后棒材直径的膨胀也进行了研究。在计算残余应力时，要从加工作用应力中扣除相当于拉拔尺寸变化的弹性回复力。

若将拉拔时模具半角对残余应力的影响和对膨胀的影响加以对比，则随着模具半角的增加，膨胀减小，而残余应力却相应增加，这说明残余应力的产生和膨胀的产生是相互关联的。关于膨胀的原因，也可考虑拉拔和挤压时圆周的弹性变形更主要是塑性变形的影响。为了考察变形的产生，将棒的内部分为外层的空心圆筒部分和实心圆棒部分，并分别研究它们的加工变形。由残余应力可以推测出在产生膨胀的弹性回复以前，内部的实心部分的实际长度一定比外层的空心部分长，这样当弹性回复的时候，实心部分产生压缩残余应力，而外层为拉伸残余应力，膨胀就是在此同时产生弹性变形造成的，因此影响膨胀的因素就是加工时各部分的实际长度变化程度及其不均匀性。

3.2.5 铸造残余应力的产生

铸造过程中，零件各部分产生的应力包括冷却后的残余应力，都是在铸造过程中形成各种缺陷的原因。就缺陷而言，应力首先是凝固和冷却时造成零件裂纹的原因，此外应力是产生应变的原因，因此在铸造或铸造后加工时，会产生预料不到的变形和尺寸的变化。

3.2.5.1 铸造应力的产生

由于材料组成和成分的区别，而形成分布和大小不同的组织应力；以及由于零件形状和铸造技术所影响的结构应力。这种因结构条件所影响的应力，主要是在凝固和冷却时由于零件各部分的冷却速度不同而产生的。这与零件各部分的壁厚不均匀及形状不对称有关。而且也与浇铸和成型等铸造技术有关。

3.2.5.2 铸造应力与结构条件的关系

（1）零件截面内，保持平衡的残余应力，例如在浇铸圆棒时，外层迅速冷却，内层冷却缓慢。当开始凝固和冷却时，外层因迅速冷却而收缩，结果成为拉伸应力状态，内层则呈压缩应力状态，于是内层比外层温度高，且具有可塑性。由于压缩应力而产生塑性变形，这部分的实际尺寸减小；然后由此再进行冷却时，其应力分布反过来，得到外层压缩、内层拉伸的应力状态。

（2）由型砂抗力所产生的残余应力：浇铸后的铸件，由于冷却受到铸型的束缚而产生拉伸残余应力，为了造成没有型砂束缚情况，将铸造后框架的外侧和中央用石棉包起来，把它加热到各种温度再空冷下来，并求出温度差。同时改变保温情况，使空冷的温度差调整到恰好与实际铸造时冷却状态下的温度差相等。应力的测定是将进行了各种实验后的框架从中央处切开，测出应变。

3.3 残余应力产生的后果

3.3.1 残余应力对硬度的影响

有拉伸应力存在时塑性变形要提前开始，塑性变形的范围也变大，其结果使硬度值下降，图 3-7 示出 Bühler 的实验结果，当截面收缩率在 1%以内时，轴向和切向的残余应力几乎没有差别，而硬度也没什么变化；但当收缩率在 1%以上时，轴向和切向的残余应力急剧增大，这时不仅二者之差变得很大，而且硬度也迅速增大；而当截面收缩率达到 2%以上时，其增加又变得平缓，这是由于截面收缩率变大时，硬度随加工硬化而增大，但这时残余应力显示出很大的轴向拉伸应力，并且和切向应力之间出现很大的应力差，这就使得硬度下降，其结果就是得到了较平坦的硬度分布。

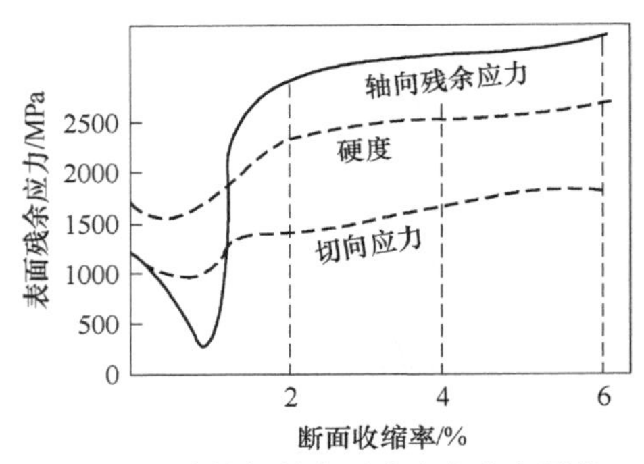

图 3-7 冷拔钢的表面残余应力和硬度
（材料：0.19%C 的碳钢；冷拔前的圆棒直径：48.5mm）

残余应力对淬火、时效等热处理的高硬度材料的影响几乎没有研究过。材料的弹性极限、屈服应力、加工硬化特性随热处理条件的不同或随组织的不同而异。由于组织也受残余应力的影响，所以更为复杂，不仅要考虑宏观的残余应力，还要考虑微观的残余应力。米谷茂对淬火和时效后的钢材施加低于屈服应力的负载时得到其残余变形和残余应力的变化关系。实验结果表明，当作用应力是屈服以下的低应力时，残余应力也有明显的变化，但是这里的残余变形是每次卸载后的变形，它随着时间的延长而变化。另外因组织的关系残余应力也有变化的倾向。

3.3.2 残余应力对结构件静稳定性的影响

对具有残余应力的试样，在压缩载荷增大时残余应力加作用应力要达到压缩屈服应力，其应力状态改变相当于弹性纵弯曲的临界状态。也就是说外层拉伸残余应力比外层压缩残余应力，对弯曲有更大的抗力。但是两者都比没有残余应力的发生弯曲早。上述的残余应力分布，是单轴的轴向残余应力分布。

若残余应力分布是三轴应力状态，表明有残余应力存在比无残余应力达到全塑性状态要迟一些，这就是说，有残余应力存在时能承受材料的压缩屈服应力。

3.3.3 残余应力对疲劳的影响

在一般情况下承受交变应力的零件若存在压缩残余应力时，就会提高零件的疲劳强度，若存在拉伸应力时，就会使疲劳强度下降。实际上，由于条件和环境的不同，残余应力对疲劳的影响是复杂的，这首先与残余应力的分布和大小、材料的弹性性质、外加应力状态和残余应力的产生过程有关。也就是说与因冷加工和热处理产生组织上的特性和残余应力随应力循环的稳定性等有关。

对疲劳强度产生影响的残余应力有冷加工和热处理所产生的宏观残余应力与微观残余应力。前者与外应力叠加，和材料的疲劳性能有关，而后者则为微观组织的不均匀应力，它作为产生的影响因素，与位错分布及微观组织不均匀而产生的应力集中、微裂纹等有关。然而作为残余应力的影响，宏观应力是主要的。

因此疲劳时残余应力的稳定性和材料的屈服应力及硬度是有关的，如图 3-8 所示。

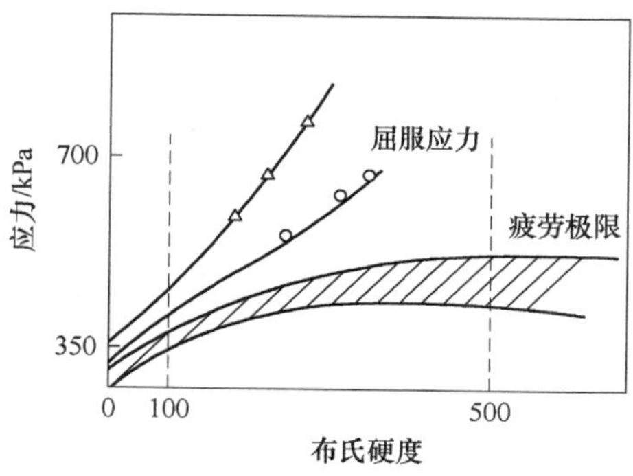

图 3-8 硬度和屈服应力、疲劳极限的关系

当硬度值很小时，屈服应力和疲劳极限值的宽度很窄，反之硬度值大时则

宽。即硬度低时，施加高于其疲劳极限的交变应力就容易产生塑性变形，并可见到残余应力的变化，而硬度高时，残余应力较稳定。

(1) 冷加工产生的残余应力对疲劳极限的影响：一般在塑性拉伸时，从试样外表到内部残余应力有个梯度分布，外表的残余压应力会使疲劳极限提高。矫直线材，线材内要产生剪切残余应力，从而使材料的疲劳极限降低。

(2) 热处理型残余应力对疲劳极限的影响：相变点以下急冷时，外表为热应力型残余压应力的情况。实验得知，热应力型的残余应力会使疲劳极限增加，如图 3-9 所示。

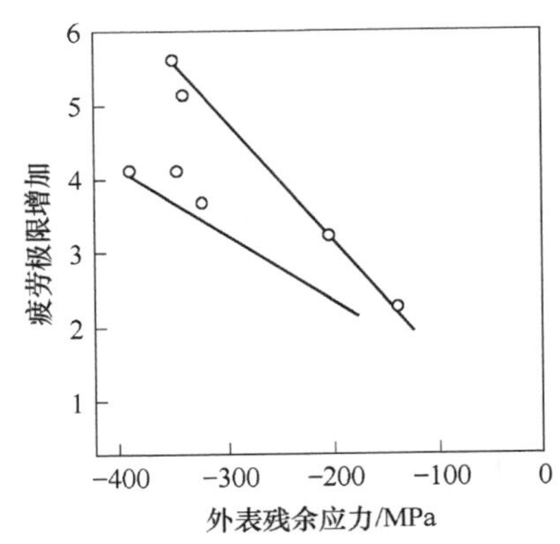

图 3-9 因热应力型残余应力引起交变弯曲疲劳强度的增加

3.3.4 残余应力对脆性破坏的影响

过去有很多关于船舶、贮油罐、桥梁以及其他焊接构件等，未到寿命材料就突然发生裂纹，并且还迅速扩展到整个截面而导致破坏的情况，这几乎是没受外部负荷而产生的脆性变形，这种脆性破坏通常是在特殊环境下发生的。如在与温度有关的脆性破坏中，由于拉伸残余应力的存在，会使零件承受的外应力下降到零。当最小主应力值变高时，也会引起与应力有关的脆化。因此若残余应力是多轴拉伸应力状态，与作用应力叠加而使图 3-10 中 M 值下降，也引起和应力有关的脆化。

残余应力通常是多轴应力，在多轴应力状态，而外部作用又是单轴应力时和上述情况相反，塑性变形力增加，材料容易成为塑性变形状态。当作用应力是多轴应力时，由于和残余应力处于叠加状态，这时就处于极易产生脆性破坏的状态。

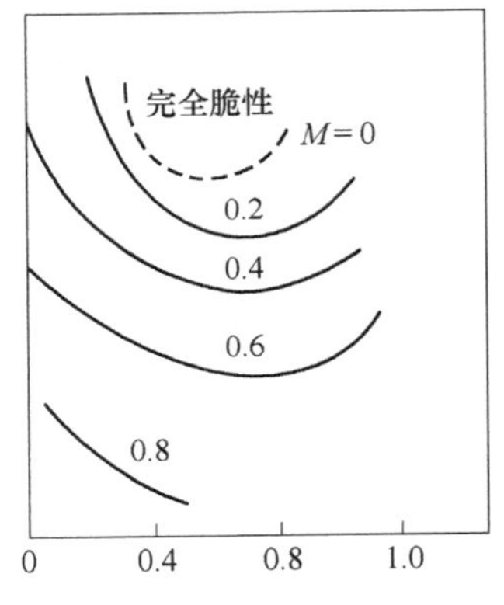

图 3-10 多轴应力下应力条件和塑性变形的关系

3.3.5 残余应力对腐蚀开裂的影响

当材料处于静应力作用并与腐蚀介质接触时，材料经过一定的时间后，截面产生裂纹而遭到破坏，被称做应力腐蚀开裂。开裂的条件及特征是：

（1）拉伸应力和腐蚀介质必须是共存的，如缺少任何一方，裂纹既不发生也不扩展。

（2）由于材料的成分和组织的不同，产生裂纹的敏感性不同。

（3）在特定的腐蚀介质中特别容易发生裂纹，因此在一般环境中并不出现这种现象。在应力腐蚀开裂中，腐蚀常是局部有选择的，大多数腐蚀都是由于点状腐蚀造成的，裂纹的扩展主要是沿着材料晶界进行的，或者穿过晶粒进行。以上各点是应力腐蚀的一般特征。

在应力腐蚀开裂中，残余应力被认为起作用应力的技能，和外应力是同样的。因此研究残余应力的大小和分布是很重要的。

有一点可以肯定，就是在拉伸应力下，裂纹的扩展是应力腐蚀开裂的重要问题。对其结构还不十分清楚，目前对此有两种说法：

其一是说：由于拉伸应力的存在，在微小尖角部分上，应力的集中而形成局部微电池，促进了腐蚀。

其二是说：由于腐蚀和裂纹，尖端的应力集中促使小范围的脆性破坏交替产生，从而使裂纹向前扩展。即裂纹本身是机械地向前扩展，而腐蚀则助长了应力集中。目前支持后一种说法的人居多。

仅仅有残余应力或仅有外应力时，二者裂纹扩展状态是不同的，但实际上往往在残余应力上都有外应力。

由于残余应力的符号、大小和分布的不同，在叠加外应力时，对应力腐蚀裂纹的扩展可能很顺利，或者恰好相反很不顺利。作为残余应力效应，如有腐蚀介质接触的部位上存在压缩残余应力，可阻止应力腐蚀开裂的进展，但尚未得到压缩应力对应力腐蚀开裂影响的定量结果。可是在实际上为了防止应力腐蚀开裂，采用表面压延、喷丸处理或氮化处理的措施，使之产生压缩残余应力，其中尤以对喷丸处理的研究及应用甚多。

3.4 残余应力的消除和调整

3.4.1 用加热的方法消除和调整残余应力

用加热的方法消除残余应力是与蠕变和应力松弛现象相关联的。通常将构件在稍高的温度下加热，保温几小时或几天的长时间，以后再缓慢冷却。

对残余应力消除过程有两种看法：

（1）认为材料的屈服应力随加热温度的升高而降低，因此加热时在某个温度的残余应力，一超过那时的屈服应力，即发生塑性变形，于是残余应力因塑性变形而减小。然而消除应力是有限度的，这时的应力不会比屈服应力更低。

（2）作为一种的应力松弛来考虑，这在理论上只要给予充分的时间应力就能完全消除，而且应力的大小也不受限制，而实际上必须在某一温度以上和保温适当的时间才行，因此即使进行完全的应力消除（据说该界限在±50MPa 的范围）也必须同时考虑材料的软化，例如黄铜等不发生软化，即可达到消除应力的效果，而对钢来说软化和应力消除同时存在，因此要避免软化，就必须根据实际使用的目的，将应力消除控制在某种限度内。

把退火消除残余应力和应力松弛现象联系起来，从应力松弛现象来进行这方面的研究。

实验是将长 130mm、直径 14mm 的钢试样，加以单向的均匀拉伸应力，并放入一定温度的炉中，在一定的应变时观察应力减小的状态。这里设温度为 t，一定的应变为 ε_e，常温下和温度 t 时的纵弹性模量为 E_{20}和 E_t（$E_{20}>E_t$）。拉伸应力分别为 σ_e 和 σ_{et}，在没有塑性变形发生时，以下关系成立：

$$\sigma_e = \varepsilon_e E_{20} \quad 和 \quad \sigma_{et} = \varepsilon_e E_t$$

根据上式应力在温度 t 时为：

$$\sigma_{et} = \sigma_e E_t / E_{20} \tag{3-1}$$

这里当温度上升有塑性变形产生时，式（3-1）不成立。

设保持 z 时间后显示的永久变形为 ε_{bz}，由于弹性应变 ε_e 的相应减小，这时松弛时的应力 σ_{etz}为：

$$\sigma_{etz} = (\varepsilon_e - \varepsilon_{bz}) E_t = \varepsilon_{ez} E_t \tag{3-2}$$

式中，ε_{ez}是保持 z 时间后的弹性应变。冷却到 20℃时应力为：

$$\sigma_{ez} = (\varepsilon_e - \varepsilon_{bz}) E_{20} = \sigma_{ez} E_{20} \tag{3-3}$$

式中，σ_{ez}是松弛应力的常温值。

实际研究应力的减少时，弹性的初期应力 $\sigma_{0.2}$和 z 时间后的松弛应力 σ_{etz}是重要的。

3.4.2 用机械方法消除和调整残余应力

此方法是利用材料内产生的塑性变形，而使残余应力减小的方法。但不能期望用这种方法完全消除应力。应力的消除是有限度的。而且机械方法使应力再分布，具有消除应力的效果，而同时又可以不降低力学性能。

具体方法如下：

（1）用拉伸消除残余应力。这是在部件的截面内尽可能施加均匀的拉伸应力，使截面内产生塑性变形，从而减小应力的方法。

（2）用振动消除残余应力。把构件放在适当的台上加以振动，从而消除铸造和焊接构件的残余应力。其原理与疲劳情况相同，在交变应力下，如果材料的内能是产生塑性变形的状态，残余应力的松弛是可能的。

（3）利用表面加工调整残余应力。冷拔或冷轧后的圆棒或板，一般来说，它的外表存在明显的残余应力。这种在表面上存在的拉伸残余应力，对疲劳、应力腐蚀和其他性能带来不好的影响，为了消除这种应力，同时为了在表面上造成压缩应力面混光、压延、喷丸强化和再拉伸等表面加工，这种方法与其说是残余应力的消除，不如说是残余应力的调整和再分布。

一般经轻度的二次冷拔，外表出现压缩残余应力。所以冷拉伸经二次冷拉后，能相当多地减少初冷拔所产生的外表的拉伸残余应力。

4 线弹性脆性断裂

随着高强度新材料的出现和应用，用以极限应力为依据的传统强度计算的某些构件往往发生所谓的“低应力脆性破坏”，即在应力远低于材料强度指标且无明显塑性变形的情况下发生破坏。如飞机的起落架一般不是着陆受冲击时破坏，而是飞机在跑道上滑行持续一定时间后突然断裂。从故障上取力学性能试样，无论是强度还是塑性指标都合乎要求，热处理正常，无脱碳现象，氢含量一般不大于 10^{-6}，北极星导弹壳体使用的高强度钢也有类似的现象。传统的力学性能试验和力学分析，对解决这类问题显然是不够的。西方国家认为高强度钢在静载荷持续作用下的脆断与应变时效相似，处于点阵间隙的氢原子在应力作用下扩散，并集中于缺口，所产生的应力集中处氢原子与位错的交互作用，使位错线被钉扎住，不再能自由运动，从而使基体变脆。这是一种可逆性的滞后破坏现象，需要在应力作用一定时间后才会产生裂纹。在此以前无论是去掉应力还是去掉氢气都可以避免脆断的发生。

4.1 合金的滞后断裂

4.1.1 应变时效型氢脆和氢化物型氢脆

钢中的平均氢含量不高，但却集中在薄弱的环节处。在应力的持续作用下，潮湿空气中的水分在钢的表面上分解，产生新生氢，进入钢中产生氢脆。这种应变时效型氢脆，不但在体心立方的淬火时效钢中存在，在面心立方的奥氏体不锈钢和六角密堆的钛合金中也存在，而且合金的强度越高，对氢脆越敏感。这是在当前空航技术中广泛使用高强度钢与高强度钛合金遇到的主要矛盾之一。在原子能反应堆中 Zr 合金的使用越来越广泛，主要是用作轴元件包套及高压管道，由于与水接触，就不可能避免地有氢进入锆合金中，它在高温时还能固溶于基体，使合金不致变脆，但随着湿度降低，氢和锆化合生成氢化锆沉淀，也会使合金变脆，在应力作用下产生脆断。氢化物型氢脆不仅是锆合金在原子能技术中的一个重要材料问题，并且在其他的镍、铌、钛合金中也有此现象。

应变时效型氢脆，特别是高强度钢的滞后破坏是指：在应力作用一段时间以后发生的脆断，因此松弛是这种氢脆最有效的方法，不是常规的拉力或冲击实验，而是静载荷下的持久试验，共结果如图 4-1 所示。

在低于屈服应力的静载荷持续作用下，经过一定时间的孕育期之后，在钢的表面或接近表面处产生断裂源。在应力作用下裂纹开始传播，最后发生突然断裂，这就是充氢试样在持久试验中断裂的三个阶段，图 4-1 中的断裂曲线与疲劳曲线相似，横坐标断裂时间与疲劳试验的周期数相仿，都是加载时间的坐标，因此这种氢脆也可称为静疲劳，一则材料的破断强度低于抗张强度，二则它有一个下临界应力值，当承受的应力低于此值时，加载时间即或非常长也不致产生断裂。这个下临界应力值也称为静疲劳极限，在上下临界应力值之间是滞后破坏的应力范围，这种断裂与加载时间有关，因此高强度钢的抗张屈服强度都与加载速度有关，加载速度越慢强度越低，而在通常的快速拉力试验条件下，强度值正常，无下降趋势。这种断裂还与加载温度有关，一般是在-100~150℃温度区间内发生，所以在室温附近钢的强度最低，对氢脆最敏感。这是高强度钢氢脆在常规力学性能测试方面的特征。滞后破坏显示脆性断裂特征，即断面收缩率和伸长率下降，断口平滑，一般是沿晶界断裂。整个脆断过程是由氢原子在应力作用下扩散所控制的，温度过低氢原子扩散较慢，跟不上位错线的运动，不起钉扎作用，氢脆不明显；温度过高位错线的热振动比较剧烈，氢原子的钉扎作用相对减弱，氢脆也不明显。变形速度快氢原子气团的运动跟不上位错的运动，也不起钉扎作用，只有在慢速变形时氢原子才来得及断裂，前端汇聚使基体变脆。滞后破坏的一些特征都可以从氢原子与位错的交互作用中得到满意的解释。

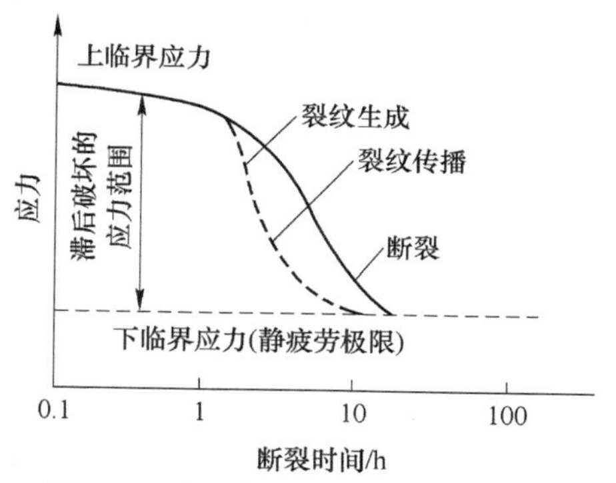

图 4-1 高强度钢的滞后破坏示意图

4.1.2 氢在金属中的扩散及氢与位错的交互作用

无论是应变时效型氢脆还是氢化物氢脆，它们的发展过程都受氢在金属中的扩散所控制，而氢在金属中的扩散又与晶体中各种缺陷有密切关系。金属内部的缺陷或晶格间隙均可吸附氢原子，这可从氢在钢中的渗透率测量中得到回答。

测量扩散系数的方法有渗透、真空脱溶、内耗三种。

不管采取哪一种方法氢在钢中的扩散遵循一个规律：在弹性范围内，随着拉应力的增大，氢的渗透率不断增高，在上下屈服点之间渗透率突然下降。

尽管人们认识到氢的危害，也很难防止氢的渗透，因为在目前加工金属材料时酸洗是不可少的工序。酸洗也会增氢，特别是遇有还原气氛时增氢更严重。为此不允许使用 Na 的氢化物，使用硝酸与氢氟酸混合液，并应使氧化酸占相当大的比例，一般 HNO_3 : HF 应不低于 10。试验结果见表 4-1。

表 4-1 试验结果

酸洗条件	吸氢量/%
原始状态	57×10^{-4}
在 $10HNO_3$: 1HF 中，在 75℃经 60min 酸洗	63×10^{-4}
在 $5HNO_3$: 1HF 中，在 75℃经 60min 酸洗	178×10^{-4}

稳定的奥氏体不锈钢也显示出应变时效型氢脆，但不如马氏体钢那么显著，一则因为奥氏体具有面心立方点阵，滑移系统多，对缺口不如体心立方金属那么敏感；二则在面心立方的奥氏体中的扩散远较在体心立方的马氏体中慢，在室温对氢脆的敏感程度不如马氏体中那样显著。18-8 不锈钢和 18-10 不锈钢充氢后由于氢促进生成 ε 六角密堆及 α 体心立方马氏体，从而有 γ→ε→α 马氏体转变，增加钢中的氢脆敏感性。

4.2 应力强度因子 *K*

应力强度因子是用来分析静态剩余强度、疲劳裂纹扩展和应力腐蚀等问题的主要工具。应力强度因子 *K* 建立在材料是线弹性连续体的假设之上，而且把微观看到的不规则裂纹视为宏观上的光滑的裂纹。

4.2.1 裂纹区的应力分析

在均匀受力的弹性体内的一个光滑缺口，导致靠近缺口顶端处的应力升高，当缺口的半径为零时，缺口就变成裂纹。如图 4-2 所示，若缺口的长度为 $2a$，θ 是一点相对于裂纹顶端的柱面极坐标，γ 为裂纹顶端附近的应力，根据分析 A 点的应力状况是：

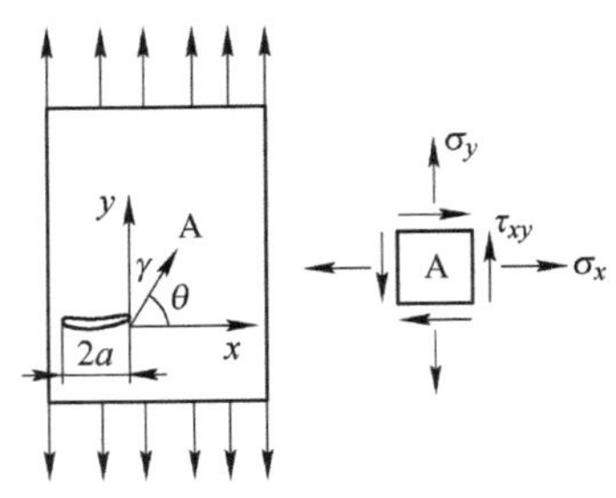

图 4-2 裂纹区应力分析示意图

$$\sigma_x = \frac{\sigma\sqrt{\pi a}}{\sqrt{2\pi\gamma}}\cos\frac{\theta}{2}\left(1 - \sin\frac{\theta}{2}\sin\frac{3\theta}{2}\right)$$

$$\sigma_y = \frac{\sigma\sqrt{\pi a}}{\sqrt{2\pi\gamma}}\cos\frac{\theta}{2}\left(1 + \sin\frac{\theta}{2}\sin\frac{3\theta}{2}\right)$$

$$\tau_{xy} = \frac{\sigma\sqrt{\pi a}}{\sqrt{2\pi\gamma}}\sin\frac{\theta}{2}\cos\frac{\theta}{2}\cos\frac{3\theta}{2}$$

上式表明，当 $\gamma=0$ 即在裂纹的尖端处三个应力分量均会趋于无限大。

4.2.2 应力强度因子 K 的概念

$$K = \gamma\sigma\sqrt{\pi a}$$

式中，σ 是由载荷确定的应力；a 为裂纹长度；γ 为几何系数，它考虑了边界或其他裂纹对该裂纹远近程度的影响、裂纹的走向以及形状等因素的效应。

当 $\gamma=1$ 时，应力强度因子为：

$$K = \sigma\sqrt{\pi a}$$

带有裂纹的材料在某一应力 σ 的作用下若 K 值达到某一值，微裂纹将开始发生不稳定的扩展，最终导致材料的脆性断裂破坏，此时微裂纹的长度 $2a=2a_c$，$2a_c$ 就称为临界裂纹长度。相应的 $K_c=\sigma\sqrt{\pi a_c}$ 便是表明材料的临界应力强度因子，它反映着带裂纹材料对裂纹扩散的抗力，又称为材料的断裂韧性。于是脆性破坏的准则就可写成 $K=K_c$。所以保证带裂纹材料的安全条件就应当是：

$$K = \frac{K_c}{n}$$

式中，K 为强度因子；n 为安全系数，K_c 为材料的断裂韧性。

这类似于载荷引用的工作应力 σ 和表示材料性能的屈服应力 σ_s 或强度极限 σ_b 之间的不同概念。

4.3 能量原理

$$\sigma = \sqrt{\frac{2ET}{\pi}}$$

式中，E 为弹性模量；T 为材料形成单位面积新表面所需的表面能。

图 4-2 中示出平板在拉应力 σ 作用下裂纹长度的临界值，即裂纹长度达到 $2a=\frac{4ET}{\pi a^2}$时，裂纹便处于不稳定状态。这时只要有任何微小的能量输入就会使裂纹扩展，并导致脆断。

5　金属的弹性

弹性可用来研究金属及合金并解决金属学或力学中的问题。

表征弹性的物理量就是弹性模量。弹性模量取决于原子间相互作用力，这个力越大则弹性模量越大。此外原子间的相互作用力又取决于金属的熔点。相互作用力越大熔点越高，所以高熔点的金属一般也是高弹性模量的金属。这种关系不难从德拜理论推出。

$$\gamma_m = \frac{K\theta}{h} = \left(\frac{3Nv^3}{4\pi V}\right)^{\frac{1}{3}}$$

式中，γ_m 为最大振动频率；θ 为德拜温度；V 为晶体的体积；N 为晶体所含总原子数；v 为声速。

$$v_{/\!/} = \sqrt{\frac{E}{d}},\ v_{\perp} = \sqrt{\frac{G}{d}}$$

式中，$v_{/\!/}$ 为纵波速；$v_{\perp}$ 为横波速；d 为密度；E 为弹性模量；G 为剪切模量。

若考虑到泊松系数 μ，则有：

$$v = \sqrt{\frac{E}{d}} \times \frac{1-\mu}{(1+\mu)(1-2\mu)},\quad \gamma_m = \frac{3N}{4\pi V}\sqrt{\frac{E}{d}} \times \frac{1-\mu}{(1+\mu)(1-2\mu)}$$

假设金属在熔化温度时，其振幅等于原子间平均距离 d，把振子的运动看成是简谐振动，则位移与时间的关系为：

$$S = d\sin\omega t,\ \omega = 2\pi\gamma$$

式中，ω 为圆频率。最大的振动速度为：

$$\frac{\mathrm{d}S}{\mathrm{d}t},\ v_{max} = 2\pi\gamma d$$

此时振动的位能为零，振动能等于动能，所以：

$$\frac{1}{2}mv_{max}^2 = 2\pi^2 m\gamma^2 d^2$$

但每个原子的振子的振动能在熔化温度 T_m 时为 $3KT_m$，考虑每个克原子，则有：

$$2\pi^2 m\gamma^2 d^2 N_0 = 3N_0 KT_m$$

已知 $mN_0 = A =$ 原子量，$N_0K = R$，故有：

$$2\pi^2\gamma^2 d^2 A = 3RT_m$$

$$\gamma = \frac{1}{\pi}\left(\frac{N_0}{V_0}\right)^{\frac{1}{3}}\sqrt{\frac{3RT_m}{2A}} = \frac{1}{\pi}N_0^{\frac{1}{3}}\sqrt{\frac{3}{2}R}\sqrt{\frac{T_m}{AV_0}}$$

或
$$\frac{1}{\pi}N_0^{\frac{1}{3}}\sqrt{\frac{3}{2}R}\sqrt{\frac{T_m}{AV_0}} = \left(\frac{3N}{4\pi V}\right)^{\frac{1}{3}}\sqrt{\frac{E}{d}} \times \frac{(1-\mu)}{(1+\mu)(1-2\mu)}$$

于是 E 与 T_m 也与元素的原子体积 V_0 及原子量 A 和泊松系数 μ 有关。也可近似地用熔点的高低来表征弹性模量的大小。

5.1 表征弹性的基本量

弹性模量是表征弹性的基本量，随着变形方式的不同而异。

$$G = \frac{E}{2(\mu+1)},\ D = \frac{E}{3(1-2\mu)}$$

式中，E 为正弹性模量；G 为切变弹性模量（剪切模量）；D 为流体静压力压缩模量（体积弹性模量）；μ 为泊松系数。

三个模量 E、G、D 相应地表示了拉伸、剪切及流体静压力在压缩时应力与弹性变形的比例关系。这是由在弹性区中形变的虎克基本定律导出的结果。

泊松系数 μ 表示在弹性变形状态下物体体积的变化，在拉伸状态下增大，在压缩状态下减小。

例如在单向拉伸时，由于物体伸长的结果，共体积的增大只能部分地被横断面的缩小所抵消，在单向压缩下也发生类似现象。

$$\mu = \frac{\Delta a/a}{\Delta l/l}$$

式中，$\Delta a/a$ 及 $\Delta l/l$ 分别为棱柱形物体横向及纵向尺寸的相对变化。μ 的大小在拉伸及压缩下是一样的，位于 $0 \sim \frac{1}{2}$ 之间，为无因次的系数。

而 E、G、D 的单位与应力相同，为 MPa。

由于声音的传播速度，也就是振动的传播速度在金属中是很大的，如在 Pb 中的传播速度为 1320m/s，在 Cu 中的传播速度为 3660m/s，在 Fe 中的传播速度为 5000m/s，于是用动力学方法可以测量弹性模量。

在强迫振动的个别情况中弹性模量 E(MPa) 按下式计算：

$$E = 4L^2 f_L^2 d \times 10^{-7}$$

式中，L 为杆的长度，cm；f_L 为垂直振动的固有频率；d 为密度。

若以扭转振动的频率 f_τ 代替 f_L，此公式也可计算切变弹性模量，并有：

$$\mu = \frac{1}{2}\left(\frac{f_L}{f_\tau}\right)^2 - 1$$

总之弹性模量不仅与振动形式有关还与物质性质有关。

对铁磁物质来说，由于磁致伸缩效应是可逆的，如果在交变磁场中对小棒进行磁化，小棒两端又是自由状态，这时它的磁能为$\frac{1}{2}\mu^{\sigma}H^2$，若两端夹紧时磁能为$\frac{1}{2}\mu^{\lambda}H^2$，其磁能差（即样品的弹性能）为$\frac{1}{2}\mu^{\sigma}H^2-\frac{1}{2}\mu^{\lambda}H^2$，这就说明磁能转换为机械能，工业上正是利用各种磁致伸缩效应，以做成各种振动形式的换能器，有纵向磁致伸缩振动、扭转振动和弯曲振动；有棒状的振动元件，也有片状与圆盘状的元件。

首先研究棒的纵振情况，当外加交变磁场作用于铁磁物质的金属棒时，金属棒沿自己的轴线进行伸张和缩短的振动，当外加磁场的频率与棒的固有频率一致时，便开始谐振，这时棒长度的周期变化最大。两端悬空或固定住的金属棒的自然谐振频率f_0，决定于棒的长度L和机械振动沿其轴线传播的速度v，即

$$f_0 = n\frac{v}{2L}$$

式中，n为谐振次数。

机械振动传播速度v可由棒材的体积密度d及杨氏弹性模量E来决定，即：

$$v = \sqrt{\frac{E}{d}}$$

当$n=1$时，纵振动棒的基波谐振频率为：

$$f = \frac{1}{2L}\sqrt{\frac{E}{d}}$$

如果棒的两端固定，那么棒的中点为波节，而两端为波腹，金属棒除了纵向振动外，还可以做扭转振动。其扭转振动的速度为：

$$v = \sqrt{\frac{E}{2d(\mu + 1)}}$$

式中，μ为泊松系数，即棒受力时，横向应变与纵向应变的比值。

谐振时，棒长L也应等于$\frac{\lambda}{2}$（λ为振动波长），波节在中间，波腹在两端，即其基波谐振频率为：

$$f_1 = \frac{1}{2L}\sqrt{\frac{E}{2d(\mu + 1)}}$$

对于大多数金属$\mu=0.3$，所以棒的扭转振动速度一般为纵振速度的62%。

5.2 影响弹性模量的因素

在常温下弹性模量是元素原子序数的周期函数。在第三周期元素中 Na、Mg、

Al 及 Si 的弹性模量，随着原子序数一同增大，这与价电子的增加及原子半径的减小有关。

在同一族中的元素，如 Be、Mg、Ca、Sr、Ba 随着原子序数及原子半径的增加，弹性模量减小。可以认为模量 E 随着原子间距 a 的减小，近似地按下式增大：

$$E = \frac{R}{a^m}$$

式中，R 及 m 为常数。

这个规律不能推广到过渡金属，如 Os、Ru、Fe 或 Lr、Rh、Co 的弹性模量与原子半径一起增大，这在理论上还没有解释。

过渡金属的弹性模量比较大，是由于 d 电子所引起的较大原子间结合力的缘故，带有 5~7 个 d 电子的元素（Os、Ru、Fe、Mo、Co 等），具有最大的弹性模量数值。

弹性模量是依晶体的方向而变的各向异性性质。在由许多杂乱无章的晶粒所组成的多晶体中，弹性模量不随方向而变，其量可用单晶体的弹性取平均值的方法计算出来。在加热时弹性模量减小，按包尔特温的经验方程式有：

$$E = RT_s a/(vb)$$

式中，T_s 为熔点的绝对温度；R、a、b 为常数，$a \approx 1$，$b \approx 2$。

由于 E 及 T_s 的大小都表示原子间的结合力，故成正比的直线关系。

正弹性模量温度系数 $\beta = \frac{dE}{EdT}$，近似地正比于线膨胀系数，即 $\beta : \alpha = 4 \times 10^{-2}$。

大多数金属，随着温度的升高，由于体积膨胀而弹性模量降低。铁的 $\alpha \to \gamma$ 转变因点阵致密度的升高弹性模量增加。铁由铁磁状态转为顺磁状态，弹性模量减小。体心立方 α 铁在加工硬化的影响下弹性模量减小。在具有面心立方的晶体中（Al、Ni 及 Cu），在加工硬化下，也发生正弹性模量的降低，但在相当大的冷变形下，由于形成拉伸织构会使弹性模量增大。在这些金属的晶体中沿着［111］可获得最大的 E 值，而沿着［100］E 的值最小。

在加工硬化影响下，铜及工业纯铁的泊松系数减小，从而切变模量增大。

对以 Fe-Ni、Fe-Mn、Co-Ni 及 Nb-Zr 等为基的恒弹性金属，弹性模量的大小是依基体固溶体的成分及强化的金属间化合物或碳化物的弥散度而变的。沉淀硬化型的恒弹性合金，随着沉淀强化相的析出，而减少固溶体中基本元素的含量，于是出现固溶体的不均匀性。因而弹性模量温度系数 β 在很宽的幅度内变化。

图 5-1 示出 Fe-Ni 基恒弹性合金弹性模量温度系数随不同回火温度的变化。

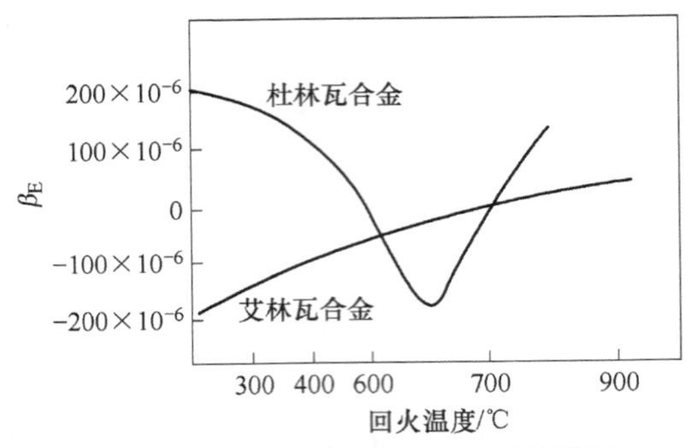

图 5-1 Fe-Ni 基恒弹性合金弹性模量温度系数随不同回火温度的变化

5.3 铁磁材料的弹性

铁磁材料在拉、压负荷的影响下，自发磁化矢量重新取向，通过磁化改变而引起的磁致伸缩的畸变，扩大了负荷导致的形状改变。在拉应力下产生了正磁致伸缩，而在压应力下产生负磁致伸缩。除了由于拉应力产生的弹性延伸 ε_0 之外，在铁磁材料中还另外有磁致伸缩的延伸 ε_λ。因此总的延伸 ε 为两者之和：

$$\varepsilon = \varepsilon_0 + \varepsilon_\lambda = \frac{\sigma}{E}$$

$$\varepsilon_0 = \frac{\sigma}{E_0}$$

式中，E 为弹性模量；σ 为拉应力。

在强磁场中，磁化矢量被固定不变，材料在拉应力下只产生了一般的弹性延伸 $\varepsilon_0 = \frac{\sigma}{E_0}$。当无磁场时，由于自发磁化方向的改变，产生了磁致伸缩的延伸 ε_λ。因此在去磁状态的延伸较饱和态的大，即

$$\varepsilon > \varepsilon_0$$

当 σ 较内应力小时，在外界拉力的作用下发生的畴壁位移及转动与所加的拉应力成比例，而相应的 ε_λ 也与 σ 成比例。但是如果应力大，与内应力和晶能的作用相反，磁化整个的排列被迫取由拉力所促成的方向。因此 ε_λ 达到饱和值。按照正或负的磁致伸缩，这等于在纵向或横向磁化时的磁致伸缩饱和值，产生在拉应力下沿纵向或横向的磁化。如 ε 表示为拉伸应力 σ 的函数，于是得到一条曲线，如图 5-2 所示。在强磁场中，延伸与应力按虎克定律成比例（图中直线）。在零场中，延伸按 ε_λ 增加；在小应力时仍然与 σ 成比例，但梯度较大，弹性模量因此较饱和态为小。当应力与内应力有相同的数量级时，比例关系即行消失。

曲线缓慢上升，在极大的应力时与在强磁中的曲线平行。

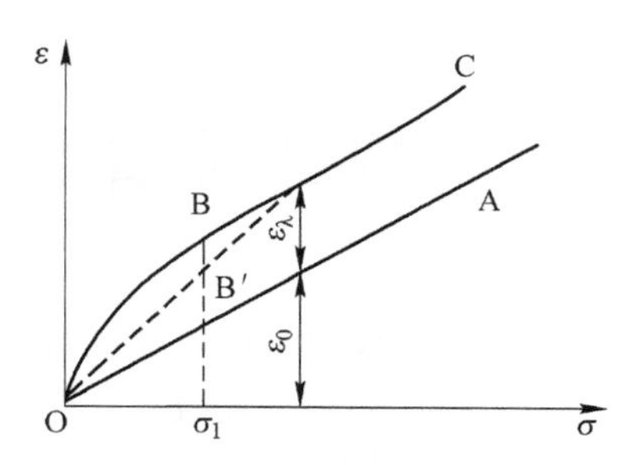

图 5-2 铁磁材料拉伸应变与应力的关系

OA—在强磁场中；OBC—无磁场，柔软材料；OB′C—无磁场，硬质材料

小应力曲线与内应力 $\boldsymbol{\sigma}_{\mathrm{i}}$ 的大小有关。$\boldsymbol{\sigma}_{\mathrm{i}}$ 越小，由外界应力所产生的壁移或移动越大，因此 $\boldsymbol{\varepsilon}_{\lambda}$ 也越大。内应力越小，曲线 OBC 在起始部分的梯度就越大。相应地在如此小的内应力即达到饱和值。在图 5-2 中曲线 OBC 相应于一种 $\boldsymbol{\sigma}_{\mathrm{i}}$ 极小的材料，而曲线 OB′C 代表 $\boldsymbol{\sigma}_{\mathrm{i}}$ 较大的材料。

6 金属的滞弹性

金属在产生塑性变形以前，应变仅仅是应力的函数是不存在的。应力还随温度、成分而变化，在一些金属中，它还随磁场或有序度而变。所以金属在变形过程中产生很多弛豫现象（如内耗、弹性蠕变、应力弛豫、动力弹性模量随温度或频率的变化等）。把这些弛豫现象称为滞弹性。只有滞弹性一词才能充分表达金属变形的性质：应力与应变在低应力范围内彼此不是单值函数，并且不发生永久变形，而应力与应变的关系仍然是线性的。

6.1 内耗与弛豫谱

若在固体内引起振动过程，固体即使置于真空中以除去与外部摩擦的损耗及声耗，也会观察到衰减，即振幅随时间的增长而减小。可以说衰减是由于固体中的部分机械能，作为一个过程的结果不可逆地变为热能，这个过程叫做内耗。

在大的变形程度下，这些不可逆损耗的原因主要是塑性变形，此变形发生于应变的体积内并引致损减。而且在应力远小于弹性极限的很小振幅下，仍然有衰减。当固体严格遵守虎克定律时，即有：

$$\sigma = E\varepsilon$$

若振动一周的应力-应变曲线是一条直线（如图 6-1 所示），表示固体中没有不可逆损耗。

假如固体变形不是完全弹性的，则有应变对应力的落后，即按位向来说，应变与应力有位差，这种位差的存在导致与磁致类型的滞后。若振动一周的能量不可逆损耗以周线的面积量度并示于图 6-2，得知应变滞后于应力越多，损耗越多，最后当相位

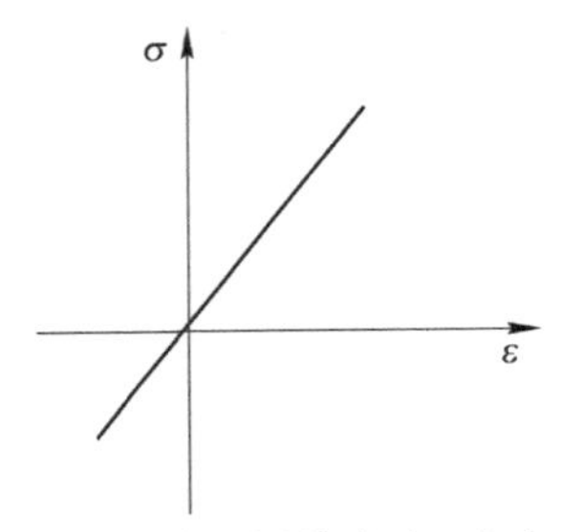

图 6-1　振动一周的应力-应变曲线

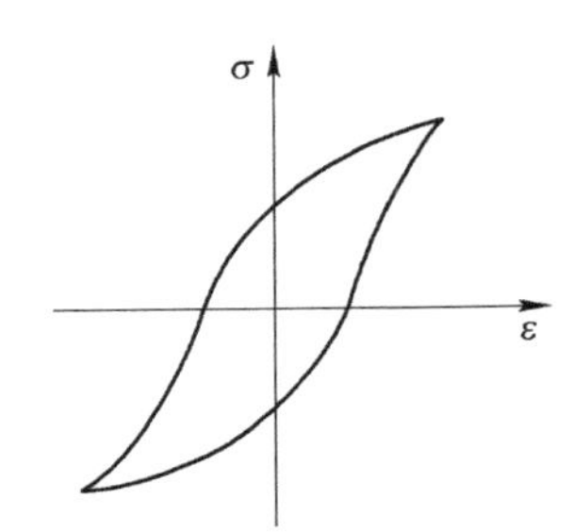

图 6-2　振动一周的能量不可逆损耗

差等于 90°时达到损耗的极大值。在周期应力下，对不可逆损耗的量度采取能量衰减率，它等于每周的能量散失 ΔW 对一周的最大能量 W 的比值，即$\frac{\Delta W}{W}$。

作为内耗的量度采用损耗角的正切 $\tan\delta$。在电工学中称损耗角为相位角，$\tan\delta$ 的倒数值叫做坚牢度，并以 θ^{-1}表示。在实际应用中多用 θ^{-1}来表示内耗，如图 6-3 所示。

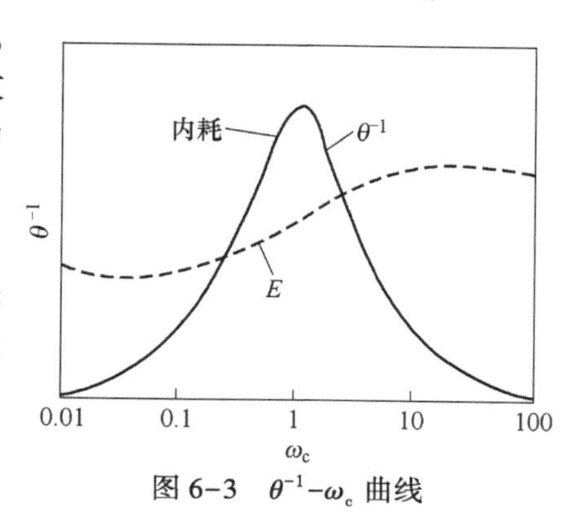

图 6-3　θ^{-1}-ω_c 曲线

在图 6-3 所示，θ^{-1}与参数 ω_c 的曲线中可以看到极大值，叫做内耗峰，鉴于内耗起因于固体中的各种不同过程，每一过程有它自己所特有的弛豫时间，所以变化加负荷的疲惫率 ω 时在 θ^{-1}-ω 曲线上得到一系列的内耗峰。这些内耗峰的总体称为弛豫谱，示于图 6-4。

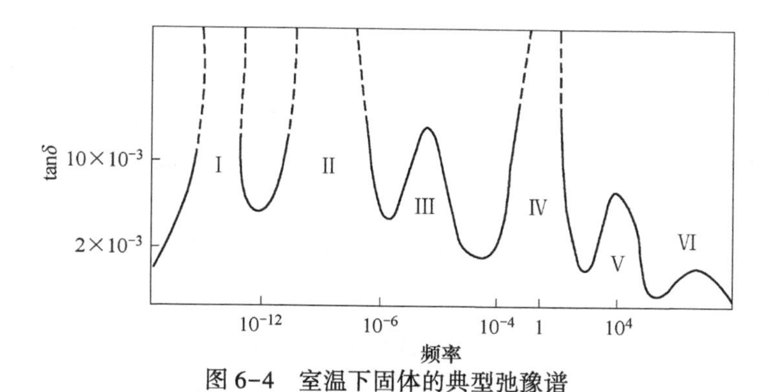

图 6-4　室温下固体的典型弛豫谱

图 6-4 中：Ⅰ为半径不同的原子对的存在（置换固溶体）引起的内耗。Ⅱ为沿晶界的黏滞性移动引起的内耗。Ⅲ为因塑性变形产生非晶区（滑移带），在此区域中的黏滞性移动引起的内耗。Ⅳ为间隙原子扩散引起的内耗及某合金中氢与位错间交互作用产生的内耗。Ⅴ为弯曲时横向导热引起的内耗。Ⅵ为晶粒间导热引起的内耗。

此外在铁磁体中观察到磁滞伸缩效应引起的附加内耗，这种现象与磁化时弹性模量的变化或者与所谓的 ΔE 效应有关。

从弹性区内的拉伸曲线（图 6-5）和弛豫现象理论得知，动弹性模量与加负荷的频率有如下关系：

$$M_\omega = M_H - \frac{M_H - M_P}{H(\omega_\tau)^2}$$

根据弛豫理论导出损耗角正切与变形频率 ω_τ 的关系为：

$$\tan\delta = \frac{\Delta_0\omega_\tau}{H(\omega_\tau)^2}$$

$$\Delta_0 = \frac{M_H - M_P}{M_P}$$

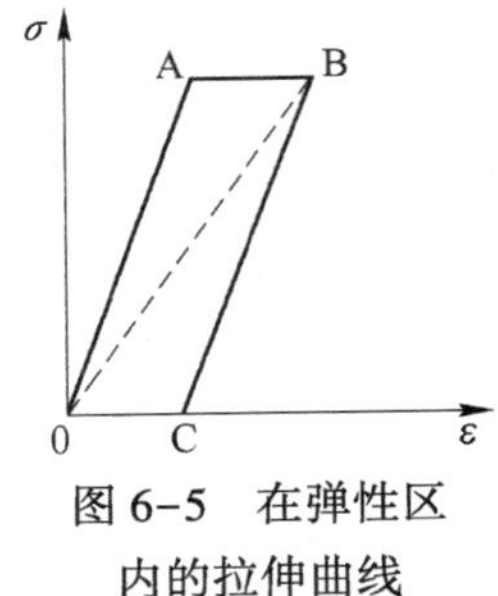

图 6-5 在弹性区内的拉伸曲线

式中，Δ_0 为模量亏损或弛豫程度；M_H 为在无限快地（绝热地）加负荷时的弹性模量或无弛豫模量；M_P 为在无限慢地（恒温地）加负荷时的弹性模量或有弛豫模量。

如图 6-5 所示，当快速将样品从零拉伸到 A 时，由于是绝热过程，样品的温度低于周围介质的温度，过一段时间后，样品从周围吸收热量并伸长至 B，当负荷降低到 C 时样品的温度较周围介质的温度高。当冷却并收缩至最初 0 点时循环过程结束，线 0A 倾角的正切给出恒温或有弛豫模量。可以看到 $M_H>M_P$。若弹性模量一定，则变形频率越高，M_ω 值越接近 M_P。

6.1.1 金属的内耗

多晶体金属 Mg、Al、Cu、Fe 的内耗与温度的关系表明，内耗的极大值（由 Bemnewitz 和 Rotger 测得）主要是由晶界的黏滞性所引起的，内耗在很大程度上与材料的纯度、制造方法（铸造的、烧结的、电解的）、变形程度、热处理方法等有关。室温下纯金属的内耗见表 6-1，其中室温 Ni 的高内耗是由于它的铁磁性本质决定的。

若杂质沿晶界分布，则温度曲线上的内耗峰消失，在足够多的杂质含量下可能完全不见。

表 6-1 室温下纯金属的内耗

原子序数	金属	制造法	纯度/%	退 火		内耗 θ^{-1}
				温度/℃	时间/min	
12	Mg	铸造	99.99	550	30	2.1×10^{-4}
13	Al	铸压	99.99	550	30	0.46×10^{-4}
26	Fe	铸拉	99.7	930	30	5.6×10^{-4}
27	Co	电拉	99.96	800	60	2.0×10^{-4}
28	Ni	铸拉	99.7	700	30	72.1×10^{-4}
29	Cu	铸拉	99.99	400	30	35.5×10^{-4}
30	Zn	压制	99.99	200	60	7.7×10^{-4}
42	Mo	烧结	99	900	60	5.1×10^{-4}
48	Cd	铸	99.5	—	—	11×10^{-4}
50	Sn	铸	99	—	—	54.2×10^{-4}
73	Ta	铸拉	99.9	1200	60	6×10^{-4}
74	W		99	—	—	3.5×10^{-4}

续表 6-1

原子序数	金属	制造法	纯度/%	退火		内耗 θ^{-1}
				温度/℃	时间/min	
82	Pb	铸造	99.9	—	—	45.7×10^{-4}
83	Zr	铸造	99	—	—	54.2×10^{-4}

6.1.2 合金的内耗

对铁基合金来说，合金的内耗与原始 α-铁固溶体中 C、N 原子的择优分布有关。

内耗峰的高度与固溶体的浓度（在低浓度下）成直线关系。散失的能量与消耗能量的区域数目有关，而此数目与间隙原子的浓度成正比。从量度内耗得到的 Al、α-Fe、Cu 和很多合金的晶界移动激活能值与扩散激活能值的符合表明两种现象的类似。

研究由于溶质原子的各向异性分布引起的内耗，可以得到关于这些原子活动性及其分布相连的扩散过程，内耗值在很大的程度上决定于固溶体的浓度。溶入原子的任何析出都影响内耗峰的值。对 Fe-N 固溶体内耗的研究表明，在时效较早阶段析出的不是 Fe_4N 而大概是介稳的氮化物。

在实际问题中应该用内耗法研究的还有，溶质元素的浓度、析出中第二相的量和位置（在晶内还是晶界）、晶界的强化程度、弥散硬化过程的动力学研究、某相或组织组成物的稳定性、温度范围的测定、晶界腐蚀现象、气体在金属中的现象等。

在量度内耗时，得到数据的动模量的测量，有可能决定特征温度的可能性。

6.1.3 不同因素对内耗的影响

6.1.3.1 应力的振幅

在大的振幅下，固体中产生塑性变形，这导致不可逆损耗的增加，在经常不考虑应力的振幅值情况下，研究内耗必须区别以下两种衰减：

（1）扩散过程的衰减，对于这个过程来说内耗是频率的函数，而不是振幅的函数（图 6-6 所示 $\theta^{-1}=f(a)$ 曲线上的水平部分）。因为 $\tan\delta=\dfrac{\Delta w}{w}$，而一周的弹性能散失 Δw 和全部能量 w 都与振幅的平方成比例，所以在固定的频率下衰减和振幅无关。

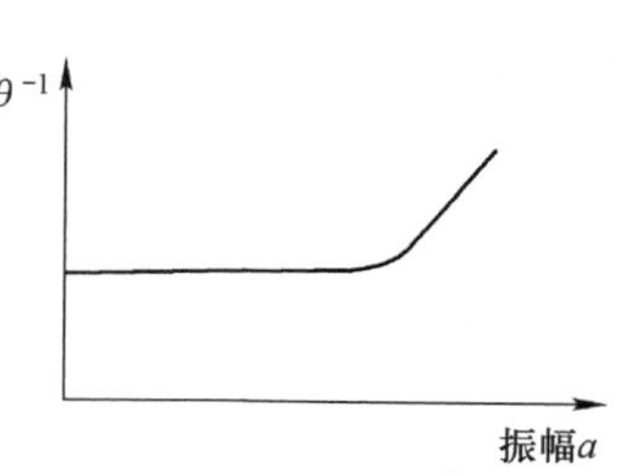

图 6-6 $\theta^{-1}=f(a)$ 曲线

（2）局部塑性变形的衰减与频率无关，而是随振动振幅的增加。此处只探讨扩散型的衰减。

6.1.3.2 冷变形（预先冷加工）

冷变形引起内耗的增加，假若认为变形有黏滞性，便可用变形带的产生和扩散来解释。

图 6-7 示出了加工硬化的金属内耗与退火温度的关系。

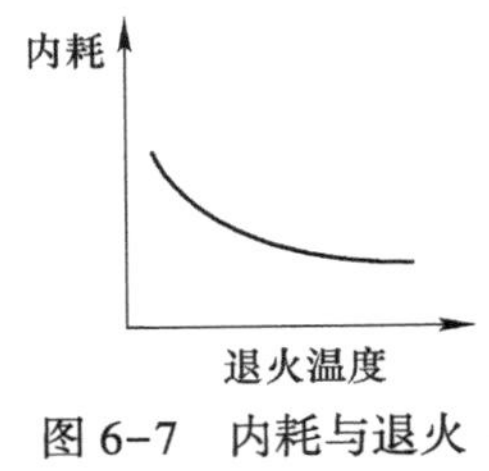

图 6-7 内耗与退火温度的关系

恢复和再结晶与加工硬化相反，它们消除内应力，将导致金属处于更稳定的状态。

6.1.3.3 晶粒的大小

由于晶界是一个过渡区，原子的排列是两个相邻晶粒的结晶位向的中间态。

此过渡区不能经受常驻切应力，而且应力弛豫的意义是具有黏滞性。当振动频率高而且在振动的半周期内时，在沿晶界切应力弛豫小的情况下，温度越高和晶粒越小，则内耗越大。

在所有情况下，内耗随温度的增量与晶粒度成反比，内耗随温度按 $e^{-\frac{H}{RT}}$ 的规律增加（式中 H 为激活能）。

若晶粒小于样品的线尺寸，则内耗-温度曲线上的极大值与晶粒度无关。

6.2 弹性后效

弹性后效和弹性滞后是金属产生滞弹性的结果，在应力作用下，表现的滞弹性越小，则弹性极限越大，这些特性对应用于高精度仪表的高弹材料，具有特别重大的意义。

6.2.1 弹性后效的基本概念

正弹性后效：材料在低于弹性极限的恒定应力下，随着时间的变化而发生的附加变形。

反弹性后效：材料在去荷以后，逐渐减小上述附加变形的过程。

如果承受应力的物体处于保持自己尺寸恒定的条件下，那么正弹性后效表现出应力的自发衰减，而反弹性后效却表现出应力的自发增大。弹性后效仅仅是结构不均匀性的性质，它只在塑性变形的均匀性被破坏后出现。

预先经过塑性变形样品在加热时也会产生后效，包括样品长度、弯曲和转角的变化，经常发现的是在塑性变形的方向进行反常后效，即预先拉伸样品的长度增加和预扭转后的扭转角增加等。也有人将此种后效称为正值后效。塑性后效是在一定条件下进行的，并依赖于温度、持续时间、合金的成分和结构等，所以塑性后效和弹性后效具有不同的概念。很多作者却认为，塑性后效过程决定于预塑性变形过程所产生的残余微观应力的弛豫，而在反弹性后效下也可能存在反常的正值后效。因此他们认为在塑性后效和反弹性后效之间不存在原则的差别。

6.2.2 弹性后效的物理意义

Яъфрплмап 等人在金属非完全弹性机构研究中指出，弹性非完全性现象（包括弹性后效）的基本原因是金属中的不同部分，起始塑性变形的不均匀性，材料在宏观上还未过渡到塑性区域之前个别晶粒已经发生塑性变形了，虽然它们还处在大量弹性变形晶粒的包围之中，在长时间加荷之下，塑性变形的晶粒将逐渐“流动”即发生塑性变形，然而此时宏观上金属还是弹性变形，这就引起了正弹性后效，即在应力小于流变极限之下保持长时间发生“蠕变”。

在此弹性-塑性系统中去荷时，在其应力为最大的一部分晶粒中成为不完全去荷，所以成为弹性拉伸状态，而企图缩短它将压缩临近的晶粒，直到建立平衡时为止，也正是由于这种压缩应力的存在，才引起逐渐进行的压缩变形，也即反弹性后效。因此材料的不均匀性越大，后效的表现也越大，在单晶体中几乎不存在后效。

1948 年葛庭燧在分析非弹性现象时指出，晶界的黏滞性流动是产生弹性后效的原因。晶界上的变形是滞后的，并使晶粒产生残余应力，残余应力引起晶界的滑移应力，通过滑移应力的逐渐弛豫，使样品尺寸继续缓慢地恢复，这就是反弹性后效。

6.2.3 影响弹性后效的因素

评定一种弹性材料的性质，常常需要同时考虑其弹性后效和弹性极限的大小。认为在最小的正弹性后效和最大的后效恢复后，具有最大弹性极限的材料作为弹性元件最好的弹性材料。

（1）温度对材料弹性后效和弹性极限的影响：实践证明，随着温度的增加弹性后效的速度也增加，当温度降低时，弹性后效也随之减少，若将材料置于液态空气的温度（-195℃）下，有的可以完全不产生后效。

在弹性变形量相同的条件下，弹性极限随温度的增高而下降，即温度越高正弹性后效变形量的增加也越快。

（2）冷加工对材料弹性后效和弹性极限的影响：多数人认为，冷加工使弹性后效值增大（也有人说减少），但都认为后效过程的恢复也随加工程度的增加而增大。将冷加工的材料时效时，弹性后效和内耗急剧减少，并且后效过程的恢复，随冷加工程度的增加而增加，这种效应的存在可通过冷加工和时效来获得高弹性，同时可能具有最低的后效值。

（3）应力对弹性后效的影响：在任何一种应力下，反弹性后效比正后效量小得多。虽然反后效的绝对值随应力的增加而下降，在超过某一极限应力下，正弹性后效的变形速度正比于应力，当超过极限应力时，继续增加应力后效有减少的趋势，材料的塑性变形越大，这种趋势表现越为强烈。

另外，重复加荷可以降低最初的弹性后效 3～5 倍，这是由于在正后效下，在金属中发生了不回复弛豫过程所引起的结果。

总之，许多作者研究指出，金属中不同部分的起始塑性变形的不均匀性和晶界黏滞流动是产生弹性后效的根本原因。弹性后效随冷加工时温度的增加而强烈增加，而后效过程的恢复也随冷加工的增加而增大。并指出通过适当的时效温度处理和重复加荷可使弹性后效下降。

7 金属及弹性合金的塑性

所谓塑性，是指金属或合金在外力作用下，能稳定地发生永久变形而不破坏其连续性的能力。

金属的塑性，不仅受内在的化学成分、组织结构的影响，也和外在的变形条件如温度、速度等有关。同一金属或合金由于受力的状态不同，可能表现出不同的塑性。受单向拉应力易裂的金属可改用三向压应力加工以获得较好的塑性。

应当注意不要把塑性和柔软性混淆起来。柔软性是反映金属的软硬程度，它用变形抗力的大小来量度。例如铅同时具有良好的塑性及柔软性。可是像这样的金属并不多，如高弹性合金，在冷状态下可经受很大的变形而不破断，即在此条件下它具有很好的塑性；但是却表现出很大的变形抗力，因此它具有很小的柔软性。

金属或合金塑性的大小，可用金属断裂前产生的最大变形程度来表示。它表示压力加工时金属塑性变形时的限度，故也叫塑性极限，通称塑性指标。

塑性指标随着材料的品种和加工方式的不同而异。

板带材的塑性指标用变形程度来表示，即：

$$\varepsilon = \frac{H - h}{H} \times 100\%$$

式中，H 为试样的原始厚度，mm；h 为试样的变形后厚度，mm。

冷热拉的棒材或丝材的塑性指标多用断面收缩率来表示，即：

$$\psi = \frac{F_1 - F_0}{F_0}$$

式中，ψ 为断面收缩率；F_0 为加工前的面积；F_1 为加工后的面积。

也可用变形程度来表示，即：

$$\varepsilon = \frac{d_1^2 - d_0^2}{d_0^2} \times 100\%$$

式中，d_0 为加工前的直径；d_1 为加工后的直径。

此外，测定金属塑性的方法，最常用以下两种方法：

（1）机械试验法。在拉伸试验中塑性指标以伸长率 δ 和断面收缩率 ψ 来表示。这两个指标高的材料为塑性好的材料。

$$\delta = \frac{\Delta l}{l_0} \times 100\%$$

式中，δ 为相对伸长率；Δl 为断裂时试样计算长度 l_0 的增量。一般长度 l_0 取作试样直径的 5 倍或 10 倍。

延伸的大小与试样原始的计算长度 l_0 有关；试样越长，集中变形数值的作用越小，伸长率就越小。

（2）冲击韧性试验法。

$$a_K = \frac{A}{F}$$

式中，A 为试样的变形功，J；F 为断裂处试样的断面面积，cm^2。

由于高变形速度和变形时在试样切口处所发生的复杂应力状态的共同影响，a_K 值并不全是塑性指标，而是弯曲变形抗力和试样弯曲挠度的综合指标。因此同样的 a_K 值，其塑性可能很不同。有时由于弯曲变形抗力很大，虽然破断前的弯曲变形程度较小，a_K 值也可能很大；反之，虽然破断前弯曲变形程度较大，但变形抗力很小，a_K 值也可能较小。由于试样有切口，在切口处受拉应力作用，并受冲击作用，因此所得的 a_K 值可比较敏感地反映材料的脆性倾向，如果试样中有组织结构的变化、夹杂及晶粒度大等，可比较突出地反映出来。如有些合金钢，由于脱氧不良而使其塑性降低，但这在拉伸试验中，实际反映不出来，而在此情况下的 a_K 值却要降低 1~2 倍。

7.1 合金的化学成分和组织状态对塑性的影响

弹性合金，尤其是高弹性合金，因受它的化学成分及组织结构的影响，变形抗力、屈服强度 σ_s、破断强度 σ_b 或硬度 HR 等都高，但塑性差，材料加工困难。为改善塑性，有必要对合金的化学成分、组织结构及变形时的温度速度条件，加以全面分析。

7.1.1 弹性合金中各金属元素的作用

构成合金的基体元素有 Fe、Co、Ni、Cr、Mn、Nb 等，生成 γ′相的元素为 Al、Ti 等，晶间强化元素有 C、Ce、B、Zr、Mg、Ca 等，碳化物的生成元素主要有 Cr、Mo、W 等，Cr、Al 则是氧化膜的生成元素。

7.1.1.1 各种相的形成条件及作用

（1）γ′相：是 Ni_3Al 型有序化面心立方晶格的金属间化合物，它的硬度很高，即使在高温下也很难软化，所以 γ′相在 Fe-Ni 基、Ni 基或 Cr-Ni 基弹性合金中，主要起硬化作用。但 γ′相的存在会使合金的塑性降低。为了改善塑性，γ′相在合金中的数量受到一定的限制，否则更难进行塑性加工。

Ni_3Al 中固溶元素可分为三类：

1）可与镍置换的，小原子半径的 Fe、Co、V、Cu；

2）可与铝置换的，大原子半径的 Si、Nb、Ta、Ti、Co、Mo；

3）铬原子半径介于二者之间，它既可置换镍又可置换铝。

γ′相由于加入了第三元素，而引起它的析出量、稳定性和硬化性的改变。

当γ′相中固溶 Ti 时，时效在二元以上的合金中，只要随温度下降，固溶体的溶解度变小，从而析出强化相性能降低。Ti 含量过高，即 Ti/Al>1.5 时，由于 Ni_3Al 已转变成 Ni_3Ti 相，使时效性能降低。添加 Co 使γ′量减少，在 Ni 基铸造合金中γ′是一次相，它是在凝固过程中由于液析形成的，实际上是γ′+γ的共晶组织，一次γ′的尺寸较大，对合金的性能无显著的影响。在时效过程中析出的γ′为二次相，具有球形（与基本的失配度为 0～0.2%时形成的），其尺寸为 20～50nm。在 1000～1050℃时呈立方体，是与基体的失配度为 0.5%～1.0%时形成的，其尺寸达 30nm。

在 Ni 基合金中，γ′开始析出温度是 500～600℃。析出峰在 650～900℃范围内，1000～1150℃开始固溶。

（2）γ″相：为体心四方晶格，γ″相是从γ′转变为正交晶格σ相（Ni_3Nb）的过渡相，转变过程为γ′→γ″→δ。δ相和γ″相的化学组成均为 Ni_3Nb，γ″在合金中起主要强化作用。但当它转变成δ相时，强化作用即开始下降。

（3）η相：Ni_3Ti 具有密排六方晶格，其化学组成大体上是一定的，富 Ni、Ti 而贫 Cr、Fe、W，不固溶 Al，在 Ti 比 Al 高的合金中，可能出现η相。随热处理温度的不同，大约出现两种η相的形态：

1）在铸造合金中由于液析过程形成的一次η相，与基体共晶分布于枝晶间为块状或片状。在 650～800℃低温时效时生成胞状群体形态。

2）在 850℃时效时，由吞食γ′相转变来的魏氏体组织，此种η相对时效硬化几乎不起作用。

（4）σ相：它是正方晶格，具有与 B－V 相类似的结晶构造，由周期表中长周期的Ⅳ族过渡金属和Ⅴ或Ⅵ族的元素形成。已发现的二元σ相有 MN_3V、MN_3Cr、FeCr、CoV、CoCr、Co_2Mo_3、CoW、NiV 等；在多元合金中发现有三元σ相，即 NiCrMo、FeCrMo、FeVCr、FeMoCr、NCrSi 等耐热合金和 FeNiCr 等不锈钢的组成均位于σ相析出范围附近。为改善其抗氧化和抗腐蚀性能，加入 Si、Al、Ti、W、Mo、V、Cu、Nb、Zr 等元素，不管多少均有促进σ相的生成倾向。冷加工会促进σ相的生成，加入 C、N、Ni 会阻碍σ相的生成。σ相一般在晶界析出，在铸造合金中呈魏氏体或针状组织，于晶粒内弥散析出的情况也有。在不锈钢中析出σ相，使其抗腐蚀性能降低。σ相的析出显著使材料脆化。

（5）Laves 相：其化学式可为 AB_2。A 为大原子半径的金属元素，B 为小原子半径的金属元素。AB_L 常见于 Fe 基和 Fe-Ni 基合金中，在 20%Ni、3.0%Ti 的马氏体时效钢中于 500℃×24h 出现 Fe_2Ti 的 $MgZn_2$ 型 Laves 相。在含 6%W 的高温合金中发现初生的无规则的大块状 Laves 相，同时也发现竹叶和花瓣状在晶内和晶界分布的 Laves 相。

（6）X 相：为体心立方晶格，此相在 Cr-Mo-Ni 和 Cr-Mo-Fe 三元合金中发现，其化学成分为 $Fe_{36}Cr_{12}Mo_{10}$，其性质与 σ 相相近，能使材料脆化。在耐热合金和 18-8Mo 不锈钢中发现此项，合金元素 Mo、W、Ti 等加入钢中可能生成此相。

（7）ε 相：具有六方菱面晶格，是一种由Ⅵ族（B）过渡族元素形成的 A_7B_6 型化合物，如 Co_7Mo_6、Fe_7Mo_6、Fe_7W_6 等。在 Cr、Mo、W、Co 含量高的合金中易出现 ε 相，它与 σ 相一样，硬度大，析出时使性能变脆。

（8）G 相：为立方晶格，它的化学组成为 $Ni_3Ti_8Si_6$。在 A-286 合金中发现此相，特别是当 Si 含量高时，在 650℃左右于晶界析出。800℃长大成块状晶，1000℃以上开始固溶。

7.1.1.2 碳化物

金属 Mn、Cr、W、Mo、V、Zr、Nb、Ti 等是碳化物的形成元素，所有这些元素都有一个未充满的 d 电子层，d 电子层的电子越不满，形成碳化物的能力就越强，因此生成的碳化物性质也就越稳定。按此规律，可将合金元素生成碳化物的能力排列如下次序：Ti、Zr、V、Nb、W、Mo、Cr、Mn（Fe）、Co。Ti 是最强的碳化物形成元素，Co 最弱。

由于这些元素生成碳化物结晶点阵的不同，可将碳化物分为两大类：

（1）当 C 原子半径与金属原子半径比大于 0.59 时生成此类化合物，这些金属是 Cr（Mn）铁；它们除了生成相应的碳化物外，部分金属还以原子状态进入固溶体中。属于这一点阵的碳化物为：

1）$M_{23}C_6$ 型碳化物：该相具有面心立方晶格，它是一种不定组成相，当 Cr 含量较高时形成，一般在 750~1000℃温度范围内从基体中析出。

$M_{23}C_6$ 型碳化物随着合金中金属元素不同及热处理制度的改变，其组成也发生相应的变化，出现二元以上的碳化物，其化学式可为 $(M_1M_2)_{23}C_6$，式中 M_1 代表小原子半径的金属元素如 Fe、Ni、Mn、Co、Cr 等；M_2 代表大原子半径的金属元素如 W、Mo、V、Zr 等。Nb、Ta、Ti 则不溶于 $M_{23}C_6$ 中，而 Cr、Mn、W、Mo 等元素在 $Cr_{23}C_6$ 中的溶解度一般均比在奥氏体、铁素体中的溶解度为高。在 18-8 不锈钢中 $M_{23}C_6$ 约在 550℃即开始沿晶界析出，在 950℃以上固溶。$M_{23}C_6$ 是沿晶体析出的，导致晶界贫 Cr，这是造成晶间腐蚀的主要原因。

在合金中 W、Mo 含量大于 6%时，$M_{23}C_6$ 将被富 WMo 的 M_6C 所代替。

2）M_7C_3 型碳化物：M_7C_3 型碳化物属三角晶系，常见为 Cr_7C_3，其中 Cr 常可被相应的 Fe、Mn、Ni、Mo、V 所取代，能溶 6%以上铁而呈（FeCr）$_7C_3$。

3）M_6C 型碳化物：属于面心立方晶格，这类碳化物按固溶元素的多少可分为 $M_3'M_3C$（η_1）、$M_2'M_4C$（η_2）以及 $M_6'M_6C$（η'）三种类型。其中 M′代表小原子半径的 Fe、Cr、Mn、Ni、Co、V 等，M 代表大原子半径的 Mo、W、Zr、Nb、Ta、Ti 等，M_6C 是高速钢中的主要碳化物，其中 W 含量达 70%左右。在耐热合金中经常见到的是 η_1、η_2 两种 M_6C，η_1 为铁碳 M_6C，最初发现于 W-Co-C 系合金中，Mo 含量高的镍基合金，在高温长期热处理时才能析出，时效时发生 $M_{23}C_6$-η_1-η'转变。

（2）当 C 原子半径与金属原子半径之比小于 0.59 时形成间隙相，即碳原子填入金属立方晶格或六方晶格的空隙中，这种填充使金属晶格大大加强，并使碳化物具有金属键，因此碳化物仍保留着金属的性质（如导电性、金属光泽等）。

此类碳化物具有高熔点达 3000℃左右，分解温度常在 1300℃以上，周期表中ⅣaⅤa 族金属元素易形成此类碳化物。即 TiC、ZrC、VC、NbC、TaC、WC 等间隙相能溶入大量的其他金属，但这种溶入是有选择性的，并各有其特征。当此类间隙相溶入各种金属原子时，则呈缺位式固溶体，如 M_2C、M_4C_4（$M_{0.2}C$、V_4C_3）等。由于 Ti、Nb、V、Zr 等元素与碳有强的亲和力，可溶入相当数量的 N，并以 MCN 出现。

1）VC：为 NaCe 型面心立方晶格，在 500℃或更高一些温度时效时在含 V 的高弹性合金中出现此相。VC 不溶解 Fe，但可以溶入大于 30%Cr 以及大量 Mo 和 W。

在低合金钢中 VC 在很高温度下（1350℃）才能溶入奥氏体，而在 Cr、Ni 钢中，由于 VC 中溶有大量 Cr，而使 VC 分解温度降低。在 V 钢中常形成缺位式的 V_4C_3，它以非常细小分散状态析出，提高温度也难以长大，并均匀分布在晶粒内部的结晶面上，与 α-Fe 点阵有一定的位向关系。在（100）晶面的铁原子排列和（100）V_4C_3 晶面的钒原子排列有良好的共格，这种良好的共格造成显著的二次硬化，从而改善钢的蠕变性能。在 3%Cr-Mo-W-V 钢中时效时生成 V_4C_3。此种 V_4C_3 在 V 钢中成片状析出，在含 Cr 钢中则变为粒状，添加钼有同样作用，但要适量。当 $w(Cr)>7\%$、$w(Mo)>1\%$ 时可使 V_4C_3 的析出量降低，而使 M_6C、$Cr_{23}C_6$、Cr_7C_3 粗粒碳化物增加，导致蠕变性能降低，因而低合金耐热钢中钒、钼、铬的加入要限量。

2）TiC：为 NaCe 型立方晶格，在以钛为基的钢中几乎无例外地出现此相。常分布在晶界上，呈不规则形状，在奥氏体中的溶解度很小。在 1350℃以上固溶处理时，也不能完全固溶。18-8Ti 不锈钢中，TiC 约在 800℃以上在晶内以弥散状析出，能防止 $M_{23}C_6$ 析出改善钢的蠕变性能。TiC 能溶入大量的 Mo、W、V、

Nb、Ta 等元素，但不溶入 Fe。

3）NbC：铌和碳结合力很强，在含 Nb 钢中经常出现，NbC、18-8Nb 不锈钢中 NbC 弥散分布在晶内。对耐热合金来说，在铸态下生成的一次碳化物，Nb 对力学性能无影响，只起到限制晶粒粗化的作用。在不同合金中，一次 NbC 不稳定，经热处理后转变为 $M_{23}C_6$。

总之，不论哪种碳化物如以分散的颗粒形式出现在晶界处，均可以阻止晶界迁移，提高高温强度。若以弥散状态出现于晶内，还可以产生强化作用。然而如果以大而薄的片状形态在晶界处出现，则会使合金变脆。这种晶间脆断主要与碳化物的形态有关，而与碳化物的具体类型关系不大。TiC、$M_{23}C_6$ 以及 M_6C 的薄片都会使晶界脆断，$M_{23}C_6$ 的脆状析出形态是 M_6C 的魏氏组织形态。因此当合金成分确定之后，选择合理的热处理制度以得到有利的碳化物析出形态也是很重要的。

碳不仅以碳化物的形式起作用，而且用碳可以脱氧，作净化剂。所以碳是一种多功能的元素。

7.1.1.3 氮、氢、氧、硫、磷、铅、锡、砷、铋、硼、锆等在合金中的作用

合金元素除与碳形成相应的碳化物和溶解在固溶体中外，一些活泼的金属元素，如铝、钛、锆、硅、锰等极易和钢中的氮、氧、硫、硼等结合，相应地生成氮化物、硫化物、氧化物、硼化物等。某些元素的硫化物，如 MnS 在弥散析出状态下，可防止初次晶粒长大。这在硅钢中极为有利，可以发展硅钢完善的二次再结晶，提高硅钢的磁性。

氮：氮在合金中的作用很大，成为某些固溶元素。过渡族金属的氮化物，一般为简单间隙相结构，在很多情况下，适合于正常的原子价关系，其组成为 FeN、Fe_2N、Fe_4N、CrN、Cr_2N、TiN、AlN，这些元素的稳定性由弱到强。

在镍铬奥氏体钢中增加氮含量，不仅提高钢的高温强度，而且可以稳定奥氏体组织以节约一部分镍，甚至用 Mn 和 N 来代替全部镍。但由于在奥氏体钢中添加 Ti、Nb、Mo 等合金元素，以提高其抗腐蚀能力和高温强度，这些元素与氮的化合作用很强，除了生成 M(CN) 型氮化物外还会生成一些三元的复杂氮化物，如 CrNbN 具有四方点阵，一般在 800~850℃长期保留时出现。此外还有 β-Mn 型氮化物曾在 Ni-Mo-N 三元系中发现。$Mo_{13.3}Fe_{6.7}N_4$ 及 $Mo_{12}Ni_8N_4$ 晶体结构与 β-Mn 相同，Cr_2N 是黑色的，β-Mn 是灰色的。它的组成接近 $(Cr,Mo)_{12+x}(Fe,Ni)_{8-x}N_{4-y}$，$x$、$y$ 均为小数，它的点阵常数较 $Mo_{13}Fe_7N_4$ 为小，可能是 Cr 置换了 Mo 的缘故，由于在钢锭凝固过程中氮及合金元素在枝晶偏析，生成熔点不高的 1280℃的奥氏体与 M_6N 的共晶，在热轧过程中熔化导致钢坯开裂。M_6N 的化学式是 Fe_3Mo_3N，结构与 Fe_3Mo_3C 相同。在共晶区中除了 M_6N 外还有 Cr_2N 和 Fe_4N，也

可导致合金变脆。

氢：对某些钢热加工后冷却较快，氢会使钢坯出现白点，甚至导致长期受载的弹性元件，通过应力松弛而产生氢的滞后断裂（参看4.1节）。

氧：氧在合金中固溶很少，主要是以 FeO、Al_2O_3 和 SiO_2 夹杂的形式存在于晶界，从而使合金的塑性降低。从表7-1中不难看出，虽然氧化物本身的熔点都超过其热加工温度，但某些共晶体的熔点却在加热温度范围之内。沿晶界分布的氧化物共晶体，随温度的升高产生软化或熔化，因之削弱了晶粒间的联系，而出现红脆现象。根据 J. Duma 的资料得知，在钢中氧化物的总含量大于0.01%时，就会出现红脆性。

表7-1 各种氧化物和共晶体的熔点

化合物或共晶体	熔点/℃	化合物或共晶体	熔点/℃
FeO	1370	FeO-SiO_2	1175
MnO	1610	FeO-Al_2O_3-SiO_2	1025~1205
Al_2O_3	2050	FeO-MnO-SiO_2	1173
SiO_2	1713	MnO-SiO_2-Al_2O_3	1160~1190
FeS-FeO	910		

硫：硫在金属或合金中溶解度很低，多以硫化物的形式存在。这些硫化物除 NiS 外，一般熔点都比较高，但是相互组成共晶时，熔点就降的很低，如表7-2所示。

表7-2 各种金属硫化物及其共晶体的熔点

化合物或共晶体	熔点/℃	化合物或共晶体	熔点/℃
FeS	1199	FeS-MnS	1179
MnS	1600	Mn-MnS	1575
MoS_2	1185	MnS-MnO	1285
NiS	797	Ni-Ni_3S_2	645
Fe-FeS	985	zFeS-Ni_3S_2	885
FeS-FeO	910		

表中的硫化物多分布于晶界，当温度达到其熔点时，它们就会融化，并在热加工时产生红脆现象。由于 Mn 和 S 的亲和力较强，形成的硫化锰熔点较高，并且以球形夹杂物的形式存在，因此合金中含有适量的 Mn，就可以提高含硫合金的热塑性。

磷：钢中磷含量不大于1%~1.5%时，在热压力加工范围内对塑性影响不大。但在冷状态下，磷可使材料脆性增高、塑性降低，即产生冷脆现象。当钢中磷含量超过 0.1%时，这种现象就特别明显，当磷含量大于 0.3%时，钢已全部变脆。

有害元素：铅、锡、砷、锑、铋这五种有害元素的熔点见表 7-3。

表 7-3 低熔点元素的熔点

元素	熔点/℃	元素	熔点/℃
锡	231	砷	817
铋	271	硫	113
铅	323	磷	44
锑	630		

从表 7-3 中得知此五种合金的熔点很低，在钢中的溶解度是很小的。在钢中没有溶解而剩余的元素以化合物和共晶体的形态分布于晶界，由于加热时熔化，可能使合金钢失去塑性。

7.1.1.4 Ca 和 Mg 在合金中的作用

合金中加入适当的 Ca 和 Mg 可以大大改善各种合金，尤其是镍基合金（S 含量小于 0.005%）的热加工性和断裂寿命。Mg 的作用同 B、Zr 的作用相似，而且它能以近似方式改变间隙元素和杂质的有害作用。Mg 添加剂使脱氧和脱硫的程度进一步提高，而且与处于极低含量的残余硫相结合使硫无害，可能是使残余硫化物从钛碳化物的板状变成比较圆形的形状。过剩的 Mg 向能量较低部位的晶粒和孪晶晶界迁移。这可能有助于位错结攀移和在整个平面上位错的排列，或位错塞积的延缓行为及脆性行为。另外镁也促进晶粒间碳化物的析出并减少晶界析出。钙和镁多用做净化剂。但它们很少在合金成分数据中作为组分列出。这可能是因为钙和镁在 γ 和 γ′相中的溶解度很低，而且作为合金组成是难以控制的。

7.1.1.5 稀土金属在合金中的作用

稀土元素在铁、镍、铬及其他合金中的溶解度不大，然而对钢的性能确有很大的影响。实践证明，若把稀土元素铈和镧加入到 Ni-Cr-Mo 或 Ni-Cr-Al 合金中可大大改善合金的热塑性，这是因为稀土元素有脱硫、脱氧和变质作用，能改变非金属夹杂物的形状、大小、分布形式和数量，从而提高合金的塑性和韧性，改善钢和合金的耐热性、耐高温性、抗氧化性和降低产生白点的敏感性；同时也防止热裂，提高钢水流动性，降低时效脆性的敏感性。这是由于去除 S 并使气体溶解而使晶界结构净化。因为硫化物和稀土的氧化物具有高密度和高熔点（使凝结变得困难），因此这些化合物不易漂到渣中，在熔体加入 0.1%的混合稀土，保温 1min 时残余的稀土为 0.05%；实践证明随时间增长或稀土的添加方式不同，稀土的残余量各异。

7.1.1.6 金属元素的作用

Ni：作为形成奥氏体的基体元素，Ni 能溶解大量的合金元素，由于 Ni 外层 3d 电子层接近填满，故合金化后形成的相较稳定。Ni 元素本身又具有较高的弹性模量和低的扩散系数（这两个因素主要影响断裂和抗蠕变性能），所以在 Ni 中加入一系列合金元素组成 Ni 基合金，都具有良好的组织稳定性。

Cr：合金中加入 Cr 是为了提高合金的抗氧化和抗腐蚀能力，特别是在使用原油和重油的低质燃料的燃气轮机和舰用材料中，希望多加入一些 Cr。一般 Ni 基合金中都含有 Al，因为合金中加入 Cr 和 Al 可以形成致密的氧化膜 Cr_2O_3、Al_2O_3。而这两种氧化膜更显酸性。Cr_2O_3 在中性的 Na_2SO_4 中发生溶解，Cr_2O_3 和 Na_2SO_4 反应生成 CrO_4^{2-}，移动至中性时并不还原沉淀出 Cr_2O_3，因为 Cr 和 S 的亲和力比 Al 大些，优先形成 CrS，所以 Na_2SO_4 溶解一定量 Cr_2O_3 之后就不再溶解了，这样在碱性条件下合金表面可以形成致密的 Cr_2O_3 氧化膜，同时也可防止氧化铝的溶解。在镍基合金中含有 Cr 和 Al，Cr_2O_3 促进了 Al_2O_3 保护膜的形式，防止在燃气条件下的快速腐蚀。含有 Cr 和 Al 的合金往往是按碱性熔融腐蚀机理进行的。而在镍基合金中由于含有 W、Mo，则热腐蚀机理往往是按酸性熔融机理进行的。酸性熔融热腐蚀是一种灾害性的快速氧化腐蚀过程，在热腐蚀介质中，如果合金在 15%Cr 以下加入 2%Mo 耐蚀性就恶化；若在镍基合金中加入 18%的 Cr，即便加 4.5%~10%的 Mo 耐蚀性也不会恶化。

Cr 是形成 TCP 相的主要元素，特别是与 Al、Ti 含量有关。Al、Ti 含量越高，允许最大的 Cr 含量就越低，否则将促使 σ 相析出。Cr 除了抗氧化能力和热腐蚀能力之外，还有一定的强化固溶体作用，但效果较弱。Cr 还形成碳化物，合理地分布在晶界上，改善合金塑性。Cr 对第二相 Ni_3Al（Ti）也有重要影响，一般在 Al、Ti 含量不高的情况下加入 Cr 可以降低 γ′，相的粗化速度。这可能是因为降低了共格畸变能，可是在高 Al、Ti 含量下，Cr 的加入会增加共格畸变能，使 γ′的长大速度增加。

Co：在合金中主要起固溶强化作用，Co 溶解在基体中使固溶体的堆垛层错能降低，进而强化固溶体，但无 W、Mo 的效果显著。Co 在合金中的作用，主要是降低 Al、Ti 在基体中的溶解度，增加强化相的数量。在同样的 Al、Ti 含量时，含 Co 的合金 γ′相数量增多，由于 Co 的加入改变了 Al、Ti 在 γ 基体中的溶解度，使 γ′相数量增加，从而提高了高温强度；另外 Co 能改变 γ′的固溶度曲线，使 γ′的析出温度范围提高；Co 加入还可以通过减少高 Cr 碳化物在晶界的析出，减少晶界贫 Cr 区的宽度，从而影响合金的强度。在 1000℃时 S 在 Co 中的扩散速度比 S 在 Ni 中的扩散速度慢两个数量级，所以 Co 的加入对合金抗热腐蚀性能有好处。

Mo：由于钼可以提高 γ 基体的激活能，所以加入 Mo 主要起固溶强化的作用，并使原子间的结合力和高温强度提高。此外 Mo 的加入，降低了 Al、Ti 在基体中的溶解度，增加 γ′的数量，降低 Al、Ti 的扩散速度，提高 γ′相的稳定温度。Mo 的加入会促进酸性熔融，恶化合金的热腐蚀性能，所以在保证强度的前提下应尽量控制到下限的含量。

Al 和 Ti：主要是强化相的生成元素，在 Ni 基合金中高温强度特别是持久强度，几乎与 γ′相的数量成正比。Al 和 Ti 都是促进碱性熔融的，即 Al_2O_3 和 TiO_2 均会降低 Na_2SO_4 的离子量，起到抑制热腐蚀的作用。

若在 Fe-Ni 基恒弹性合金中加入 Al、Ti、Nb 等沉淀硬化的合金元素，可提高弹性行为、增加硬度、降低阻尼。沉淀硬化结果使基体点阵变化，若沉淀是非铁磁性的，它使金属基体冲淡，它的负弹性系数叠加在原来的金属上，并且出现负方向的数值；如果沉淀相是铁磁性的，那么它的居里点不太高，它的反常就会加强整个合金的 ΔE 效应。Ti 的加入量必须低于获得小的弹性温度系数的 Cr 含量，由于 Ti 与 C 共存于合金中形成 TiC，所以应尽量保持低碳量。碳化物的形成不仅是 Ti 被化合，而少量没溶解的 Ti 也有利于沉淀硬化，但钛化物由于硬度高不好加工。若进一步增加钛含量使之形成 Ni_3Ti 的沉淀，并显示出弹性温度系数是负值，适当地调节沉淀硬化温度能使弹性温度系数性质平展出一定的宽度，从而给弹性元件时效温度的控制提供方便。

7.1.2 金属或合金组织结构对塑性的影响

合金的组织结构取决于组成合金的化学成分，组成合金的主要元素的晶格结构，杂质的性质、形态、数量和分布情况；也取决于晶粒大小、形状、方位以及均匀程度等。晶粒界面的强度及合金的密度越大，晶粒的大小、形状及化学成分的均匀性越大。杂质的分布越均匀而弥散以及可得滑移的滑移面和滑移方向越多时，则金属的塑性越高。若合金的组织为双相或是穿晶、柱状晶等都会降低塑性。

7.2 变形时的温度和速度对塑性的影响

（1）温度是影响塑性的主要因素之一，一般来说合金的塑性将随着温度的升高而增加，因为随着温度的升高原子热振动的能量加大，可能出现新的滑移系统，此外随着温度的增加可以消除部分残余应力，从而提高了塑性。若在变形过程中有相变产生，由于产生变形的不均匀性，内应力的集中使合金的塑性降低。但有些合金如果刚好在相变点附近加工时，也可能达到超塑性的变形（参看 1.4 节）。

（2）变形速度对金属塑性的影响较复杂，一方面变形速度加快，由于变形的加工硬化及滑移面的受阻，使金属塑性降低；另一方面随着变形速度的增加，消耗于塑性变形的大部分能量会变为热能而来不及散失，因而使变形金属的温度升高，金属靠着变形的扩散过程和加工硬化解除过程的发展而使塑性增加。

（3）变形力学条件对塑性的影响：压缩变形对塑性有利，而拉伸变形则降低塑性，这是因为压应力使晶间变形困难，随着压应力的增加合金的组织更加密实，各种显微裂纹被压合，所以压应力越大对塑性变形越有利。在目前所具备的压力加工方法中，合金承受三向压应力状态时塑性最好，受两向压应力一向拉应力状态时次之，受两向拉应力一向压应力状态时塑性最次。

8 弹性的铁磁性反常现象

8.1 铁磁与非铁磁的区别

周期表中的金属按磁性分类，大体分为三组：抗磁性的、顺磁性的和铁磁性的。基本遵循磁化强度与磁场强度的比例关系，即：

$$I = \chi H$$

式中，I 为磁化强度；χ 为磁化率；H 为磁场强度。

抗磁和顺磁金属的磁化率很小，为 $10^{-5} \sim 10^{-6}$ 数量级，并且是不随磁场强度变化的常数，顺磁金属的 χ 是正数，抗磁金属的 χ 为负值。

而铁磁金属置于较弱的磁场中时就进行强烈的磁化，它们有很高的磁化率。在有实际意义的金属中主要有 Fe、Co、Ni。

周期表中前 10 组元素是顺磁的，其余是抗磁的，但 Be 和 Sn 除外。

铁磁体即使在未磁化状态也与非铁磁性物质有很大区别。现在已经证明铁磁体在居里温度以下，分为磁畴的微观区域，每一磁畴都已磁化到饱和磁畴的磁化叫做自发磁化。它决定铁磁状态的本质。在没有外磁场的情况下，铁磁体在宏观上是完全去磁的。各磁畴的磁化向量互相抵消，加外磁场后，各磁化向量顺磁场排列起来，于是物体被磁化。

合金的铁磁性与相状态和组织状态有关，是自发磁化强度的函数，对组成是不敏感的。属于这类性质的有饱和磁化强度 T_s、饱和磁致伸缩 λ_s，这些性质只与成分、原子结构和组成合金各相的数量比有关。而居里点只与相的结构和成分有关。

对于通过外加磁场后磁化的铁磁性合金的性质主要取决于磁矫顽力 H_c、磁导率 μ 或磁化率 χ、剩余磁感应强度 B_r 等。这些性质主要与晶体（晶粒的形状）和弥散度、它们的位向和相互的布置、点阵畸变有关。

8.2 影响铁磁性的因素

(1) 塑性变形对铁磁性的影响：由于铁磁合金受外力（压力加工）的作用，在合金中产生滑移，在形成滑移带中引起点阵畸变。为点阵畸变所制约的滑移面和内应力妨碍铁磁合金的磁化和去磁。磁导率 μ 随着冷变形程度的增加而降低，磁矫顽力 H_c 则随着压缩率的增加而增加。磁滞损耗和 H_c 一样在加工硬化下增加。磁化和系数与加工硬化无关。磁感应强度 B_r 在临界压缩程度下（5%~8%）急剧下降，而在压缩率继续增大时它也增高。

（2）再结晶退火对铁磁合金性质的影响：退火后的晶粒越小则 H_c 和磁致损耗越大，而磁导率 μ 越低，因为晶界强度越高越妨碍磁化的进行。在有相变或有序无序转变的合金中，由于转变时的体积效应而引起内应力增加，矫顽力降低。所以为了降低矫顽力 H_c 最好用高温氢气处理两次，不仅获得大晶粒，而且高温氢气处理还可以烧掉一些间隙杂质从而提高磁性能。

（3）造成再结晶织构：若再结晶时在织构方向加个磁场，样品在磁场作用下缓慢冷却到居里点以下，从而得到内应力的择优取向——磁织构。

假若在铁磁基体中溶入抗磁性金属，可使饱和强度降低。若溶入非铁磁元素，它们的居里点几乎总是降低，但固溶体 Fe-V、Fe-W 是例外，在其中增加 V、W 含量时，居里点起初升高，经过极大值后逐渐降低。各向异性 K 和磁致伸缩系数与铁磁固溶体的成分有关。

铁磁体与非金属化合物 $FeSiO_2$、Fe_3O_4、$\gamma-Fe_2O_3$、FeS、Fe_3C、Fe_4N 等是铁磁性的。

8.3 铁磁性多相合金的性质

在合金中有几个铁磁相将会有同等数量级的居里点，居里点只与铁磁性相的成分有关，而与合金成分无关。而合金中的饱和磁化强度和饱和磁致伸缩系数都是相加性的，由组成合金各相的相应值 λ_s、λ_s'等组成。

在浓度不同的合金中，在磁性与温度关系图上若居里点表现连续的变化，则可以断言，试验的合金在相图上位于单相区，并且是连续的固溶体。

8.4 磁致伸缩系数的测量

一般使用传感器测量铁磁体的磁致伸缩系数。试验中测量传感器，是直流电桥的一个臂在电桥上加以灵敏的镜式检流计，并且用指针仪表进行测量。在测量薄试样时，为了避免由于偶然弯曲所引起的误差，需要在试样的两面贴传感器，若在放大器的输出端接入示波器，便可直接观察和照相。

磁致伸缩系数计算公式为：

$$\lambda = \frac{r_0}{\alpha_0 R \eta}\alpha$$

式中，λ 为磁致伸缩系数；r_0 为标准电阻的大小；α_0 为接通电流时指针仪表的读数；R 为活动应变计的电阻；η 为在已知磁致伸缩试样上用试验确定的应变计灵敏度，$\eta=\dfrac{\Delta R}{R\lambda}$。

传感器对变形的灵敏度表示如下：

$$S=(1+2\mu)+\frac{\mathrm{d}\rho/\rho}{\mathrm{d}l/l}$$

式中，$(1+2\mu)$ 为电阻丝几何大小的变化；μ 为泊松常数，大多数金属及合金的 $\mu=0.35$；$\mathrm{d}\rho/\rho$ 为电阻率的相对变化；$\mathrm{d}l/l$ 为电阻丝的相对伸长。

传感器材料中康铜对变形的灵敏度为 1.8~2.0，锰铜为 0.6~7.5，镍铬为 2.6~2.8。

通过比较康铜合金为最适宜的传感器材料，对变形有高度的灵敏性，比锰铜合金约大 3 倍，另外康铜合金的电阻温度系数低，比镍铬合金的电阻温度系数小 $\dfrac{2}{3}$~$\dfrac{3}{4}$。

8.5 磁 化 过 程

在多晶的铁磁物体中每个晶粒都存在有磁化向量转到与磁场方向成最小角度的容易磁化的方向。在铁的晶体中易磁化方向是立方体的棱 [100]，因为在这个方向的饱和磁化强度，在很弱的磁场中就可以达到。空间对角线是难磁化方向，如 [111]。

磁化的饱和值在场强为 500Oe 时达到，在没有外磁场和内应力的情况下，磁畴的磁化向量为沿着物体中晶体的易磁化方向。在铁磁体中有 6 个同样的易磁化方向，有两两成对且相反方向，故可粗略地认为沿易磁化方向 [100] 的磁化能等于零。磁各向异性的原因是电子的磁相互作用，在实际晶体中除各向异性外，尚有其他因素，如夹杂物、应力、晶界等，这些都妨碍磁化，它们的影响表现在磁化曲线的陡立部分，即图 8-1 中的 oa 段，并不是铅直上升而是扩散到一定的磁场范围内。而曲线的平缓部分也移到较强的磁场处，即是常见的磁化曲线。所以使磁化困难的阻力降低磁导率，磁导率 $\mu=\dfrac{B}{H}$，H 越大则 μ 越小。一般 $\mu_0=10^5\text{Gs/Oe}$，而 $\mu_{\max}$ 达到 10^6Gs/Oe。因为磁场是沿着样品的轴线方向，所以向量 oa 的投影 $oa\cos\phi$ 将是剩余磁化强度或剩余磁感应强度。对于单晶体，ϕ 越小，磁场方向越接近易磁化方向（α-Fe 晶体的立

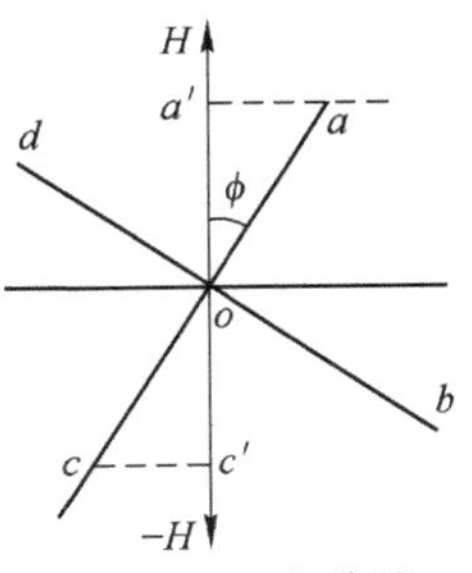

图 8-1 磁化曲线

方体棱），剩余磁感应越大，在磁场顺着立方体棱的情况下，剩余磁感应将接近磁饱和值。

在实际多晶体中，假若没有晶体和应力的择优取向，则即使在极纯的材料中，全磁值只接近于饱和值的50%，电子的磁相互作用不仅引致各向异性，并且影响原子间距。冷却时在从顺磁体过渡到铁磁体的过程中（在居里点及其以下），物体的长度发生变化与晶向间有一定的关系，这种长度 l 的变化叫做磁致伸缩，以 $\lambda=\frac{dl}{l}$表示。

由此可知未磁化的晶体由很多磁畴构成，各磁化向量在空间中有不同方向的排列，并且互相抵消，晶体的尺寸在磁化过程中发生变化，对整个多晶铁磁体也是如此。这样看来磁致伸缩在居里点以下，无论是铁磁体的冷却或磁化时都可发现。

在弱磁场中磁化时，铁磁体略伸长同时横截面减小。对铁磁体施加拉力有助于磁化，而施加压力将阻碍它的磁化。当施加拉力后，在磁化曲线的起始部分获得较高的磁导率；对于 Ni 棒情形相反，因为在磁化时它的长度减小而横截面略有增加。从图 8-2 可见，不同镍含量的 Fe-Ni 合金相对伸长与磁场的关系，其中含 55%～81%镍的合金有正磁致伸缩，而含 90%镍的合金或纯镍有负磁致伸缩，在含 83%镍时，磁致伸缩为零。

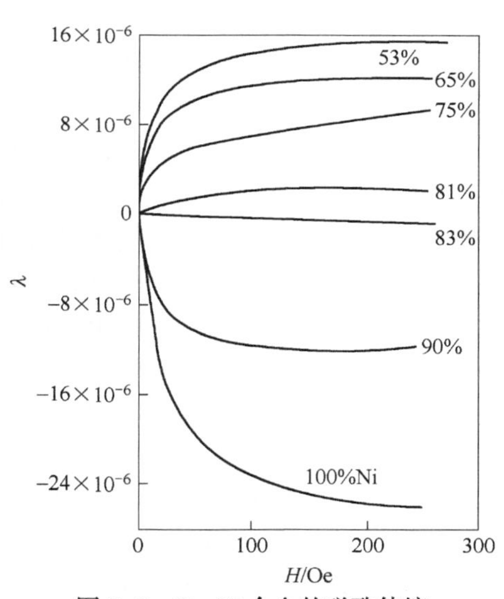

图 8-2 Fe-Ni 合金的磁致伸缩

当正磁致伸缩时，弹性拉伸的方向就是易磁化的方向。在这种情况下，磁化和去磁时，消耗于克服磁致伸缩阻力的功大于克服晶体各向异性阻力的功，因此拉伸状态的多晶金属丝在磁性方面与单晶类似，给铁磁体施加压应力将使磁导率减小，磁矫顽力增加。

在负磁致伸缩情况下（如镍），弹性压力将有助于磁化和去磁，而拉力将起阻碍作用。

在将拉伸下的镍样品或压力下的铁样品磁化时，会产生附加能量，其值近似等于 $\lambda_s\sigma$（准确的数量级为 1 的数字系数）。此处 σ 是外力产生的应力，而 λ_s 是饱和磁致伸缩。在应力很大或晶体各向异性很小的情况下，即 $\lambda_s\sigma\gg K$ 时，这个能量起着重要作用。

在晶体各向异性和外力的影响下，在每一磁畴中得出最有利的能量最低的自发磁化方向（即向量 I_s），变更这个方向需要附加能量。

磁各向异性有效常数由晶体各向异性能和磁致伸缩能相加而得，即

$$K_s = \alpha k + \beta\lambda_s\sigma$$

式中，α 和 β 是数量级为 1 的数字系数。

K_s 也可以扩展到没有外力作用的铁磁体，在这种情况下 σ 代表内应力，此应力是由于加工硬化和存在有镶嵌结构等晶体缺陷而产生的。甚至在有限尺寸的理想单晶体中，在居里点也产生应力，在形成磁畴结构时，产生应力于向量 I_s 方向相反（叫做 180°邻界）和互感垂直（叫做 90°邻界）的区域。不难理解在第二种情况下磁畴的磁致伸缩导致内应力。

8.6 弹性的铁磁性反常

在铁磁体中磁致伸缩的存在致使它们具有低的弹性模量

$$E_{铁磁} = E_{正常} - E'$$

在加热至靠近居里点时发生 E 的反常变化，即铁磁体的弹性模量 $E_{铁磁}$ 将随着温度的增加而增大。图 8-3 表示镍的弹性模量与温度的关系。当磁场强度 $H = 575\text{Oe}$ 时镍被磁化达饱和，通过测量可得知此时弹性模量在任一温度下的反常变化。

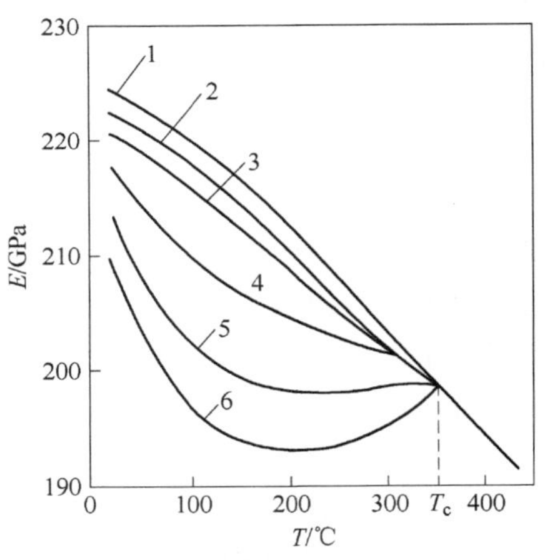

图 8-3 Ni 的弹性模量与温度的关系

1—$H = 575\text{Oe}$；2—$H = 106\text{Oe}$；3—$H = 41\text{Oe}$；4—$H = 10\text{Oe}$；5—$H = 6\text{Oe}$；6—$H = 0\text{Oe}$

对具有负磁致伸缩的 λ_s 的镍进行拉伸，将使其磁化发生困难。这就是说在试棒拉伸下，磁畴的向量 I_s 趋向于垂直拉伸力，并且此时物体具有附加伸长，这是由于每个磁畴垂直于向量 I_s 伸长的缘故。因此在试验时就得到低的弹性模量 E。在正的 λ_s 下也得到相同的结果。若物体磁化达饱和则不发生因 λ_s 所引起的长度变化，则弹性模量具有正常的、比未经磁化的物体较高的数值。此时 E 与温度关系也是正常的。然而在有些合金中，甚至当它们的磁化强度达饱和时也具有低的弹性模量值及反常的温度关系，这种合金就被称为艾林瓦合金即 $Ni_{42}Fe_{58}$，该合金的弹性模量对温度的关系见图 8-4，虽然在磁化时弹性的反常现象部分被消除，甚至在饱和磁场下也发生弹性的反常现象，就是因为具有真磁化过程的 λ_n 的缘故，艾林瓦合金和因瓦钢都具有大的 λ_n 数值，真

磁化过程的体积磁致伸缩是正的。在相当于技术饱和磁场下，即当磁畴的所有 I_s 向量完全指向磁场的方向时，磁畴内总有与 I_s 向量不符的自旋磁矩。这些自旋磁矩的附加方向，在很强的磁场中（真磁化过程）会稍微增大原子间的距离及整个物体的体积以及 I_s 的量。

在弹性拉伸下物体体积增大，原子间的距离也增大，因此甚至在没有磁场时每个磁畴也发生顺旋过程，而自旋磁矩沿着 I_s 向量的附加指向，此时每个磁畴的饱和磁化强度增大。这本身就导致因 λ_n 引起的体积附加增大。由此可见，在拉伸下确定 E 时得到附加的伸长，即弹性模量的减小。可以用数量级为 10^6Oe 的强磁场下磁化的方法消除 λ_n 对铁磁体弹性模量的影响。应用在音叉、表条及其他弹簧元件中的艾林瓦合金正是基于上述原理。在这些合金中的弹性模量温度系数 $\beta=\dfrac{\Delta E}{E\Delta T}\approx 0$。铁和镍是这些合金相的基础。为了强化合金，在它们的成分中加入 C、Cr、Mo 及其他加入物。

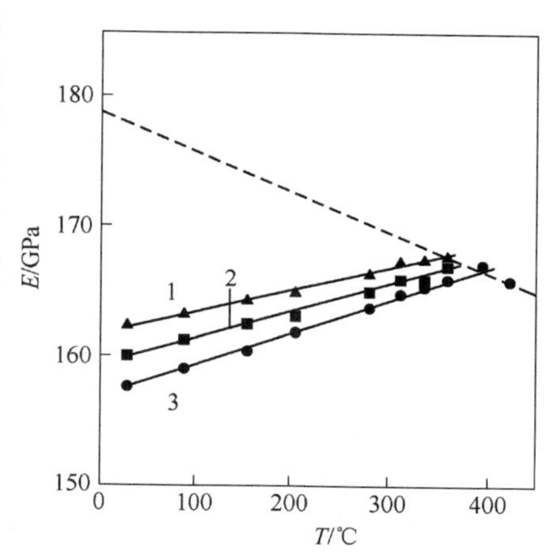

图 8-4 $Ni_{42}Fe_{58}$合金的弹性模量与温度的关系

1—575Oe；2—40Oe；3—0Oe

基本铁磁性固溶体的化学成分，主要影响弹性模量温度系数的大小，至于弹性模量的大小，依基体固溶体的成分及强化剂（碳化物或金属间化合物 Ni_3TiAl）的弥散度而变化。弥散硬化的艾林瓦合金有个共同的缺点，即随着含镍的强化剂由固溶体析出而减少在固溶体中的镍含量，于是出现固溶体的不均匀性，因而系数 β 起伏在很宽的幅度内（参见图 5-1）。

虽然时效也影响含碳化合物合金的弹性模量温度系数的大小，但这个影响比较小且 β 比较稳定。弹性模量温度系数随时效温度的变化在钼艾林瓦的合金中，经 700℃时效后发现等于零的弹性模量温度系数，经更低温度时效后得到数值很小的弹性模量温度系数 β，继续提高温度时，温度系数实际上不变。杜林瓦合金的温度系数 β 依时效温度急剧变化，两次通过零值时杜林瓦合金的温度系数随时效温度的急剧变化，是由于在弥散硬化过程中基体固溶体中的成分显著变化之故。在 400~600℃间时效时，淬火冷固溶体的合金化程度随金属间化合物的析出而显著降低。

9 弹性模量的反常

9.1 弹性合金的因瓦和艾林瓦效应

一般在正常情况下温度升高，因体积膨胀，其弹性模量减小。一些铁磁和反铁磁合金的这些特性是不依赖温度的。因瓦则有较小或零的热膨胀，而艾林瓦应表征为弹性不依赖温度而变化。

因瓦和艾林瓦行为是由于磁致效应引起的用自发体积的磁致收缩 ω^{m} 描述反常的热膨胀。用三种磁贡献 ΔE_{λ}、ΔE_{ω} 和 ΔE_{A} 的和来描述弹性模量的反常。因此，由膨胀和弹性模量反常之间的密切关系，导出 ω^{m} 和 ΔE_{A} 是相对应的磁效应，而在热膨胀时 ΔE_{λ} 和 ΔE_{ω} 都不相似。因瓦和艾林瓦行为都起因于在磁有序状态的体积大于非磁状态的体积。通常由磁性引起的体积效应是用 ω^{m} 的相对大小来表征的，并有：

$$\omega^{m} = \frac{V_{f} - V_{p}}{V_{p}}$$

正的体积磁致伸缩（即 $V_{f}>V_{p}$）意味着体积随磁耦合的加强而增加。所以在温度升高因而磁耦合减弱时产生能够补偿正常热膨胀的体积收缩。

关于弹性行为出现类似的补偿效应。可以把弹性模量 E 看作是原子间键合程度的量度。也就是说由磁性引起的体积膨胀相应于键合程度的减弱。所以铁磁或反铁磁状态的弹性模量 E，好像比在非磁状态有所下降，因而直接由磁耦合得到这种贡献即所谓的变换能 ΔE_{A}。

此外在弹性模量反常的情况下，还出现其他的磁贡献，此处用 ΔE_{λ} 和 ΔE_{ω} 表示。这些效应是由于磁致伸缩起因的附加膨胀引起的，这种附加膨胀是由外应力造成的，应该用符号 λ 和 ω 表示。

ΔE_{λ} 效应是在外力作用下，通过畴壁移动和转动过程使磁畴重新取向，因此它只在磁性未饱和状态时出现。

ΔE_{ω} 效应是由于应力感生的原子间距变化而产生的。通过这种变化，磁耦合强度增加从而体积发生改变。需注意，由外应力产生的所谓受迫体积磁致伸缩和自发体积磁致伸缩不同。前者是以弹性应力而后者是以温度变化为基础的，应该用 λ 和 ω 表示（线性饱和磁致伸缩 λ_{s} 和受迫体积磁致伸缩 $\alpha_{\omega}/\alpha_{H}$）。

因此弹性模量反常的表达式为：

$$\Delta E = \Delta E_{A} + \Delta E_{\omega} + \Delta E_{\lambda}$$

其中：
$$\Delta E_{A} \sim -\omega^{m},\ \Delta E_{\omega} = -\frac{1}{9}E^{2}\left(\frac{\alpha_{\omega}}{\alpha_{H}}\right)^{2}/\chi,\ \Delta E_{\lambda} = -\frac{2}{5}E^{2}\frac{\lambda_{s}}{\sigma_{i}}$$

式中，σ_{i} 为内应力；χ 为磁化率。

而艾林瓦行为主要取决于磁交换能的贡献 ΔE_{A}。

根据测定可得知：

（1）一种定量的估算给出，在 Fe-36%Ni 中，弹性模量 E 反常时 ΔE_{ω} 效应只占 20%。

（2）关于 ΔE_{ω} 效应的标准体积磁致伸缩的附加膨胀，不具有切向分力，因此对于切变模量不出现 ΔE_{ω} 效应。但是在实验中，无论是对单晶的切变常数，还是对切变模量都观察到反常的依赖温度关系。

（3）以铁镍合金为例，W. Köster 给出 λ_{s} 和 ΔE_{λ} 的类似性。但是 $\alpha_{\omega}/\alpha_{H}$ 和 ΔE 之间不存在相应的相互关系。在镍含量为 30% 时出现 $\alpha_{\omega}/\alpha_{H}$ 的最大值，而 ΔE 最大值则在 36%Ni 时出现。另外观察到 ΔE（没有 ΔE_{λ}）和 ω^{m} 之间以及热弹性系数 $\beta=(\mathrm{d}E/\mathrm{d}T)/E$ 和线膨胀系数 α 之间的类似行为。

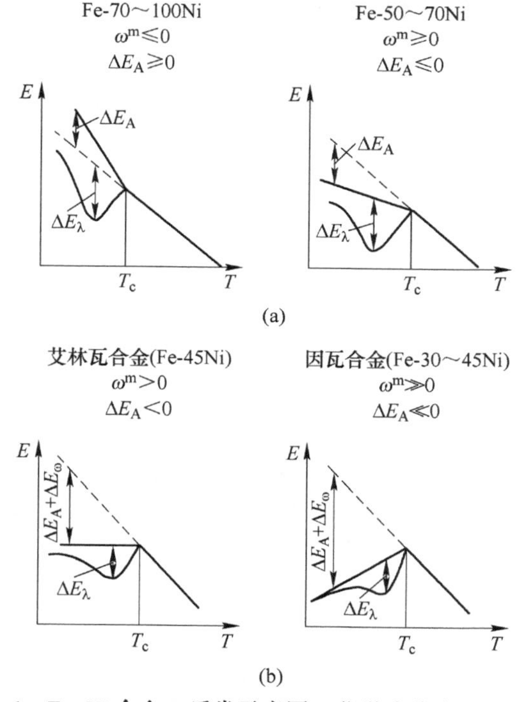

图 9-1 Fe-Ni 合金 E 反常示意图（化学成分为原子分数）

（a）正常合金（$\Delta E_{\omega}\approx 0$）；（b）反常合金（$\Delta E_{\omega}\neq 0$ $\Delta E_{\omega}\ll\Delta E_{A}$）

(4) 在磁饱和状态下 ($\Delta E_{\lambda}=0$) 的 Fe、Ni、Co 都观察到由磁性引起的弹性模量 E 的提高。但是 ΔE_{λ} 和 ΔE_{ω} 总是导致弹性模量 E 的降低。

(5) 在铁磁耦合以及在反铁磁自旋排列耦合时都出现变换能贡献，因此 $\Delta E_{A}\sim\omega^{m}$ 可以对反铁磁艾林瓦合金的弹性模量反常进行解释。图 9-1 表明在不同情况下弹性模量反常与 ΔE_{A}、ΔE_{ω} 和 ΔE_{λ} 的依赖关系。

弹性模量 E 的反常 $\Delta E=\Delta E_{A}+\Delta E_{\omega}+\Delta E_{\lambda}$ 的示意图中，ΔE_{A} 为交换能的贡献；ΔE_{ω} 为由受迫体积磁致伸缩引起的；ΔE_{λ} 为线磁致伸缩引起的；ω^{m} 为自发体积磁致伸缩。

对于 Fe-Ni 二元合金，在 45%Ni 时出现艾林瓦效应，在居里温度 T_{c} 以下出现的磁性贡献主要是交换能 ΔE_{A} 和线磁致伸缩 ΔE_{λ} 效应，从总值的角度说由受迫体积磁致伸缩 ΔE_{ω} 效应较小。技术上应用的艾林瓦合金为图 9-2 中的 Fe-Ni 合金。这是在磁饱和状态下 Fe-Ni 合金的弹性模量 E 对温度的依赖关系。图中 30%~50%Ni 是 G. Hausch 等人的实验结果，60%~100%Ni 取自 W. Koster 的测试结果。从图 9-1 得知 Fe-Ni 二元合金 Fe-45%Ni 中 ΔE_{λ} 效应很显著，在 Fe-41%Ni 中饱和磁致伸缩也出现最大值，故在技术上不能用。因此在技术上得到应用的是图 9-2 中所出现的各种艾林瓦合金，如通过在 Fe-Ni 合金中加入 Cr 元素形成的 Cr 艾林瓦，还有 Mo 艾林瓦、W 艾林瓦等。尽管如此也仍然属于铁磁艾林

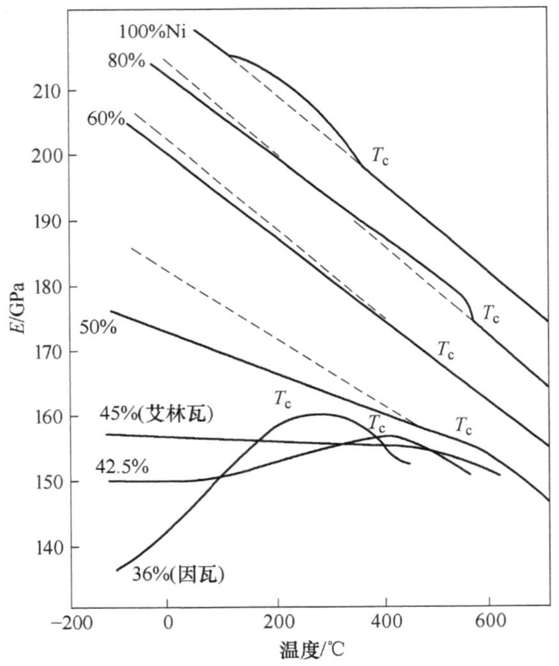

图 9-2 在磁饱和状态下 Fe-Ni 合金的 E 对温度的关系

瓦范畴，具有灵敏的磁场依赖性。例如用铁磁性游丝做成的钟表在 100Oe 的磁场中将停止运行。因此较小的磁场就能引起灵敏的走时误差。

为改善性能，在 Fe-Ni 合金中添加 Cr、W、V、Cu、Si、Mn 等金属组成三元合金，会降低饱和磁致伸缩 λ_s，减小 ΔE_λ 效应。同时能使结晶能常数 K 变为零，便得到高磁导率的材料。通过冷加工和沉淀硬化将产生阻碍布洛赫壁移，从而也减弱了 ΔE_λ 效应的位置和内应力，以及磁不均匀性。

为了得到沉淀硬化相在各种艾林瓦合金中加入 Ti、Al、Be 等元素。沉淀硬化是通过与基体的晶格参数有很大差别的金属间相如 Ni_3Ti、Ni_3Al、Ni_3Be 共格析出的。因此，既出现强的共格应力又具有大的磁不均匀性。

铁磁艾林瓦的磁场敏感性已满足不了应用的要求。随着科学技术的发展人们致力于对无磁或反铁磁艾林瓦合金的研究。对 Fe-Mn 合金的研究示于图 9-3。

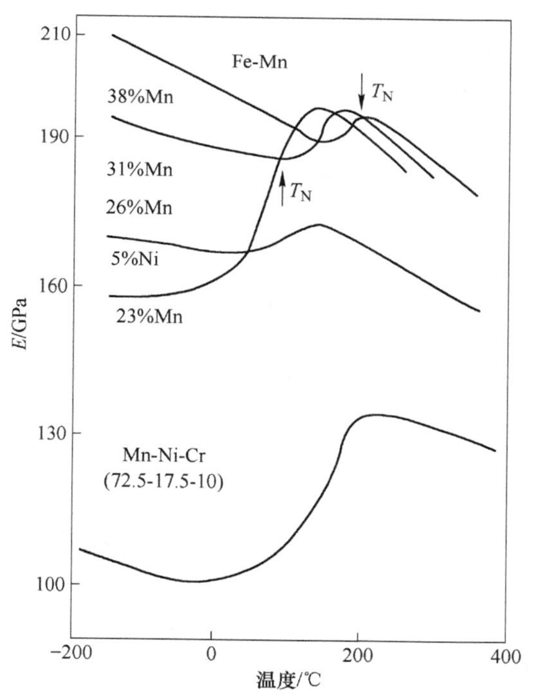

图 9-3 Fe-Mn 合金和 Mn-Ni-Cr 合金弹性模量与温度的关系

N. Bogachev 等人对 Fe-Mn 合金、S. Stelemen 对 Fe-Mn-Ni 以及 H. T. Atokes 和 I. D. H. Win 对 Mn-Ni-Cr 的测量所得 E 模量曲线对不同温度的依赖关系像在铁磁合金中那样，在奈尔温度 T_N 以下（从物理概念讲奈尔温度就相当于居里温度，都是有序无序转变点，也是有磁无磁转变点，只是奈尔温度略高于居里温度)，出现补偿 E 模量的正常温度依赖性对 E 的磁贡献。与铁磁合金相似，反铁磁性艾林瓦合金的弹性模量 E 的反常属于 ΔE_λ 效应。在这里必须把 λ 看成是反铁磁性磁致伸缩。但是反铁磁性自旋耦合的特征，是在表面上不出现磁化强度，因此不产生与铁磁体中磁畴相当的畴。所以在反铁磁体中本该不出现 ΔE_λ 效应。并且确定在铁锰合金中，没有弹性模量反常的频率依赖性。在反铁磁体中常常观察到磁畴。但是磁畴的形成是由于结构转变引起的。这种转变与马氏体转变有些类似，在很多情况下，各向异性线磁致伸缩都是很显著的。即在奈尔温度 T_N 下降时对称性降低，在进行弹性模量测量时，强烈的弹性应力可以导致与畴结构的两种相互作用。如果磁畴的大小与弹性波的波长一致，则由此产生强的阻尼；另外也有可能因为弹性应力而使畴界移动，于是一方面引起阻尼，另一方面引起 ΔE 效应。至于哪种效应占优势，可以因合金而异。即在反铁磁合金中出现一种相应的交换能贡献 ΔE_A，故可以把反铁磁性艾林瓦合金的 E 模量反常写成 $\Delta E=\Delta E_A+\Delta E_u$，其中 ΔE_u 考虑在奈尔温度下，由磁致伸缩引起的点阵对称性的变化。例如在图 9-3 中在奈尔温度附近弹性模量 E 的突然变化。最近发现在 Mn-Ni 合金中添加 Cr、Ni、Fe、Co、Mo、W 等元素组成的 Mn-Cr 合金较难加工。

无磁艾林瓦合金在铁磁和反铁磁合金中，E 模量反常是以那些由磁性转变引起的磁效应为基础的。另外具有结构相变的化合物中也出现 E 模量的反常，例如多形性转变、析出、有序转变等。此外弹性反常可以由点阵特性引起，与转变无关。通常结构转变是依赖于扩散的，即 E 模量反常与时间有关，并受滞后现象的不利影响。另外弹性模量在转变点处，例如在多型性转变时，发生各种突然的变化。因此实际借助于这种转变不能调节艾林瓦行为。虽然在有序转变和析出反应的一些情况中，实际上转变是无滞后的，并且也是准连续性进行的，但是通过转变，E 模量随温度的降低又出现附加的增高，所以也不产生艾林瓦行为。

9.2 铁磁合金的磁致伸缩特性

恒弹性合金中的 3J53、3J58、3J60 等，都具有显著的磁致伸缩特性，所以当它们被周期性交变磁场磁化时就会产生伸长和缩短的振动。这表明电能和机械能可以互相转化。在外加磁场方向上有伸长特性的称为正磁致伸缩，有缩短特性的称做负磁致伸缩，这些又统称为纵向磁致伸缩或纵向振动。用 $\lambda=\dfrac{\Delta l}{l}$ 来表示相对磁致伸缩。当外加磁场增强时，相对磁致伸缩接近饱和点，饱和磁致伸缩是磁致伸缩滤波器用恒弹性合金必须考虑的参量。而对机械滤波器用的恒弹性合金 3J58、3JK、3J63 等是不需要考虑的，即为了使它的振动不产生倍数的频率，对于高功率磁致伸缩辐射器来说则用饱和磁致伸缩系数 λ_s 作为设计的标准，此外还要考虑到铁磁体的导热性和绝缘性，这样才能提高工作频率和发射功率。

磁致伸缩现象是一种可逆效应，它的实质是机械力沿着磁棒的轴作用时，磁棒的磁性能就发生变化，譬如磁导率的变化。如果此时在磁棒上绕有线圈，则线圈上就会产生感应电动势。

磁致伸缩现象可用分子运动理论来解释，铁磁体是由不大的结晶体所组成，这些结晶体轴的方向在空间中是不规则的。结晶体的组合形成了所谓自然磁化区，这些区域可以看成是基本的磁偶极子，在未磁化的材料里，各个区域的磁力矩不规则地作用于各个方向，因此它们的作用互相抵消。在外磁场的作用下，各个区域的磁力矩往最易磁化的方向变化，并和外磁场的方向组成最小的角度，同时还可以看到物质的结晶格子，有某些变形。这种往同一方向变形的总和形成磁棒长度的微小变化，这也是磁致伸缩所要求的条件。因此当机械力作用于铁磁体时，区域的结晶格子引起自发的变形，其结果是导致磁性能的变化，这就是反向磁致伸缩效应所要求的条件。

正向磁致伸缩效应是以磁棒相对伸长（弹性变形）$\xi=\frac{\mathrm{d}l}{\mathrm{d}t}$来度量，$\xi$ 的值极小，为（3~200）$\times10^{-6}$，如果用 σ 表示机械应力，并有 $\sigma=\frac{F}{S}$，则正向和反向的磁致伸缩效应可以用下式表示：

$$\sigma=\psi(B\xi)H=\psi'(B\xi)$$

因为磁致伸缩效应一般来说是非线性的，所以机械力和磁性量之间的关系表示成微分为：

$$\mathrm{d}\sigma=\frac{\partial\sigma}{\partial B}\mathrm{d}B+\frac{\partial\sigma}{\partial\xi}\mathrm{d}\xi$$

$$\mathrm{d}H=\frac{\partial H}{\partial B}\mathrm{d}B+\frac{\partial H}{\partial\xi}\mathrm{d}\xi$$

其中令：

$$\frac{\partial H}{\partial B}=\mu_0\qquad\frac{\partial\sigma}{\partial B}=\gamma\qquad\frac{\partial H}{\partial\xi}=\delta\qquad\frac{\partial\sigma}{\partial\xi}=E$$

式中，μ_0 为磁导率；γ 和 δ 为确定正向和反向磁致效应的常数；B 为磁感应强度；H 为磁场强度；E 为弹性模量。

于是正向磁致伸缩效应可写成：

$$\mathrm{d}\sigma=\gamma\mathrm{d}B+E\mathrm{d}\xi$$

而反向磁致伸缩效应可写成：

$$\mathrm{d}H=\mu_0\mathrm{d}B+\delta\mathrm{d}\xi$$

其中 $\delta=4\pi\gamma$，为正向和反向磁致伸缩效应的相互关系。

10 弹性合金性能的测量

对弹性合金的力学性能皆按国标或冶标中规定的有关方法进行测量。而对合金的弹性模量、机械品质因数等物理性能是用共振法测量。一般对频率元件用的合金材料，用共振法中的纵振法测量，作为弹性元件用的合金材料，用横振法居多，它们都是依据样品的弹性模量 E 和共振频率 f 值有关这一原理。测出 f_0、样品的尺寸和质量即可求 E 值。一般纵振法的精度不大于 0.3%，横振法的测量精度为±0.8%。

目前国外有关弹性模量，特别是高温弹性模量的测量方法的研究和应用发展很快，许多设备已实现了真空化和记录的自动化，其中得到广泛应用的是动力学方法中的共振法和超声脉冲法。但是在测量高温弹性模量时横振法由于设备较为简单而仍被广泛使用。

共振法中，按照把电振动转变成试样中的机械振动的形式可分为四类，即静电法、电磁法、涡流法、压电法。

为了减少测量弹性模量的误差，应该使试样与激励换能器或探测换能器之间没有物质性的耦合系统，特别是在使用悬丝耦合时，应该对悬丝提出一定的要求。

电磁驱动法则要求被测试样具有磁性，并且不宜于高温弹性模量的测量，因此限制了这种方法的使用。目前纵振法中的静电法颇受重视，一般用于测量小频率温度系数的合金。在这种方法中拾音系数和驱动系统与试样之间都用静电耦合，并通过调频、放大系数构成一个振荡回路，其特点是试样（振子）振动频率的微小变化就能引起整个振动系统振动频率的变化，而加以精确的测定。该方法中，因为试样和电回路间的电-机耦合极小，因此测试系统受外加的干扰是很小的，不论在低温和高温下都有相同的高精度，而且能进行连续的测定和实现记录的自动化。

动力学的另一种方法是超声脉冲法，它是依据在无限大的介质中，声速与该介质的弹性模量有关。根据超声的数据可以求得 E 值。由于声速的测量精度较高，所以用脉冲法测弹性模量的精确度也比共振法高，其误差可小达 0.001%左右。这种方法虽然技术和设备比较复杂，但因其有高精度，仍然得到了发展。

此外国外又介绍采用石英楔形物和试样的复合，利用光的衍射效应来测定试样中的超声速。然而在超声法中，由于试样需用黏接剂和石英晶体结合，而黏接剂是不能耐受高温的，于是采用莱塞脉冲技术来测量材料在高温时的绝热弹性。它是使材料直接从莱塞中吸收脉冲光能，而产生弹性波，然后测量该弹性波的速度而求得 E。

在某些场合，还采用静态法来测量弹性模量，并且规定了相应的标准，但考虑到材料在高温时的蠕变和非弹性行为的增长，一般不用静态法来测定材料的高温弹性。

11　弹性合金概述

工业中将弹性性能比较高的合金称为弹性合金。它是精密合金之一，是精密机械或精密仪器制造工业中不可缺少的精密合金。

弹性合金分为高弹性合金和恒弹性合金两大类。高弹性合金具有高的弹性模量、高的强度、耐高温、无磁或弱磁、高硬度、耐磨、耐蚀、低的弹性后效和弹性滞后、高的疲劳强度等特性。它广泛用于航空和热工仪表中的波纹膜盒、波纹管、膜片、加速度表、轴尖、弹簧和张力线、继电装置中的接点弹簧片、钟表和仪表中用的发条。过去一般都采用铍青铜，虽然铍青铜作为弹性元件具有很多优点，但是它不能耐高温、强度低、弹性滞后大等缺点限制了它的应用，所以国内外多采用其他合金代替铍青铜作为弹性元件，如 3J1（Эп702 或 H_{36}XTЮ）、3J2（H_{36}XTЮM_5 或 Эп51）、3J3（Эп52 或 H_{36}XTЮM_8）、3J21（K_{40}HXM_0）、K_{40}TЮ、3J40、$H_{80}X_{12}$TЮВБ 等，而英美各国多采用镍基如“K” MonelInconel(x)、Elgiloy（K_{40}HXM）等。以上这些合金有各自不同的特性，可以作为不同用途和在不同条件下工作的弹性元件，它们的工作温度一般可达 200～600℃ 仍能保持良好的弹性和足够高的强度（同室温比较），铍青铜由于有良好的导电、导热性等其他特点，所以对强度和耐热性要求不高的弹性元件来说仍能得到广泛的应用。

恒弹性合金的特点是，当温度在某一范围内变化时，它具有恒定的弹性，或者说它的固有振动频率不随温度而变化。因而被广泛地用做各种各样的灵敏弹性元件，例如作为手表、航空表、航海天文钟以及其他具有计时机构仪器的游丝，在石油工业中用在压力计、重力计和地震仪的谐振器，军用钟表信管、转矩指示器、波纹膜盒、无线电探空仪的电压部件，离心调速马达的频率稳定器、绝对气压计，在声学和电气仪器中，由它作成音叉型和磁致伸缩的谐振器作标准频率、频率稳定器以及引力波扭摆仪吊丝等。此外，在无线电工业中代替晶体和电器元件，作为机械滤波器用，这种滤波器在中频无线电设备中应用越来越广，这是因为由它做成的机械滤波器的优点很多，如品质因数高（一般电器系统中的品质因数为 50～300，而由它做成的可达 1000～100000）、频率特性好（如由它做成的滤波器，所允许的频带宽度 $\Delta f = 1Hz$ 以内，而最好的电路所给出的频带宽度为 15Hz），介入损耗小且重量轻、体积小、耐振性好等优点，所以对几十万赫兹频率来说是电容电感滤波器和晶体滤波器望尘莫及的。它的这些优点，使它特别适合在载波电话和单边带通信设备中使用。并与印刷电路和小型零件联用，可以达到设备小型化的目的。美国的无线电公司、柯林公司，日本的国际电气公司以及俄罗斯的无线电工业中用的 Ni-spanc（3J53 或 $H_{41}XT$），做成的机械滤波器用在 50~500kHz 的选择系统中，如美国用作单边带发射机和接收机中，以及高级通信接收机中的中频选择网络中和民用或军用的 Motoqal 通信设备中。由这类合金做成的弹性元件，一般可在-40~85℃温度范围内使用。

目前我国常用弹性合金牌号及化学成分见表 11-1。

表 11-1 我国常用弹性合金牌号及化学成分 （%）

合金牌号	C	S	P	Mn	Si	Ni	Cr	Ti	Al	Co	Mo	W	Fe	其他元素
3J1	≤0.05	≤0.02	≤0.02	≤1.0	≤0.8	34.5~36.5	11.5~13	2.7~3.2	1~1.8	—	—	—	余	
3J2	0.22~0.26	≤0.02	≤0.03	1.8~2.2	1.4~1.7	9~10.5	19~20.5	—	—	—	1.6~1.85	—	余	
3J21	0.07~0.12	≤0.01	≤0.01	1.7~2.3	0.6	11~16	19~21	—	—	39~41	6.5~7.5	—	余	
3J22	0.08~0.15	≤0.01	≤0.01	1.8~2.2	0.511	15~17	18~20	—	—	39~41	3~4	4~5	余	
3J40	≤0.03	≤0.01	≤0.01	≤0.1	≤0.2	余	39~41	—	3.3~3.5	—	—	—	≤0.5	Ce 0.1~0.2
3J53	≤0.05	≤0.02	≤0.02	≤0.8	≤0.8	41.5~43	5.2~5.8	2.3~2.7	0.5~0.8	—	—	—	余	
3J53P	≤0.05	≤0.02	≤0.02	≤0.8	≤0.8	41.5~43	5.2~5.8	2.3~2.7	0.5~0.8	—	—	—	余	
3J53Y	≤0.04	≤0.015	≤0.015	0.3~0.8	≤0.5	41.5~42.5	5.3~5.7	2.3~2.7	0.5~0.8	—	—	—	余	
3J58	≤0.05	≤0.02	≤0.02	≤0.8	≤0.8	43~43.6	5.2~5.6	2.3~2.7	0.5~0.8	—	—	—	余	
3J60	≤0.03	≤0.005	≤0.01	0.05~0.15	≤0.1	44.1~44.5	—	—	—	—	—	—	余	
3J63	≤0.05	≤0.02	≤0.02	≤0.86	≤0.08	41.2~42.5	4.6~5.2	2.3~2.7	0.5~0.8	—	—	—	余	

12 高弹性合金

12.1 高弹性合金的特性

高弹性合金具有高弹性模量（180~230GPa）、高强度（1200~2500MPa）、耐高温（高达700℃温度下使用）、高硬度（HRC高达64）、耐蚀和抗磁（在室温的磁化率$\chi<10^{-4}$CGS μ_0）等特性。

目前国内外应用较多的高弹性合金主要有铁基、镍基和钴基三类。根据用途的不同，采用不同性能的合金。为了得到所需的性能，不仅需要化学成分的选择，更主要的是使合金得到合理的组织结构及其进行的加工工艺，否则不能充分发挥材料的应有性能。实践证明，对合金采用不同的强化方法会得到不同的组织结构。

对高弹性合金的强化方法有：固溶强化、沉淀强化、晶界强化、弥散强化和冷变形强化。

所谓固溶强化就是在铁镍基、镍铬基或钴基合金的固溶范围内，加入一定的W、Mo、Nb、Co、Cr等元素使其合金形成复杂的固溶体。由于固溶体内不同元素、原子的交互作用，经常使基体晶格产生畸变，而导致内应力的形成，从而使位错运动受到牵制而产生固溶强化。此类合金一般具有良好的抗氧化、抗腐蚀、导热系数较高、塑性指标与工艺性能较好等优点，但弹性模量较低，必须进行沉淀强化。

沉淀强化也称时效强化，即在铁基或镍基合金中加入一定数量的铝、钛、铌、碳等元素，在热处理过程中，从合金内部沉淀析出金属间化合物和各种不同类型的碳化物，从而产生显著的强化效果。为了充分发挥金属间化合物的强化作用，经常在沉淀硬化的同时对合金基体进行适当的固溶强化，这样不仅可以进一步提高合金的软化温度，并且可以使金属间化合物相本身的强度和热稳定性显著提高。因为一部分固溶强化元素（钨、钼、铌等）将固溶进金属间化合物，从而使其进一步合金化。

强化合金的另一条途径是晶界强化。众所周知，晶粒边界富集较多的空穴和低熔点的杂质，使晶界强度降低，为改善晶界的这种状态，在铁、镍基合金中加入微量的硼、锆、钙、镁、稀土等元素的办法强化晶界，并使碳化物呈颗粒状在晶界优先析出的办法以改善晶界。碳化物在晶界的析出，使碳化物周围形成晶界贫化区从而改善晶界的塑性。此外，由于加入微量稀土元素，使富集在晶界的低熔点有害杂质转变为高熔点化合物而消除其有害影响，从而也使晶界状态进一步得到改善。

另外还有弥散强化型合金。这是用粉末冶金方法，将高度稳定的氧化物作为强化相，弥散分布在合金基体中，起到弥散强化的作用，从而获得具有良好的高温高强度的新材料。

由于氧化物弥散相热稳定性高，且不溶于基体，故达到较高的强度、硬度和高的弹性模量，不过目前我国还没有弥散强化型弹性合金的生产。只是固溶强化、沉淀强化加冷加工强化或者是固溶强化加冷变形强化的方法生产的高弹性合金。经高温固溶处理水淬后，用压力加工制成合金材料，可以用冷冲或深拉的方法制成各种弹性元件，最后通过时效处理便可以得到所需要的性能。

12.2 高弹性合金的分类

根据用途的不同，高弹性合金可分为以下几类：高温高弹、高比例极限高弹、高导磁高弹、高硬度耐磨高弹、低膨胀高弹、超低温高弹等。

12.2.1 高温高弹性合金

该类合金又可分为铁基、镍基、钴基、铬基等合金。

12.2.1.1 铁基高弹性合金

对弹性性能要求不高的弹性元件，一般采用 70C2XA（Эп174）、Y7－10、$Cr_{17}N_7Al$、18－8 不锈钢 4X13、50XΦ、铍青铜等，由于它们有使用温度低、弹性滞后大、弹性低等缺点限制了应用。为满足工业发展的需要，我国从 1964 年以来相继生产出弹性性能优于上述牌号的高弹性合金，如 3J1、3J2、3J3 等。各合金的成分及使用温度列于表 12－1。

表 12－1 3J1 等各合金的成分及使用温度

牌 号	合金成分（质量分数）/%	使用温度/℃
3J1	$FeNi_{36}Cr_{11.5\sim13}Ti_{2.7\sim3.2}Al_{1.0\sim1.8}$	<250
3J2	$FeNi_{36}CrTiAlMo_5$	<350
3J3	$FeNi_{36}CrTiAlMo_8$	<400
Fe－Ni－Cr 型	$FeC_{0.02}Cr_{18\sim20}Ni_{40}M_{4\sim5}Nb_{0.4\sim0.7}N_{0.02}$	600
	$FeC_{0.03}Cr_{17}Ni_{40}MoTiBP$	400
	$FeNiCr_{10}Mo_4W_6Ti$	600
A286	$FeNi_{26}Cr_{15}MTiAl$	600

3J1（Эп702$_2$ 或 $Ni_{36}CrTiAl$）是在 Fe-Ni 二元合金（见图 12-1）的基础上通过添加适量的 Ti 和 Al，再经适当的热处理得到的沉淀强化型的奥氏体不锈钢。经 1000℃ 固溶处理可得到高塑性，$\delta=34\%\sim36\%$，$\sigma_b\leqslant700$MPa，加工性能良好。可轧成薄带，拉成细丝和管材，也可用冲压等方法制成不同形状的元件。如波纹膜盒、波纹管或绕成弹簧。随后在 650~750℃ 时效 4h 可以获得较好的弹性和强度：$E=180$GPa，$\sigma_b\geqslant1250$MPa，HRC = 30。这个合金固溶处理后可得到面心立方晶格的 γ 单向固溶体（参看图 12-1），在高于 550℃ 时效时从单向固溶体中析出 Ni_3Ti、Ni_3Al、$(NiFe)_3Ti$、$(NiFe)_3TiAl$ 等金属间化合物，而使合金强化。试验的合金是用 50kg 的真空感应炉冶炼，其化学成分列于表 12-2。

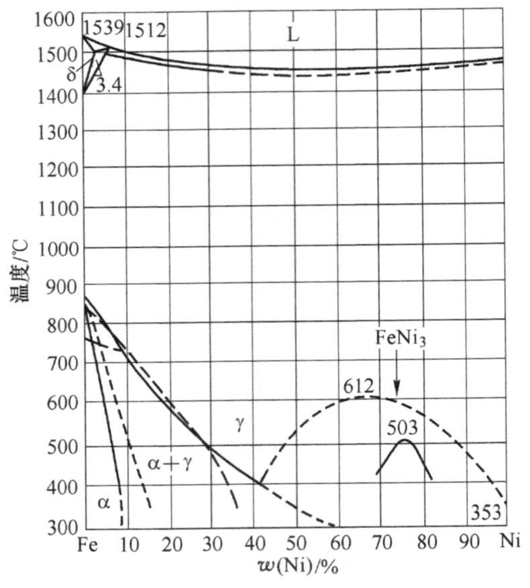

图 12-1 Fe-Ni 二元系合金相图

表 12-2 试验合金的化学成分

牌号和炉号		化学成分（质量分数）/%									
		C	Mn	Si	P	S	Ni	Cr	Ti	Al	Fe
3J1	标准	≤0.05	≤1.0	≤0.6	≤0.022	≤0.02	34.5/36.5	11.5/13	2.7/3.2	1.0/1.8	余
	1	0.02	0.71	0.39	0.008	0.005	36.73	11.96	2.81	1.09	余
	2	0.028	0.78	0.36	0.007	0.006	36.40	12.20	3.01	1.18	余
	3	0.026	0.83	0.37	0.007	0.006	36.33	12.39	2.98	1.35	余
	4	0.02	0.83	0.37	0.006	0.011	35.98	12.17	3.19	1.7	余
	5	0.038	0.82	0.38	0.006	0.01	36.07	12.1	3.17	1.79	余

合金中加入铬是为提高合金的抗蚀性，并且使合金从铁磁状态过渡到非铁磁

状态。当合金中的铬增加到12%时已把居里点降低到零下，使合金成为抗磁性的。铬元素溶解在γ体中，增加晶格中原子结合力，并可使第二相更多地析出。铬也是强化Fe-Ni合金基体的元素，铬含量高的合金给热塑性变形带来困难。因此在保证合金性能要求的前提下应尽量控制在下限。合金中添加铝和钛是为了生成γ'或η相，从而提高合金的强度和晶格键合力。表12-3列出Эп702(3J1)材料做成的弹性元件的试验结果（取自俄罗斯试验数据）。

表12-3 由Эп702做成的波纹膜盒的试验结果

时效温度/℃	时效时间/h	弯曲 W_p/mm	弹性极限/MPa	极大滞后 $\Gamma_{max}M_k$	总滞后 $\Sigma \Gamma M_k$	剩余变形 I_{mm}	弹性模量 cotα	硬度(HV)/MPa
650	0.5	1.338	23	13.3	25.3	≤19	0.88	3960
	1	1.260	25	11.0	20.7	≤15.4	0.94	4120
	2	1.232	28	10.0	21	≤13.5	0.97	4260
	4	1.208	30	10.8	19.8	≤11.8	0.98	4430
	6	1.210	29.3	10.7	22.8	≤13.8	0.97	4360
	8	1.223	27.3	14.4	24.5	≤16.0	0.96	4180
700	0.25	1.344	21	12.7	20.5	≤26.4	0.83	3730
	0.5	1.237	26.5	11.0	16.4	≤22.0	0.89	4120
	1	1.215	28.8	11.4	15.0	≤20.1	0.94	4400
	2	1.200	30	10.0	15.7	≤19.4	0.97	4440
	3	1.196	30.4	11.3	14.0	≤19.7	0.98	4440
	4	1.207	29.7	12.0	14.5	≤22.0	0.97	4380
	6	1.232	27	16.5	17.4	≤26.5	0.93	4160

关于3J1的物理性能（取自俄罗斯的Эп702数据）：

（1）磁性：合金在各种状态都是非磁性的，它的磁导率波动在1.03~1.07Gs/Oe。

（2）电阻率：$\rho \leqslant 1.0\Omega mm^2/m$。

（3）线膨胀系数：$\alpha \leqslant 12\times10^{-6}/℃$。

（4）弹性温度系数：$\beta \leqslant 300\times10^{-6}/℃$。

（5）抗腐蚀性能：在浓硝酸中、含硫石油中的2%溶液中都能抗腐蚀。

（6）弹性模量：样品是0.3mm的片，用弯曲法测得的数据列于表12-4。

表12-4 弯曲法测得的弹性模量

状态	E/MPa	状态	E/MPa
900℃固溶水淬	172000	冷加工+600℃时效	190000
25%冷加工（变形）	169000	冷加工+650℃时效	173000
50%冷变形	134000		

（7）工作温度：从负温到200℃。

3J1 的力学性能列于下列各图，所得数据是按有关冶标或国标常规方法检测的结果，3J1 合金成分的确定取上中下成分的算数平均值。

图 12-2 示出 ϕ20mm 3J1 锻棒经 980℃ 15min 水淬后，再经 710℃ 4h 时效获得最高 $\sigma_b = 1350$MPa，$\delta = 19\%$。

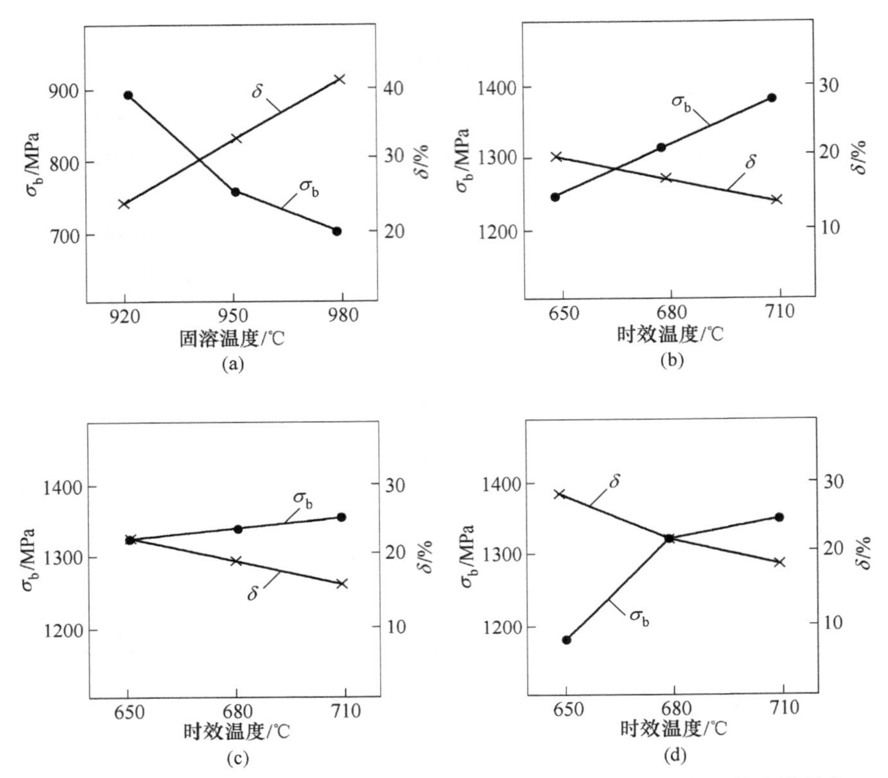

图 12-2 3J1 合金 ϕ20mm 锻棒经不同固溶温度和不同时效温度后的力学性能

（a）力学性能随固溶温度的变化；（b）经 920℃ 固溶处理后，力学性能随时效温度的变化；（c）经 980℃ 固溶后，力学性能随时效温度的变化；（d）经 980℃ 固溶后，力学性能随时效温度的变化

从图 12-3 得知 ϕ15mm 3J1 棒材冷变形 40%，获得最佳性能 $\sigma_b = 1520 \sim 1600$MPa，$\delta = 16\%$左右，此时的时效温度为 650℃，保温 1h。

如图 12-4 所示，3J1 ϕ3mm 冷加工 75%经 550～650℃ 2h 时效可得到最佳的力学性能：$\sigma_b = 1620 \sim 1650$MPa，$\delta = 10\% \sim 15\%$。

如图 12-5 所示，对 3J1 ϕ1.5mm 的丝材经 75%冷加工，600℃ 2h 或 4h 时效可得到最优异的力学性能：$\sigma_b = 1750$MPa，$\delta = 10\%$。

图 12-6 示出 3J1 ϕ0.5mm 棒材 $\varepsilon = 65\% \sim 75\%$，600～700℃ 2h 时效得到最好的力学性能：$\sigma_b \geqslant 1600$MPa，$\delta = 10\%$左右。

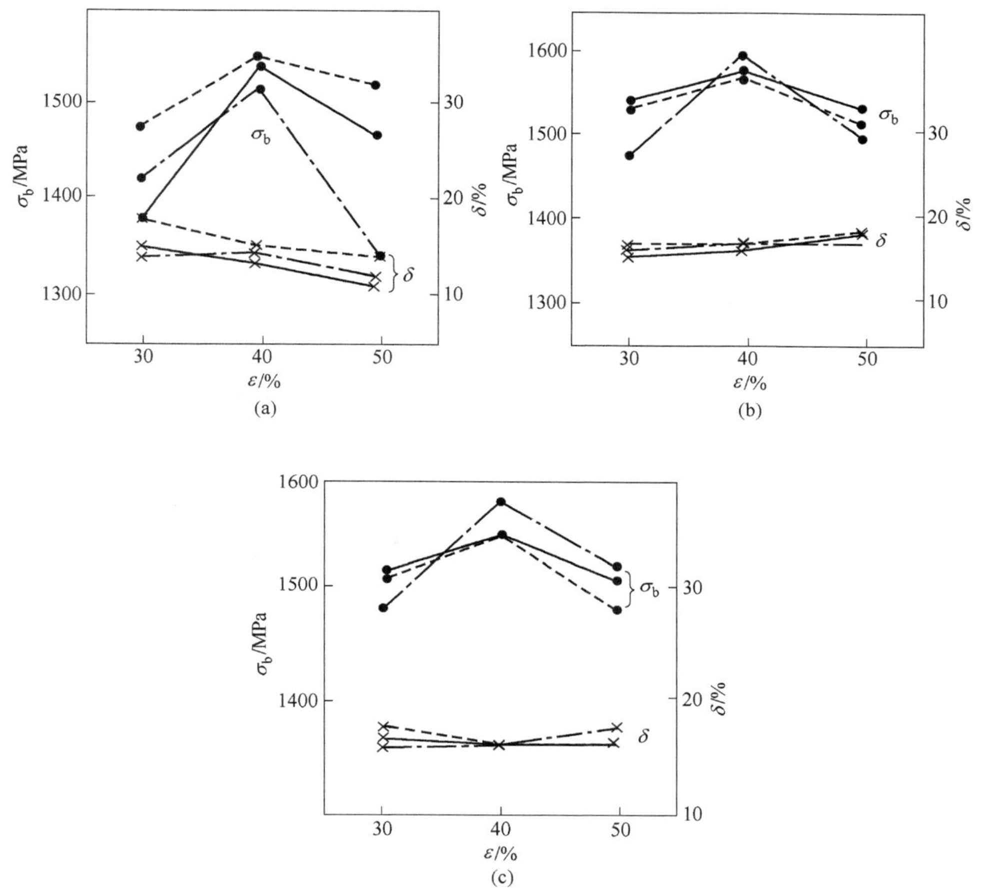

图 12-3 3J1 ϕ15mm 棒材经不同时效温度、不同时间、不同变形后的力学性能

(a) 600℃；(b) 650℃；(c) 700℃

—·— 时效 1h；—— 时效 2h；---- 时效 4h

图 12-7 的实验结果表明，ϕ1.5mm 和 ϕ0.5mm 的细丝随着冷变形量的增加力学性能略有增加，并且 650℃ 4h 时效得到最好的性能：σ_b = 1500MPa，HV = 5500MPa，δ=10%左右。

图 12-8 与图 12-2 均为固溶锻棒，虽然试棒的尺寸规格不同但得到相近的力学性能：经 980℃ 固溶后可得最低的 σ_b = 700MPa，最高的 δ=41%；再经 710℃ 时效处理后可获得适于使用的力学性能：σ_b = 1320～1370MPa，δ=13%～18%。

从图 12-9 不难看出，经 960～1000℃ 固溶，再用 700℃ 2h 或 4h 时效均能得到 σ_b = 1300MPa 左右，δ=20%；经 930℃ 固溶后，700℃ 2～4h 时效只是 δ=16% 左右，略低于前者，但 σ_b = 1300MPa，与前者相当，经 4h 时效比 2h 时效后带材的强度略高 20～60MPa。

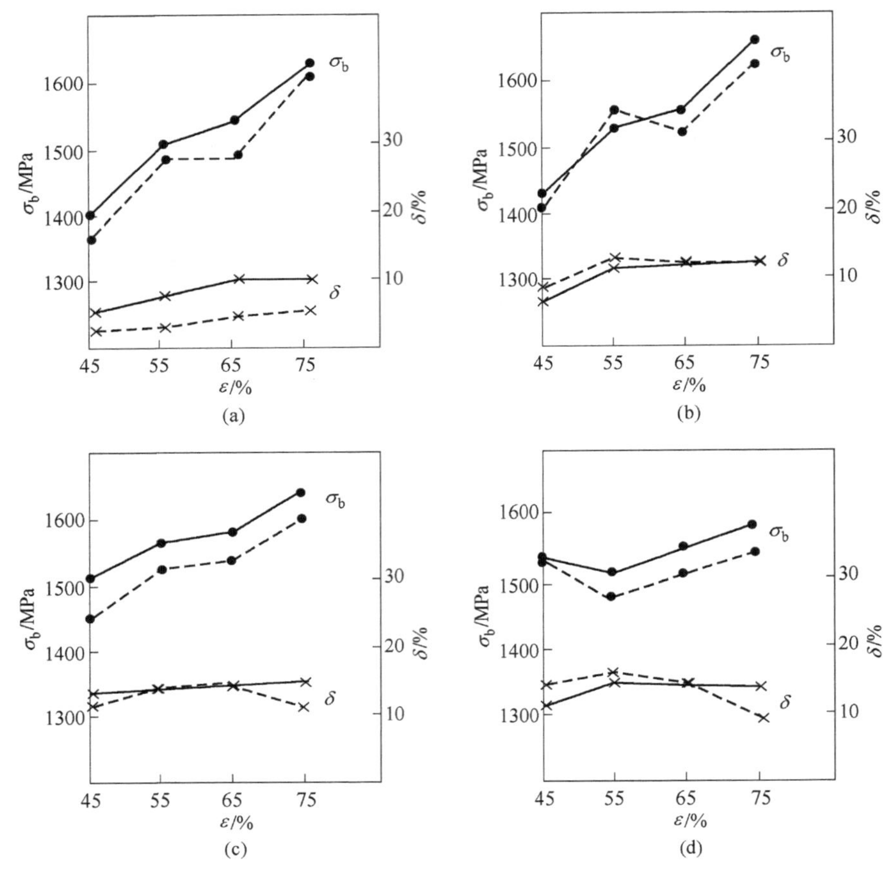

图 12-4 3J1 ϕ3mm 棒材经 2h 或 4h 不同温度时效后力学性能与冷变形的关系

(a) 550℃；(b) 600℃；(c) 650℃；(d) 700℃

—— 时效 2h；---- 时效 4h

图 12-10 示出 3J1 0.5mm 厚的带材经 930～1000℃固溶水淬，再经 700℃时效后获得最高的强度为 σ_b=1200～1280MPa，δ=20%，时效 4h 比 2h 的力学性能好一些，更利于使用者的需要。

从图 12-11 得知当时效温度在 650℃以下时，4h 比 2h 时效的效果好，σ_b=1370～1430MPa，δ=17%～18%。

图 12-12 示出 3J1 0.1mm 厚带材，经 960～1000℃固溶水淬加 700℃时效 2h 或 4h，获得最佳的力学性能是：σ_b=1280～1360MPa，δ=10%～16%。

图 12-13 示出 0.2mm 3J1 的冷轧带材，经 55%的冷变形加 650℃ 2h 时效后，得到较满意的力学性能：σ_b=1600MPa，δ=15%左右。

综上所述，经过适当的处理，3J1 棒、丝、带材的力学性能均可充分发挥出来，如表 12-5 所示。

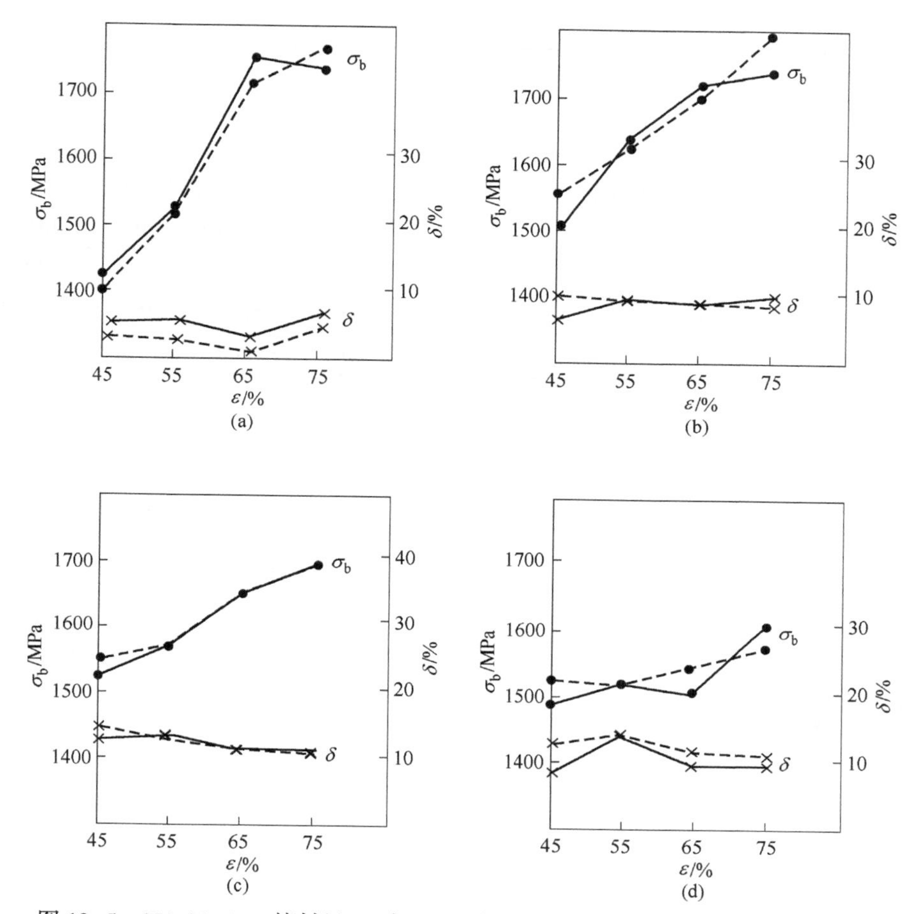

图 12-5 3J1 ϕ1.5mm 棒材经 2h 或 4h 不同温度时效后力学性能随冷变形的变化
（a）550℃；（b）600℃；（c）650℃；（d）700℃
—— 时效 2h；---- 时效 4h

表 12-5 3J1 获得最佳性能的条件

规格 /mm	变形量 ε/%	状态	固溶温度 /℃	时效		σ_b /MPa	δ /%	备 注
				时间/h	温度/℃			
ϕ20		热锻	980 水淬	4	710	1350	19	图 12-2(c)
ϕ20 ϕ5 试样		热锻	980 水淬			700	41	图 12-2(a)
ϕ15	40	冷拉		1	650	1520~1600	16	图 12-3
ϕ3	75	冷拉		2	550~650	1620~1650	10~15	图 12-4
ϕ1.5	75	冷拉		2	600	1750	10	图 12-5

续表 12-5

规格 /mm	变形量 ε/%	状态	固溶温度 /℃	时效		σ_b /MPa	δ /%	备注
				时间/h	温度/℃			
ϕ0.5	65~75	冷拉		2	600~700	21600	10	图 12-6
1.0	50	冷轧	930~1000 水淬	2~4	700	1300	16~20	图 12-9
0.5	50	冷轧	930~1000 水淬	2~4	700	1200~1280	20	图 12-10
0.2	50	冷轧	930~1000 水淬	4	650	1370~1430	17~18	图 12-11
0.2	55	冷轧		2	650	1610	15	图 12-13
0.1		冷轧		2	700	1280~1360	10~16	图 12-12

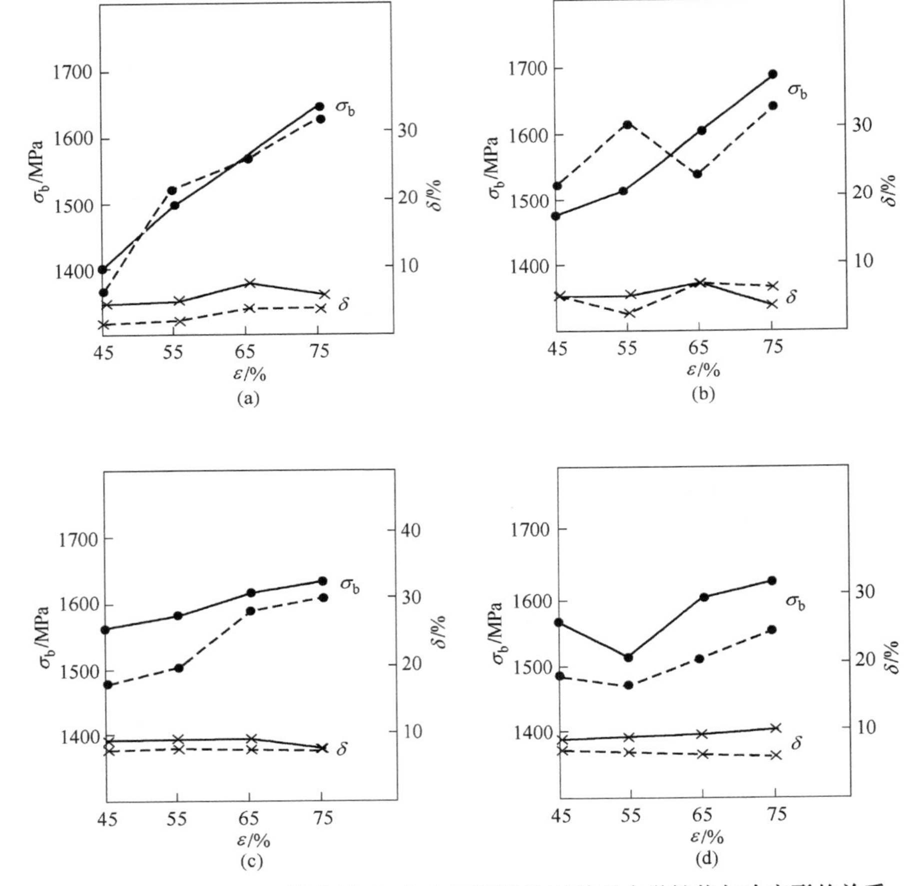

图 12-6 3J1 ϕ0.5mm 棒材经 2h 或 4h 不同温度时效后力学性能与冷变形的关系

(a) 550℃；(b) 600℃；(c) 650℃；(d) 700℃

—— 时效 2h；- - - - 时效 4h

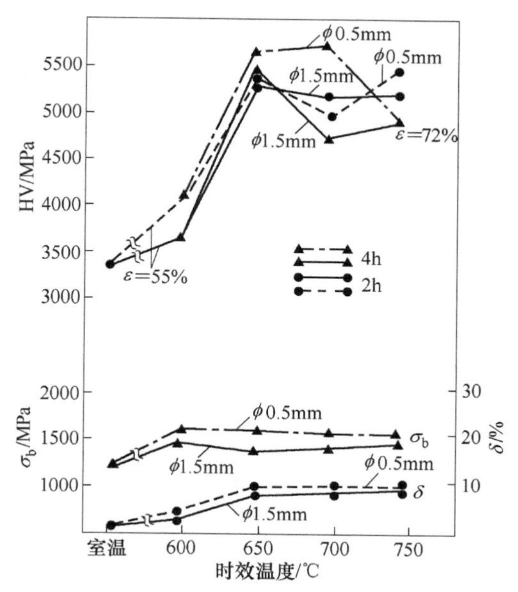

图 12-7 3J1 ϕ1.5mm 或 ϕ0.5mm 细丝经 72%和 55%冷变形后力学性能随时效温度的变化

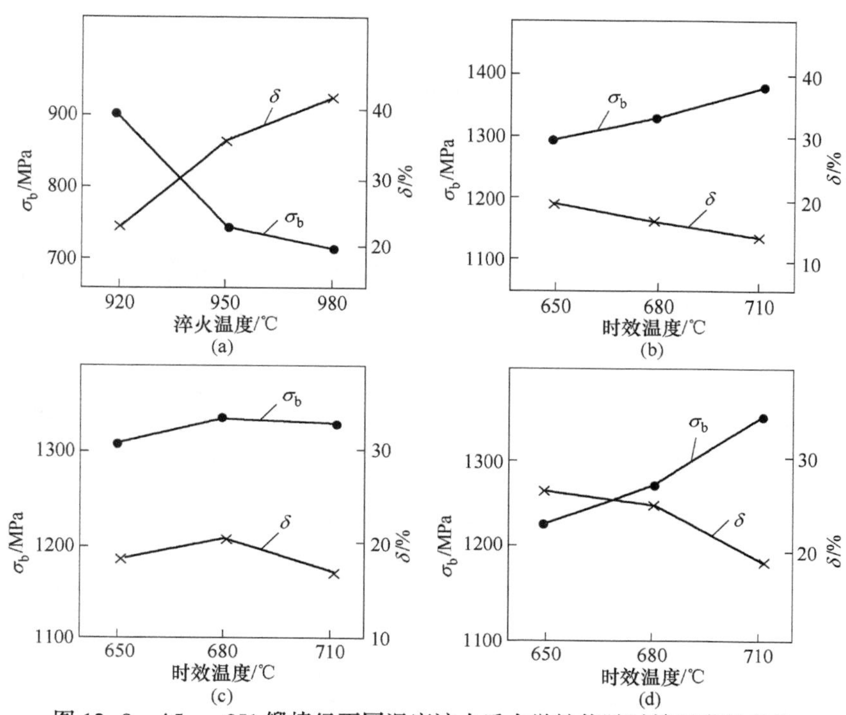

图 12-8 ϕ5mm 3J1 锻棒经不同温度淬火后力学性能随时效温度的变化

(a) 不同温度淬火后的力学性能；(b) 经 920℃固溶后力学性能随时效温度的变化；
(c) 经 950℃固溶后力学性能随时效温度的变化；(d) 经 980℃固溶后力学性能随时效温度的变化

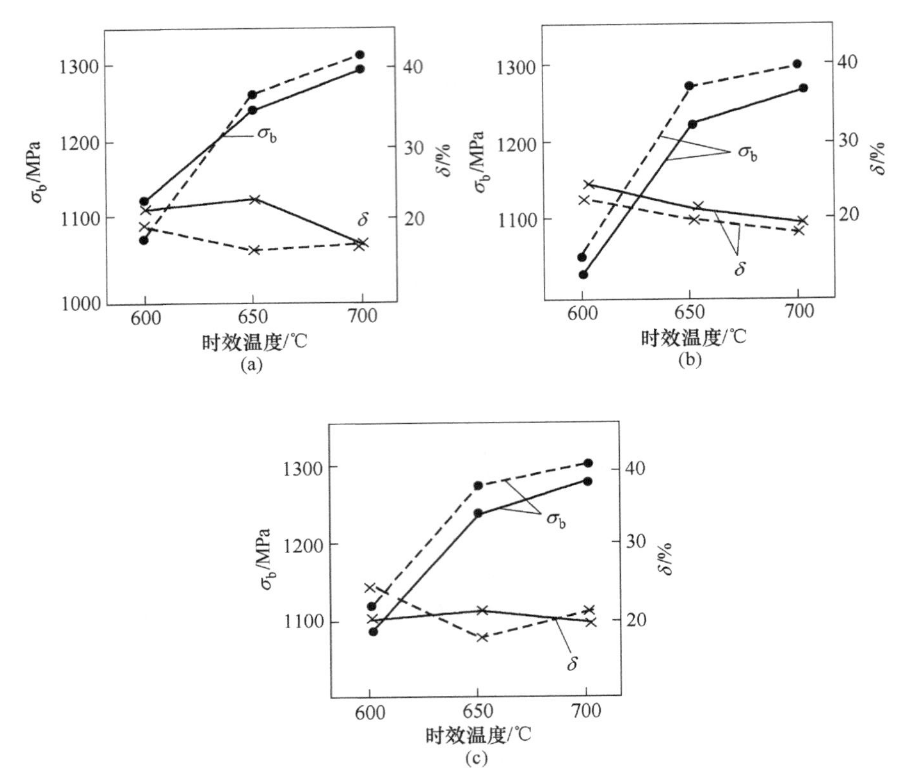

图 12-9 3J1 1.0mm 厚的带材时效温度与力学性能的关系

（a）930℃固溶；（b）960℃固溶；（c）1000℃固溶

—— 时效 2h；---- 时效 4h

实验结果表明：对于冷加工后的丝材和带材的强度将随着材料尺寸的减小而增加，延伸 δ 则明显地降低。3J1 软态带材的杯突值列于表 12-6。

表 12-6 3J1 软态带材的杯突值

炉号	实验条件			冲头直径 20mm
	规格/mm	温度/℃	速度/m · min^{-1}	压入深度值/mm
2	0.1	930	1.2	9.9
2	0.1	960	1.2	10
2	0.1	1000	1.2	10.07
2	0.2	930	1.2	10.03
2	0.2	960	1.2	10.06
2	0.2	1000	1.2	10.04
2	0.5	930	0.6	5.3

续表 12-6

炉号	实验条件			冲头直径 20mm
	规格/mm	温度/℃	速度/m · min^{-1}	压入深度值/mm
2	0.5	960	0.6	9.3
2	0.5	1000	0.6	8.8
2	1.0	930	0.6	10.02
2	1.0	960	0.6	11.3
2	1.0	1000	0.6	10.02
3	0.1	930	1.2	9.8
3	0.1	960	1.2	10
3	0.1	1000	1.2	10.02
3	0.2	930	1.2	9.9
3	0.2	960	1.2	10.03
3	0.2	1000	1.2	11
3	0.5	930	0.6	10.04
3	0.5	960	0.6	10.7
3	0.5	1000	0.6	10.6
3	1.0	930	0.6	9.4
3	1.0	960	0.6	11.5
3	1.0	1000	0.6	10.02
5	0.1	930	1.2	9.1
5	0.1	960	1.2	9.8
5	0.1	1000	1.2	9.9
5	0.2	930	1.2	9.4
5	0.2	960	1.2	10.01
5	0.2	1000	1.2	10.05
5	0.5	930	0.6	9.7
5	0.5	960	0.6	10
5	0.5	1000	0.6	9.6
5	1.0	930	0.6	9.5
5	1.0	960	0.6	8.2
5	1.0	1000	0.6	8.2

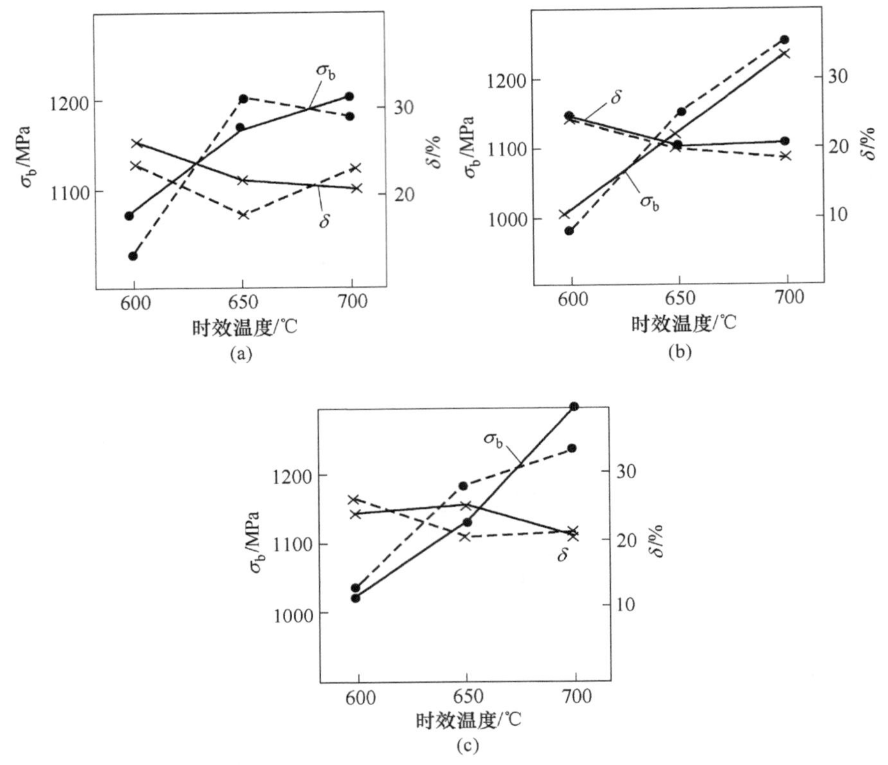

图 12-10 3J1 0.5mm 厚的带材力学性能随时效温度的变化

（a）930℃固溶；（b）960℃固溶；（c）1000℃固溶

—— 时效 2h；---- 时效 4h

3J1 合金作为弹性元件仍有很多缺点，尤其是工作温度较低，为了改善它的性能，特别是为了提高它的耐热稳定性，又加入 Mo、W、Be、B 等元素组成新的合金。结果表明，加入 5%～8%Mo 的合金得到 3J2（$Ni_{36}CrTiAlM_5$ 或 Эп51）和 3J3（$Ni_{36}CrTiAlM_8$ 或 Эп52）两个新牌号，并具有较好的性能，它们的工作温度高达 500℃仍能保持良好的弹性和力学性能。从图 12-14 可以看出 Mo 元素的加入大大提高了合金的比强度 σ_s/σ_b（比值越大，弹性越高）。

从图 12-15 上可以看出，3J2、3J3 合金的强度在 500℃下降很少，而没有加 Mo 的和加入 2%Mo 的 3J1 合金的强度下降较多。

另外在 3J1 合金中加入 0.005%的硼元素（图 12-16）也可以提高合金的弹性，降低非弹性行为，同时还会提高合金的热稳定性，硼元素的加入并不改变 3J1 合金的理想热处理制度，也不影响沉淀相的本质。它在合金中沿着晶粒边界或围绕着沉淀相及其他结构不均匀地区形成所谓吸附带，而阻止了这些地区位错的运动，因而降低了合金的松弛、内耗、弹性后效等非弹性行为。

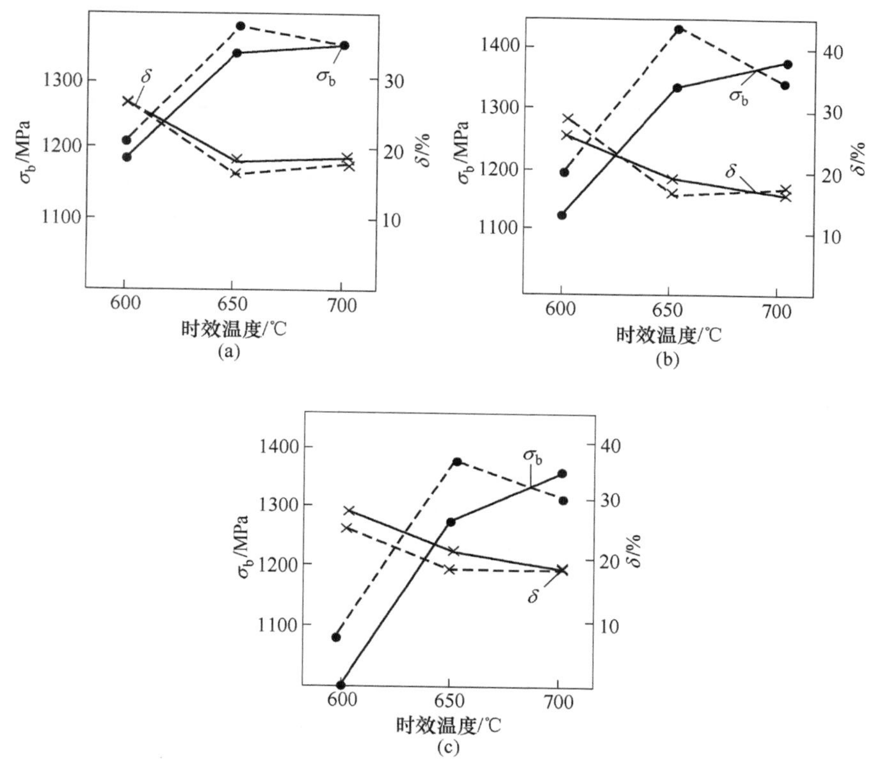

图 12-11　3J1 0.2mm 厚的带材软化后力学性能与时效温度的关系

（a）930℃固溶；（b）960℃固溶；（c）1000℃固溶

—— 时效 2h；---- 时效 4h

实践表明 3J1 合金不仅通过合金化能提高合金的使用温度和弹性性能，而且选用适当的冶炼方法也会改善 3J1 合金的弹性性能。比如用真空感应加真空自耗炉或电渣重熔的 3J1 合金中，氧和氮的含量比单用真空感应炉冶炼的气体含量显著的降低，从而 3J1 中的主要夹杂物氮化钛也相应的减少，重熔的另一个好处是使合金中夹杂物的分布状态得到改善。在真空感应炉冶炼的合金中夹杂物是以条状分布，而在重熔的合金中夹杂物呈均匀的零星的质点形式分布，尤其在电渣重熔的合金中，夹杂物的分布最为有利。总之通过重熔，3J1 的热塑性会大大地提高。由于夹杂物的减少，特别是气体夹杂物的减少还会提高合金的抗腐蚀性能。

12.2.1.2　镍基高温高弹性合金

随着空间技术、原子能工业和化学工业的发展，需要在高温及腐蚀性介质中使用某些精密仪表。对材料的性能要求与日俱增，一些铁基和铜基高弹性合金已经不能适应发展的需要，于是镍基、铬基合金便相继问世。

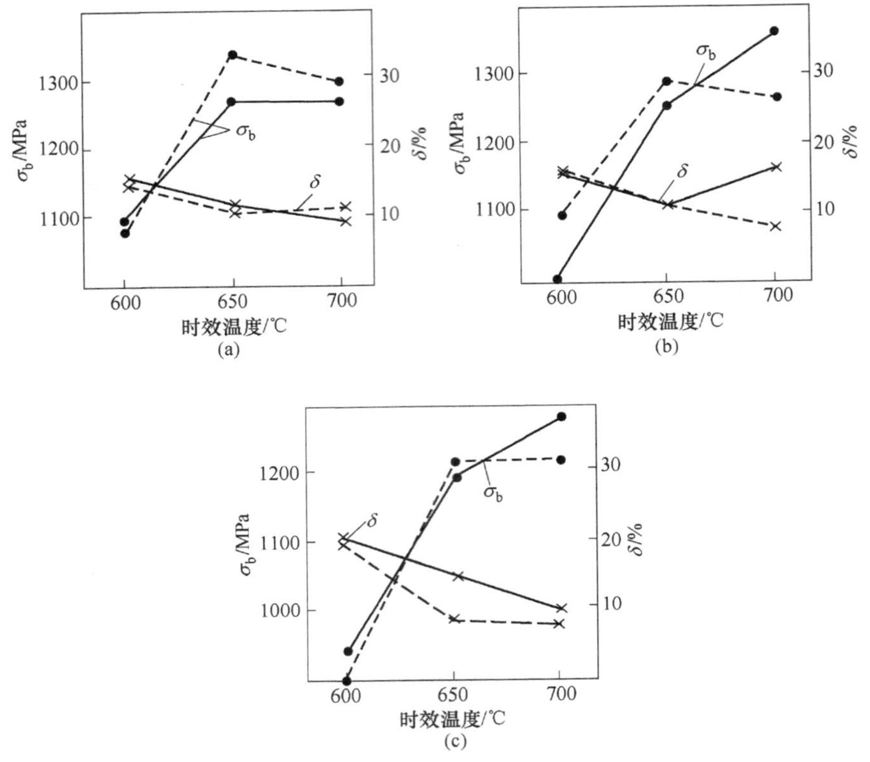

图 12-12 3J1 0.1mm 厚的带材力学性能随时效温度的变化

（a）930℃固溶；（b）960℃固溶；（c）1000℃固溶

—— 时效 2h；---- 时效 4h

镍基合金在英美各国应用较广，大部分为沉淀强化型的耐热合金。下面简单介绍一下这类合金中一些主要的牌号：

Monel 合金，它的牌号为 $Ni_{63\sim70}Fe_{2.5}Al_{2\sim4}-Si_{0.5}Mn_{2}C_{<0.15}Cu_{余}$。它是镍基合金中最便宜的一种，由于该合金有较高的强度及耐酸、耐碱以及高的抗磁性等特点，而被用来作为弹性元件，它经冷变形后，再在 550～580℃时效 6h，$\sigma_b=9000\sim11200$MPa，$E=182$GPa，由它做成的弹性元件，工作温度可达 175～200℃。

K Monel 合金，它的工作温度可达 250℃以上，它同 Monel 一样，也是无磁的，其他性能也较前者优越，一般大尺寸的弹性元件可采用它。$Ni_{75}Cr_{13\sim6}Fe_{9}$（Inconel）具有较高的抗蚀性、较高的强度和高温抗氧化等性能，因而被人们注意，由它做成的弹性元件可用于-50～350℃以上，它可通过冷拉和冷轧而获得高的强度和硬度，热处理不能使它硬化。

Inconel X 合金，其成分同 Inconel 相似，但含有少量的铬、铌、铝等元素，以便热处理时产生沉淀硬化相。其特点是高温下强度高，耐化学腐蚀及抗氧化，

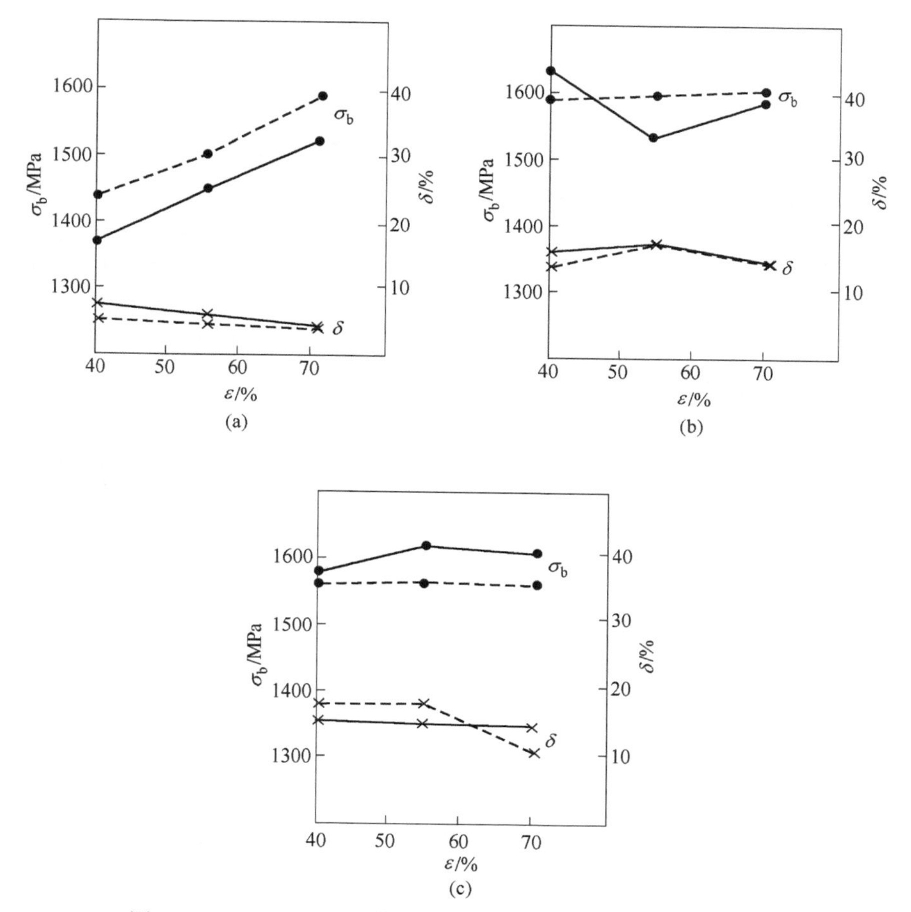

图 12-13 3J1 0.2mm 厚的冷轧带材力学性能与冷变形的关系

（a）550℃时效；（b）600℃时效；（c）650℃时效

—— 时效 2h；---- 时效 4h

在腐蚀及氧化条件下，可长时间用于 500℃，短时间可达 600℃。它的良好性能是通过冷加工及热处理得到的：$\sigma_b = 12 \sim 14$GPa、$E = 218$GPa、HRC = 38 ~ 42。该合金的使用状态是 950 ~ 1030℃ 焠火后，在 700℃ 8 ~ 10h 时效。前苏联也仿制成此合金，其牌号为 $H_{80}X_{12}$TIOB。

Duranickel 和 Paqmanickel 镍基高弹性合金，比 K Monel 具有更高的强度（σ_b = 1050 ~ 1350MPa），高的弹性模量（$E = 210$GPa），由它做成弹性元件工作温度为 250 ~ 270℃。它们在 950 ~ 1050℃ 淬火和在 550℃ 时效 4 ~ 8h，可得到最佳性能。Paqmanickel比 Duranickel 具有更好的导热和导电性能，因此适用于作导电、导热的弹性元件。

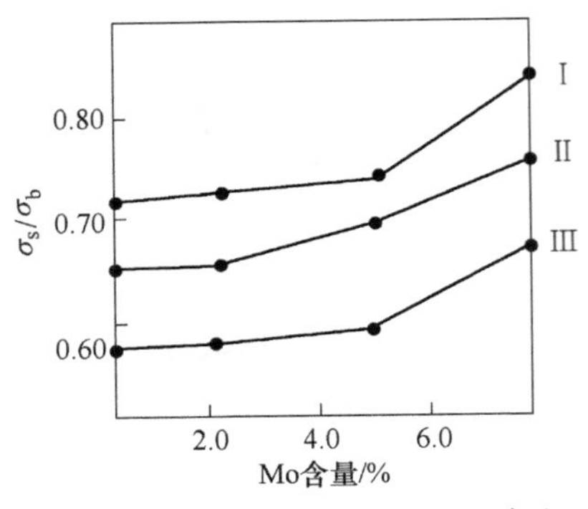

图 12-14 不同 Mo 含量对 3J1 合金 σ_s/σ_b 的影响曲线

Ⅰ—900℃固溶加时效；Ⅱ—950℃固溶加时效；Ⅲ—1100℃固溶加时效

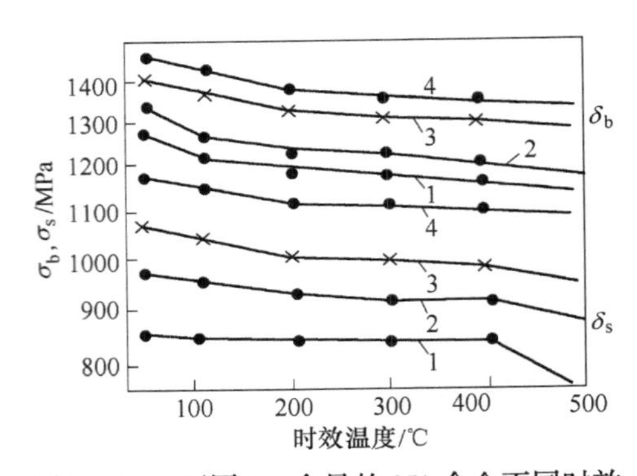

图 12-15 不同 Mo 含量的 3J1 合金不同时效温度下的力学性能（956℃水淬+750℃ 4h 时效）

1—3J1；2—3J1+Mo 2%；3—3J1+Mo 5%（即 3J2）；4—3J1+Mo 8%（即 3J3）

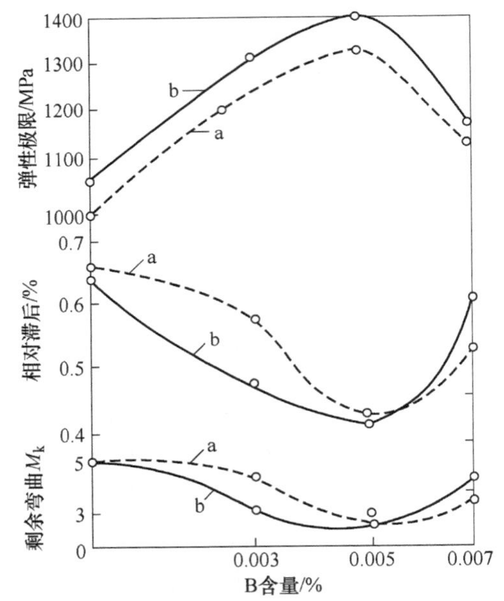

图 12-16 不同硼含量对 Эп702 合金弹性的影响

（实验条件：合金做成模盒在 650℃保温 4h（a）和在 700℃保温 2h（b））

$NiCr_{18\sim20}W_{9\sim10.5}Co_{5.5\sim6.5}Ti_{2.75\sim3.25}Al_{1.3\sim1.8}B$、$C_{<0.5}$（Эп578）的强度、弹性和塑性在-196～600℃温度范围内优于 Эп702、Эп557，它在海水或某些腐蚀介质中具有很高的稳定性。

$NiCr_{10\sim15}Nb_{8\sim13}Mo_{4\sim6}Al_2$ 的 Ni-Cr-Nb 系合金和在此合金的基础上添加适量 W 的同时提高 Cr 所得到的合金 $NiCr_{10}Co_{13}Mo_4W_6Ti$ 和 $NiCr_{13}Co_{13}Mo_{5.5}W_6Ti$ 可用于 600℃，其性能：$E = 182 \sim 185$GPa，$\sigma_b = 1360 \sim 1530$MPa，$\delta = 2\% \sim 5\%$，$\beta_E =$

$(22 \sim 28) \times 10^{-5}/℃$，已用于彩色电视显像管的支撑弹簧片及汽车转子发动机的刮片弹簧。各合金的性能列于表 12-7。

12.2.1.3 钴基高温高弹性合金

该类合金是在钴铬或钴镍二元合金（见图 12-17）的基础上，通过添加钼、钨、钛、铝、铁等元素组成的合金，其各合金的成分和性能列于表 12-8。钴、铬、镍、铁系合金属于变形强化合金，是第二次世界大战后发展起来的。

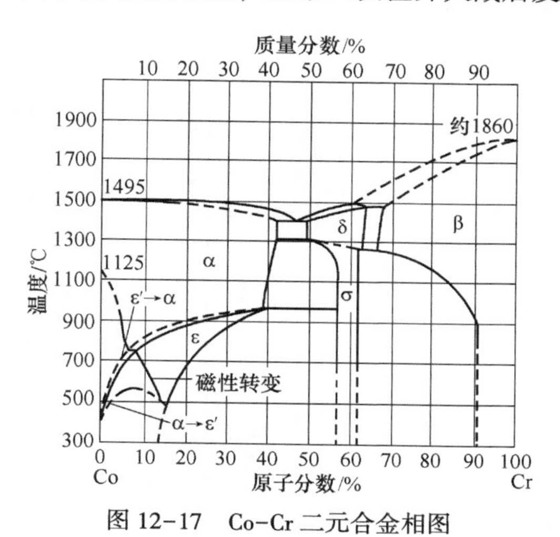

图 12-17 Co-Cr 二元合金相图

近年来 3J21(Elgiloy 和 K_{40}HXM)、3J22(K_{40}HXMB) 等已批量生产，且在精密仪表轴尖、发条和弹簧等方面得到广泛的应用。

此类合金是精密合金中合金化元素最多的一个，它的强度很高，加工硬化很快，冷加工困难。它的热塑性很好，热加工温度范围在 1050~1180℃，低于此温度在晶界和基体上析出碳化物强化相（Cr、Fe、Mo)$_{23}$C$_6$，这一碳化物相析出的程度，随着加热温度的降低和变形程度的加剧而增加。当淬火温度高于 1050℃ 时，便得到过饱和的单一的 α 面心立方细晶粒组织，因此在常温下所显示的力学性能是较好的，具有高的塑性和较低的强度。伸长率 $\delta = 53\% \sim 58\%$，断面收缩率高达 80%~90%，抗张强度 930~950MPa。再低的温度淬火后，这一碳化物相大部分沿晶界析出，并且有一部分弥散在基体中。随着淬火温度的降低，碳化物相析出量和弥散程度增加。所以为了得到高的弹性和强度，在生产中一般将合金加热到 1150~1180℃，然后迅速水淬，再经过适当的冷变形，最后进行不同温度和时间的回火。但回火温度要选择适当，严防 ε 相六方菱面晶格的析出，否则变脆。图 12-18~图 12-24 示出 3J21 合金各种不同规格的丝材、带材经不同冷变形、不同时间、不同温度回火后的力学性能。

表 12-7 镍基高温弹性合金的性能

合金 \ 性能	密度 /g·cm^{-3}	电阻率 /μΩ·cm	居里点 /℃	线膨胀系数/℃$^{-1}$	弹性模量 /GPa	弹性温度系数 E_T-E_{20}/E_{20}	扭曲模数 /MPa	扭曲温度系数	抗拉强度 /MPa	$\sigma_{0.2}$ /MPa	硬度(HV) /MPa	工作温度/℃
Monel	8.8	48.2	43/53	14.2×10^{-6} (20~100℃)	182	−3.6×10^{-2} (20~250℃)	66000	−6.8×10^{-4} (20~250℃)	490/1190	145/115	HRC190	200
K Monel	8.47	62	−82/ −134	14.0×10^{-6} (20~100℃)	182	−5.2×10^{-2} (20~300℃)	66000	−9×10^{-4}	910/1470	630/1130	HRC360	270
Duranickel	8.26	43.2	93	13.5×10^{-6} (20~100℃)	210	−6×10^{-2} (20~300℃)	77000	−7.8×10^{-4} (20~300℃)	1120/1400	—	HRC400	315
Conlracid	8.3	110	—	8.1×10^{-6} (20~200℃)	170	—	约 7000	—	1500/1800	$\sigma_{0.1}$ 1400/1500	3500/4500	<350
镍铍	8.1	20	—	13.9×10^{-6} (20~200℃)	200	—	75000	—	1600/1850	1400/1500	4700/5000	370
Inconel	8.43	98	−40	13.4×10^{-6} (20~100℃)	217	−9×10^{-2} (20~400℃)	77000	−14×10^{-2} (20~400℃)	150/1290	175/1120	HRC310	370
Inconel X	8.25	124.6	−173	14.2×10^{-6} (20~600℃)	217	22×10^{-2} (20~600℃)	84000	−27×10^{-2} (20~600℃)	−1540	—	HRC360	<570
NimoNic−90	8.27	115	—	13.9×10^{-6} (20~200℃)	197	−17×10^{-2} (20~600℃)	88000	−14.5×10^{-2} (20~600℃)	1260	$\sigma_{0.1}$ 790	—	<600
	状态						弹性极限	屈服强度		δ/%		
Эп578	1160℃水淬+30%ε+ 800℃ 1h 700℃ 2h				215		11500	1400	1550	4		500
HBKXT	1100℃水淬+50%~90%ε+ 600~650℃ 4h				240		13000~18000		1700/2200	8	5000/6000	400
HXБσЮ	1100℃水淬+800℃ 5h 时效						9500	1150	1400	5	HRC440	
70HXБMBЮ	1150℃水淬+750℃ 5h 时效						11000~12000	1240~1460	1500/1700	10/12	450/460	550
60HXБMBЮ	1150℃水淬+750℃ 5h 时效						11000~12000	1150~1340	1350/1470	7/12	HRC450	550
NiCoWMoCr (日)	ε90%+时效				220~240				2850	$\sigma_{0.2}$ 1920/1980	7270/7450	

表 12-8 Co-Cr-Ni-Fe 系高弹性合金的主要成分和性能

合金	合金成分/%										密度 /g · cm^{-3}	σ /℃$^{-1}$	E /MPa	β_E /℃$^{-1}$	σ_b /MPa	σ/E	HV	比电阻 /Ω · mm^2 · m^{-1}	弹性极限 /MPa	弹性后效
	C	Mn	Si	Ni	Cr	Co	Mo	W	Fe	其他										
3J21	0.01/0.12	2.0	0.5	15	20	40	7	—	余	—	—	—	210000	—	2300/2700	—	730	—	1415.0/1600	—
3J22	0.06/0.03	1.0/2.5	≤0.3	14/17	19/21	30/41	2.8/4.5	4/5	余	—	8.5	13.6×10^{-6}	226000	—	≥3200	—	780	0.95	—	—
K_{40}TIO	≤0.05	1.0/2.5	≤0.3	18/20	11.5/13.0	30/41	3.4	6/7	余	Al 0.2/0.5 Ti 1.5/2.0	—	—	220000	—	2000/2200	—	550/600	—	—	
Elgiloy（美）	0.15	2.0	—	15	20	40	7	—	余	Be 0.04	8.3	12.7×10^{-6}	215000	−39.6×10^{-5}	2500	1.35	700	0.9	1700	
Phyonx（法）	0.15	2.0	—	17	20	38	7	—	余	—	8.3	12.7×10^{-6}	210000	−40×10^{-5}	2450	1.85	650	0.95	1700	
Nivaflex	0.03	1.0	0.5	15	18/20	40/45	4	4	余	Be 0.3	8.2	—	225000	—	2300	1.40	710	1.0	1770	
Citizen	0.1	1.5	—	16	21	41	6.5	—	余	—	—	—	207500	—	2400	—	720	—	—	
Dynavar	0.2	1.6	0.5	13	20	42.5	2	28	余	Be 0.04	—	—	207000	—	2320/2530	—	615/700	—	1700	
NAS604PA（日）	0.1/0.15	0.9/1.5	≤0.5	15.5/17.5	20.5/22.5	≥40	5.8/6.8	—	余	—	8.3	12.7×10^{-6}	207500	−39.6×10^{-5}	2100/2600	—	660/700	—	1590	
Diaflex	—	1.0	—	20	15	40	4	4	余	—	8.4	12.6×10^{-6}	230000	—	<2500	1.41	655/700	—	1800	
40KHXMu	0.02/0.12	1.8/2.2	≤0.5	15/17	18/20	39/41	3/4	—	余	Re 7~10					≥3000					0.002

从图 12-18 得知，3J21 ϕ2.5mm 的丝材经不同温度回火后的强度 σ_b，一般随冷变形程度（面缩率）的增加而增加。只有经 450℃ 4h 回火的丝材强度随冷变形程度的增加而略有降低。伸长率则随冷变形程度的增加而降低。获得最佳性能的条件：500℃ 4h 回火。其 σ_b = 2280MPa。

3J21 ϕ0.8mm 丝材的力学性能随不同冷变形和不同回火温度的变化示于图 12-19 和图 12-20。

由图 12-19 可知，3J21 ϕ0.8mm 丝材经不同温度、不同时间回火后的强度，一般随着冷变形程度的增加而增加，但 450℃ 回火 4h 后的强度却是降低，尤其冷变形大于 50%时强度会显著降低，如图 12-19(c) 所示。当冷变形达 80%时除 350℃ 回火外，其余的强度普遍下降。实验结果得知，当冷变形为 65%，经 550℃

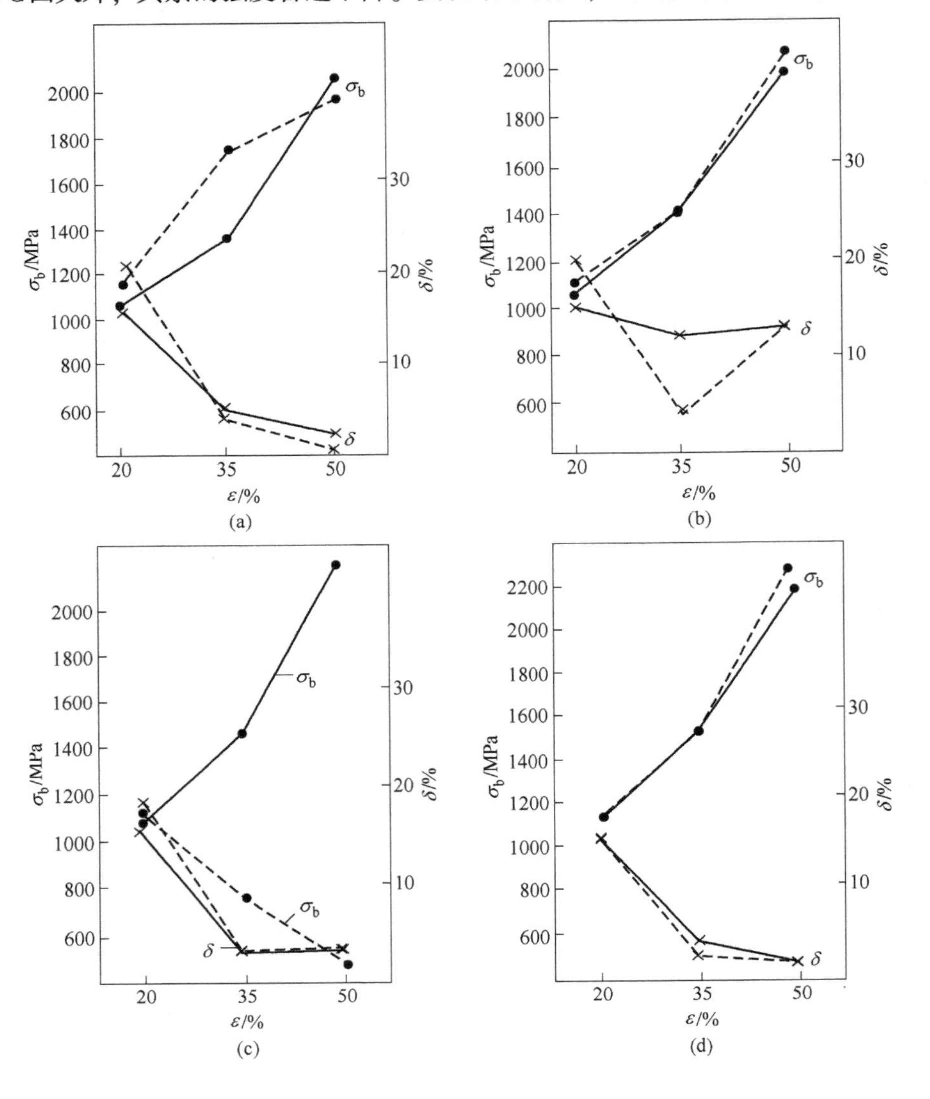

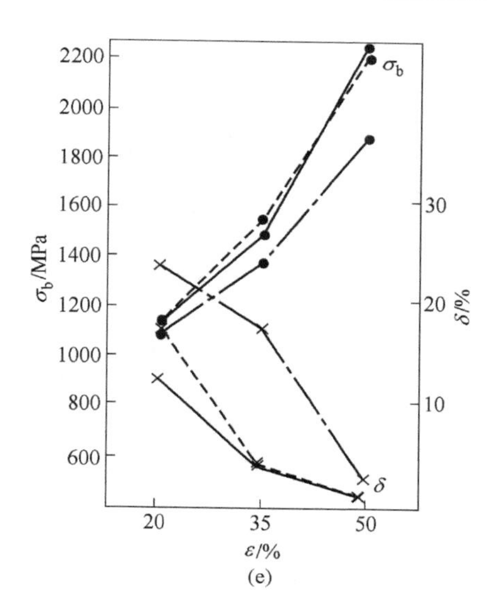

图 12-18 3J21 ϕ2.5mm 丝材力学性能与冷变形程度的关系
(a) 350℃回火；(b) 400℃回火；(c) 450℃回火；(d) 500℃回火；(e) 550℃回火
—— 2h 回火；---- 4h 回火；—·—冷拉

回火 4h 时，可使强度 σ_b 达 2600MPa。低于或高于 550℃都不能得到满意的性能。用图 12-20 来表达更为明显。

图 12-20 表明当冷变形在 50%以下时，一般是强度随回火温度的变化不显著，尤其是回火 2h 的情况更是如此。但是当冷变形 $\varepsilon=50\%$ 且经 4h 回火时，强度随回火温度剧烈变化，尤其在 450℃。这是由于在 450℃左右回火时的补充强化的同时，伴有 ε 相的六方菱面晶格的析出，从而使材料变脆，强度降低。高于此温度 ε 相（C_7M_6、Fe_7W_6）溶解在基体中，从而又提高了强度。

3J21 ϕ0.4mm 丝材力学性能与回火温度的关系示于图 12-21。

图 12-21 示出冷变形程度小于 50%，经 2h 回火时强度随回火温度的增加而升高。经 4h 回火的 3J21 ϕ0.4mm 丝材 $\varepsilon>35\%$时，在 450℃回火时强度仍然降低，与 ϕ0.8mm 的实验结果相同。采用 50%的冷变形，经 500℃ 4h 回火，或经 550℃ 2h 回火均得到较高的强度，$\sigma_b\approx2450\sim2490$MPa。

3J21 ϕ0.4mm 丝材冷变形 65%后强度与回火温度和回火时间的关系见图 12-22。冷变形 80%的列于图 12-23。

图 12-22 示出冷变形 65%时经 2h 或 4h 回火时强度最低的温度仍然是 450℃，但 4h 比 2h 回火后的强度高，与图 12-20(c) 的实验结果相反，这可能是 ϕ0.4mm 比 ϕ0.8mm 的细，在经较长时间回火时析出的 ε 相有部分溶解的缘故。同样道理，图 12-23 中冷变形为 80%时，回火温度在 450℃ 2h 回火便有 ε

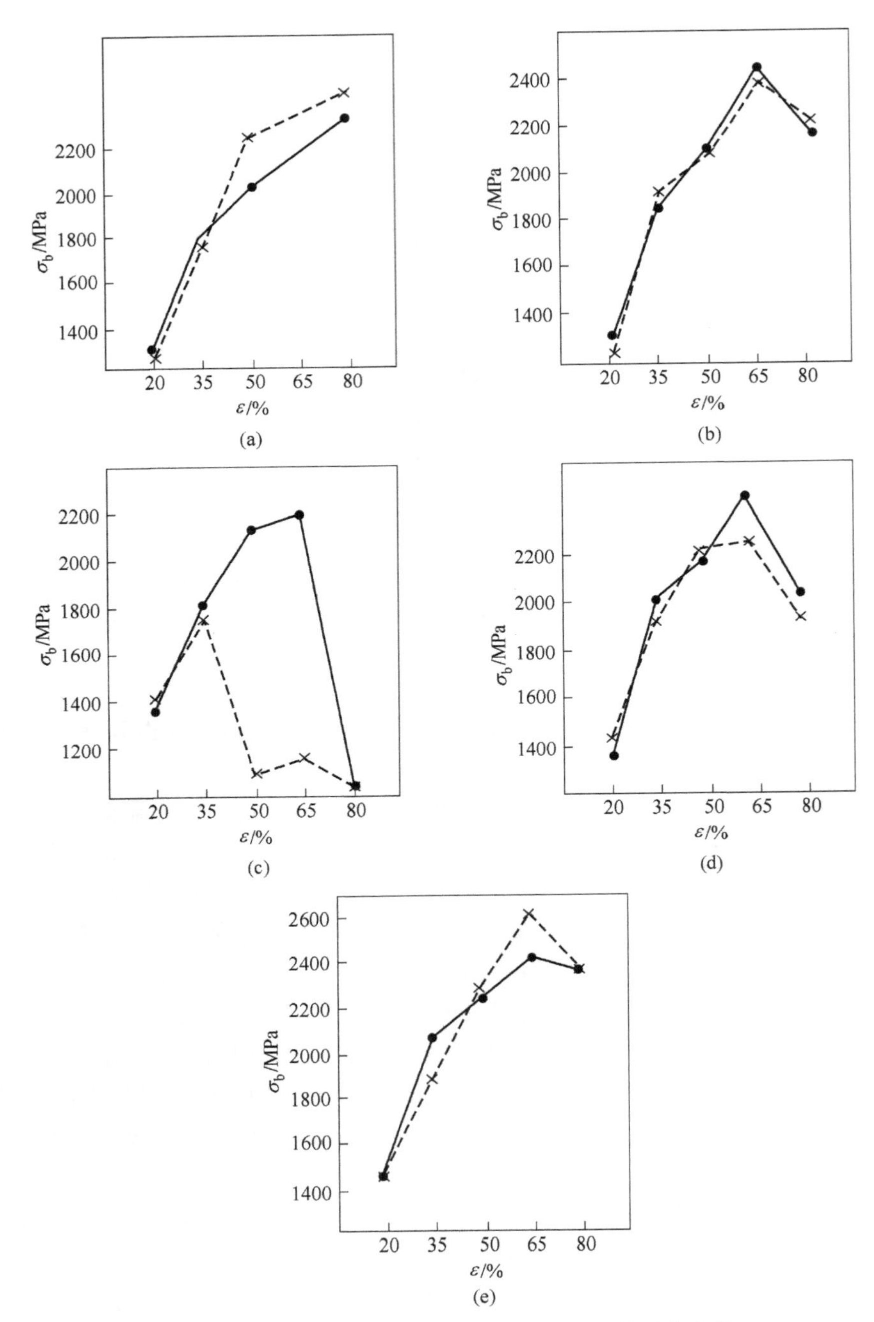

图 12-19 3J21 φ0.8mm 丝材不同冷变形后的强度变化

(a) 350℃回火；(b) 400℃回火；(c) 450℃回火；(d) 500℃回火；(e) 550℃回火

——2h 回火；----4h 回火

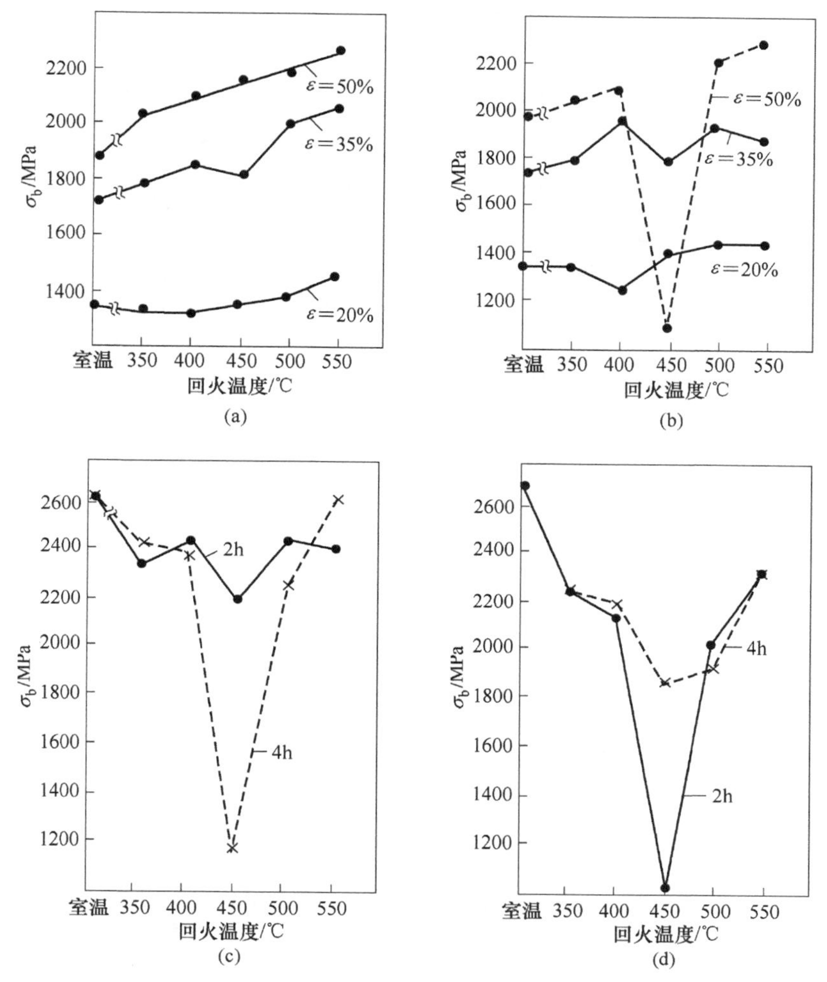

图 12-20 3J21 ϕ0.8mm 丝材强度与回火温度的关系

（a）2h 回火；（b）4h 回火；（c）变形 65%；（d）变形 80%

相较大量的溶解，强度大大提高，这又与图 12-20(d) 中 ϕ0.8mm 丝材经 80%冷变形后，在 450℃ 回火 4h 比回火 2h 强度高的原因相同。

0.3mm 厚的带材力学性能与冷变形程度的关系列于图 12-24，与不同回火温度的关系列于图 12-25。

实验结果表明强度随冷变形的增加而迅速增加，延伸随冷变形量的增加略有降低，但降低的幅度不大。经 65%冷变形加 530℃ 4h 回火可使强度高达 σ_b = 2320MPa，而且再有较高温度的回火，强度还有增加的可能。从图 12-25 将更明显地得出此强度增高的趋势。同时回火温度在 430～460℃ 附近，强度有降低的趋势。

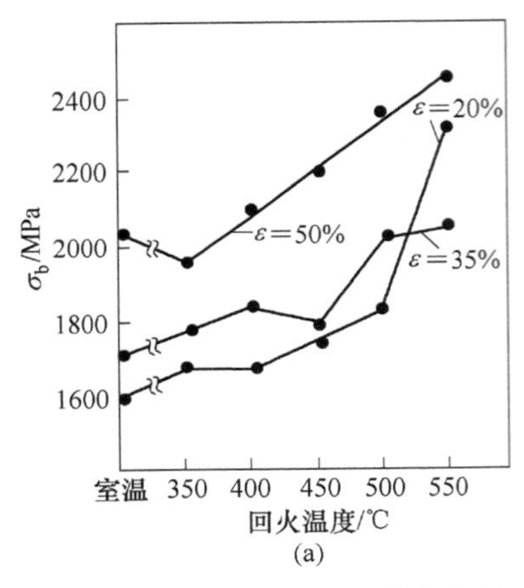

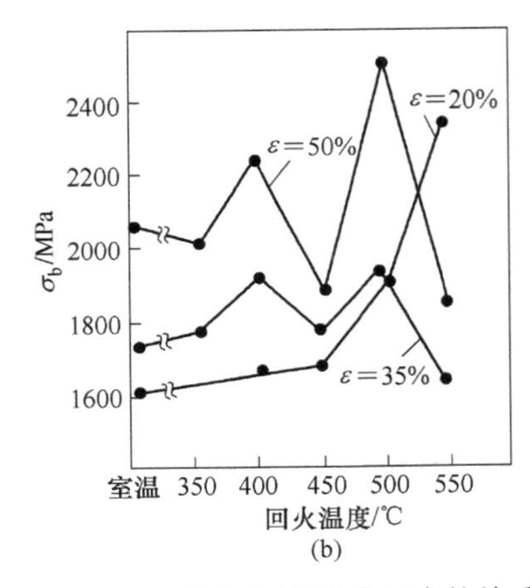

图 12-21 3J21 ϕ0. 4mm 丝材冷变形 20%、35%、50%后强度与回火温度的关系

(a) 2h 回火；(b) 4h 回火

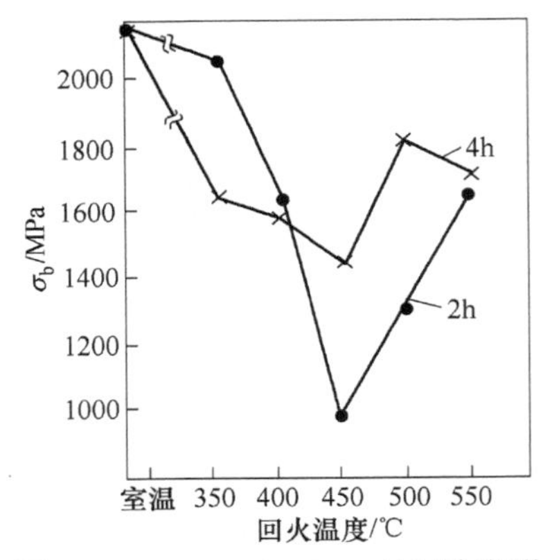

图 12-22 3J21 ϕ0. 4mm 丝材冷变形 65%后强度与回火温度和回火时间的关系

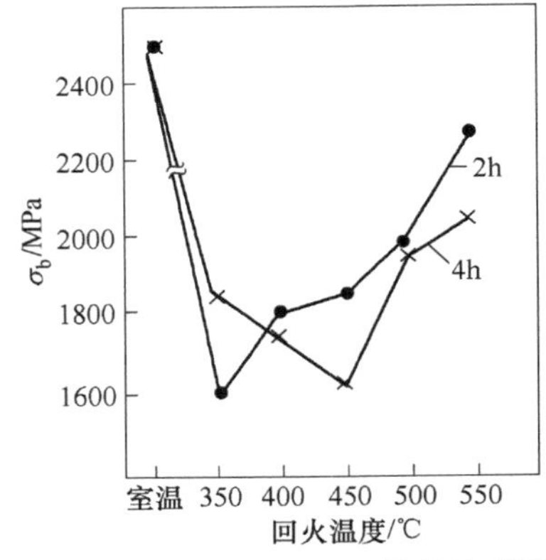

图 12-23 3J21 ϕ0. 4mm 丝材冷变形 80%后强度与回火温度和回火时间的关系

3J21 0. 1mm 冷轧带材经 2h 或 4h 不同温度回火后的力学性能与冷变形程度的关系示于图 12-26，与回火温度的关系示于图 12-27。

从图 12-26 所示实验结果可知获得最高强度 σ_b=2500MPa 的条件是：50%冷变形加 530℃ 4h 回火。这个结论从图 12-27 中会得到更明显的证实。

从图 12-27 示出冷变形大于 40%的 3J21 0. 1mm 冷轧带材在 450℃左右仍然有强度降低的趋势。总之，3J21 的丝材或带材经受小的冷变形时可获得较高温度下的强度稳定性。因此，对于在高温下工作的弹簧元件，要选择低的（冷变形小于 50%）预冷变形程度。表 12-9 示出获得最高强度的实验条件。

表 12-9 示出冷加工后的 3J21 丝材和带材随着尺寸的减小，强度均有增加，在回火时的补充强化是由于钼、铬和碳原子偏聚（即形成所谓 K 状态）而发生的，其中钼原子的作用最为明显。由于 K 状态的出现而使合金的强度、电阻及弹性模量增加，因此该合金的成品强化热处理是选择在 350～550℃ 内回火，但要防止 450℃ 附近 ε 相（Co_7M_6 或 Fe_7W_6 脆性相）的析出。另外在600～850℃，由于有 $(Fe,Cr,Mo)_{23}C_6$ 的析出而引起合金的强化，与此同时也带来合金的脆化。

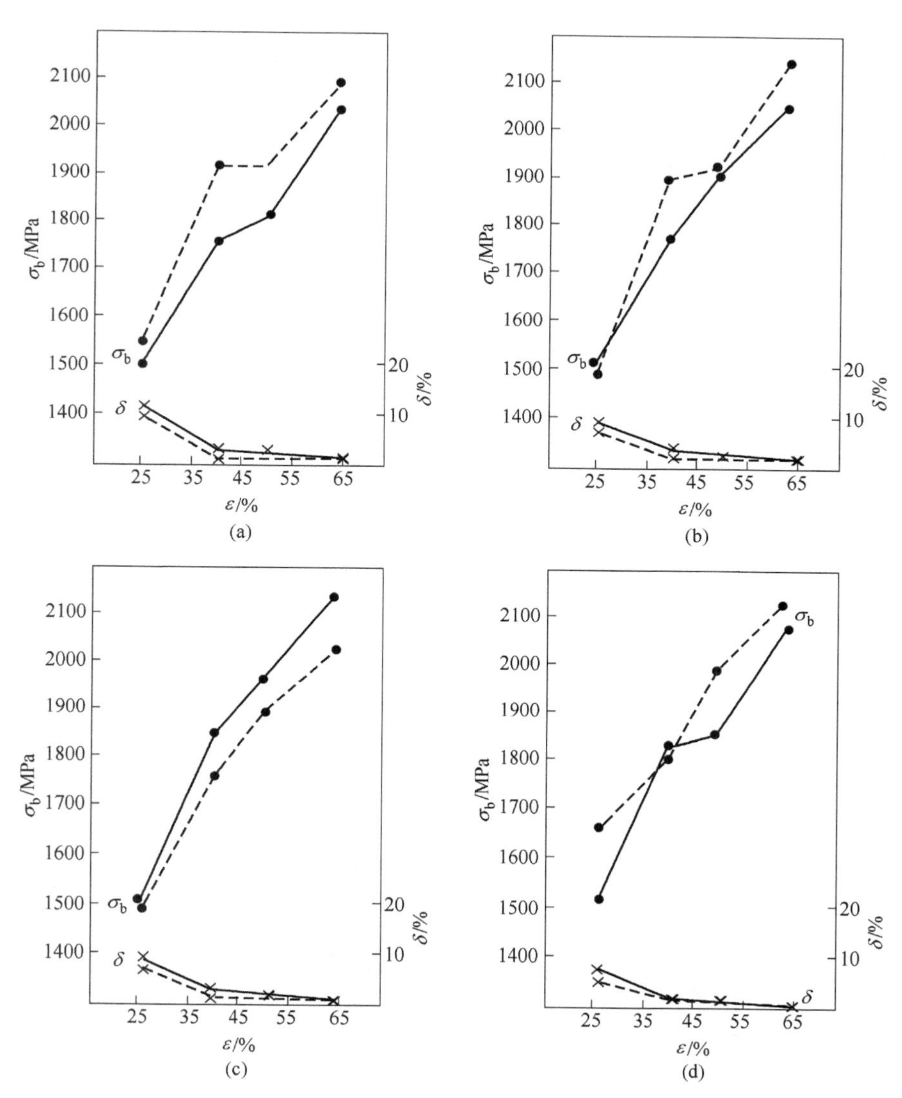

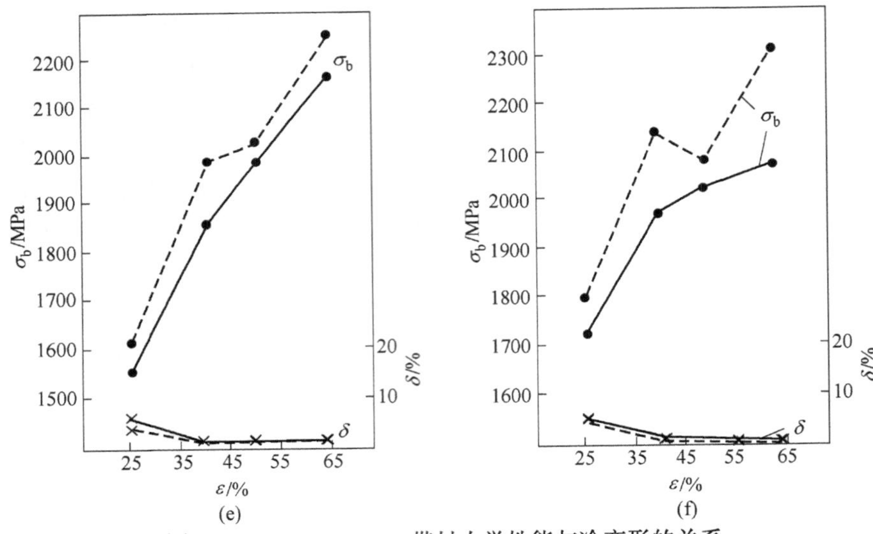

图 12-24 3J21 0.3mm 带材力学性能与冷变形的关系

(a) 370℃回火；(b) 400℃回火；(c) 430℃回火；(d) 460℃回火；(e) 500℃回火；(f) 530℃回火

——回火 2h；----回火 4h

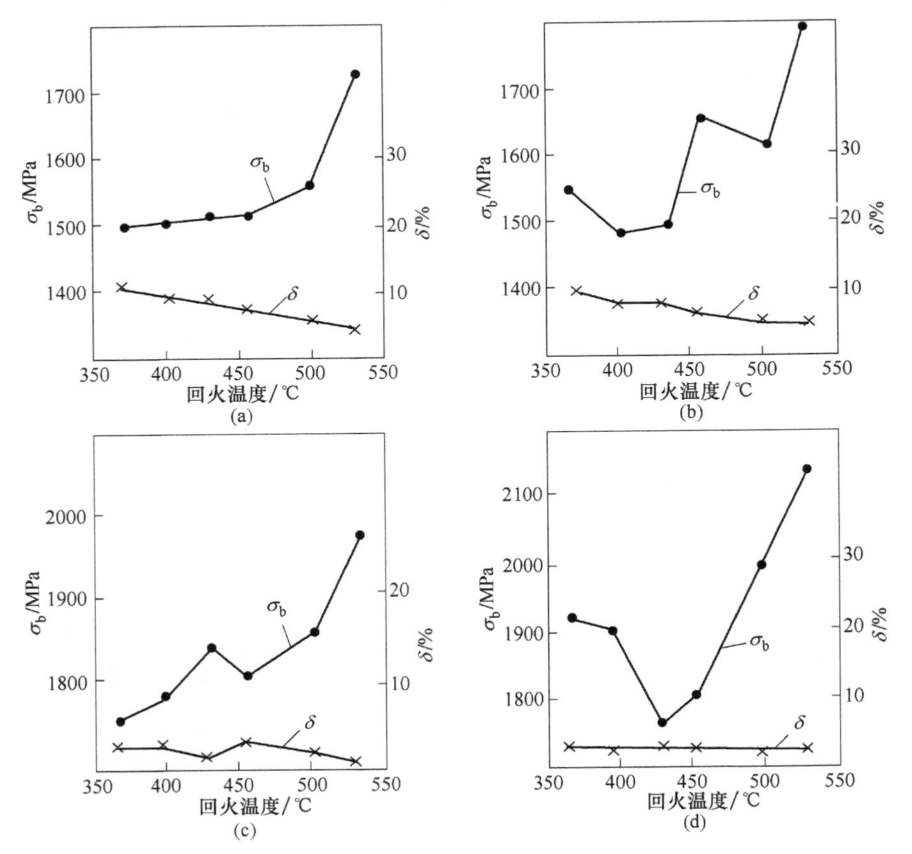

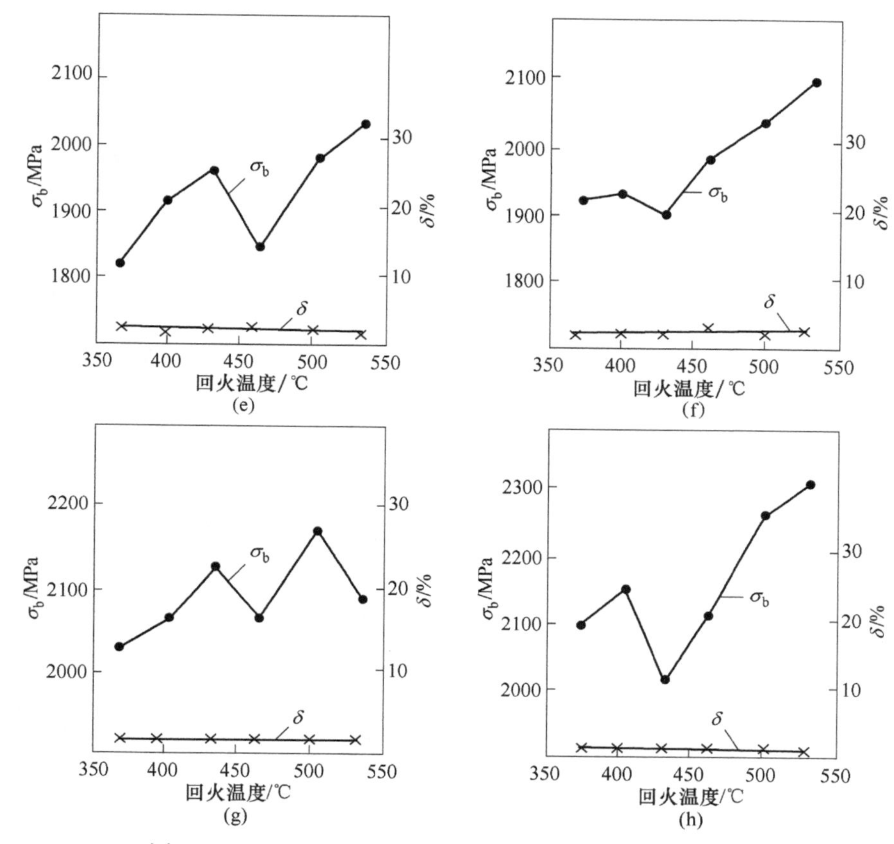

图 12-25 3J21 0.3mm 带材的力学性能与回火温度的关系
(a) ε=25%，2h 回火；(b) ε=25%，4h 回火；(c) ε=40%，2h 回火；(d) ε=40%，4h 回火；(e) ε=50%，2h 回火；(f) ε=50%，4h 回火；(g) ε=65%，2h 回火；(h) ε=65%，4h 回火

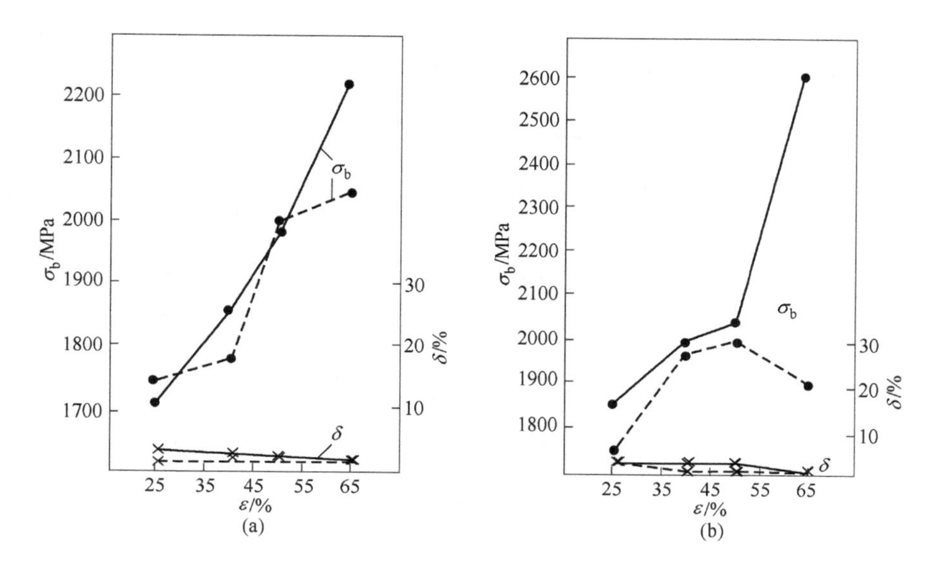

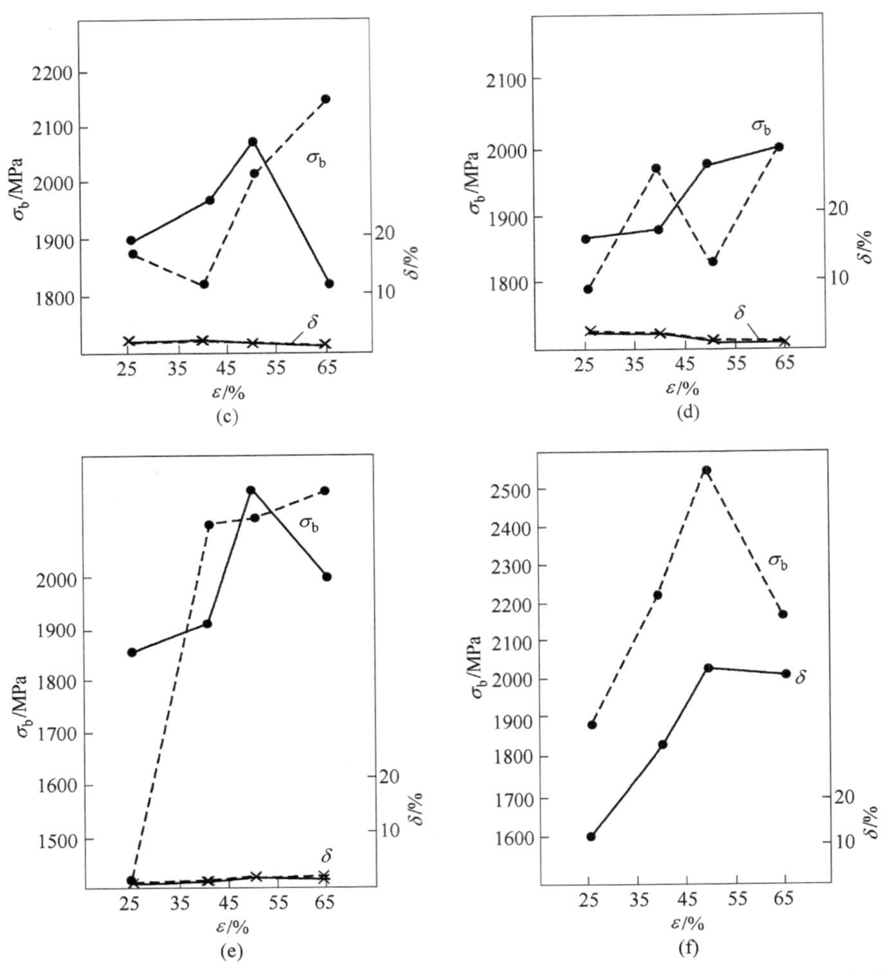

图 12-26　3J21 0.1mm 带材经不同温度和时间回火后力学性能与冷变形程度的关系

（a）370℃回火；（b）400℃回火；（c）430℃回火；（d）460℃回火；（e）500℃回火；（f）530℃回火

——2h 回火；----4h 回火

表 12-9　3J21 获得最高强度的条件

品种	规格/mm	状　态	σ_b/MPa	备注
丝材	ϕ2.5	冷变形 50%+500℃ 4h 回火	2280	有增高趋势
丝材	ϕ0.8	冷变形 65%+550℃ 4h 回火	2600	
丝材	ϕ0.4	冷变形 50%+550℃ 2h 回火 冷变形 50%+500℃ 4h 回火	2450 2490	
带材	0.3	冷变形 65%+530℃ 4h 回火	2320	
带材	0.1	冷变形 50%+530℃ 4h 回火	2500	

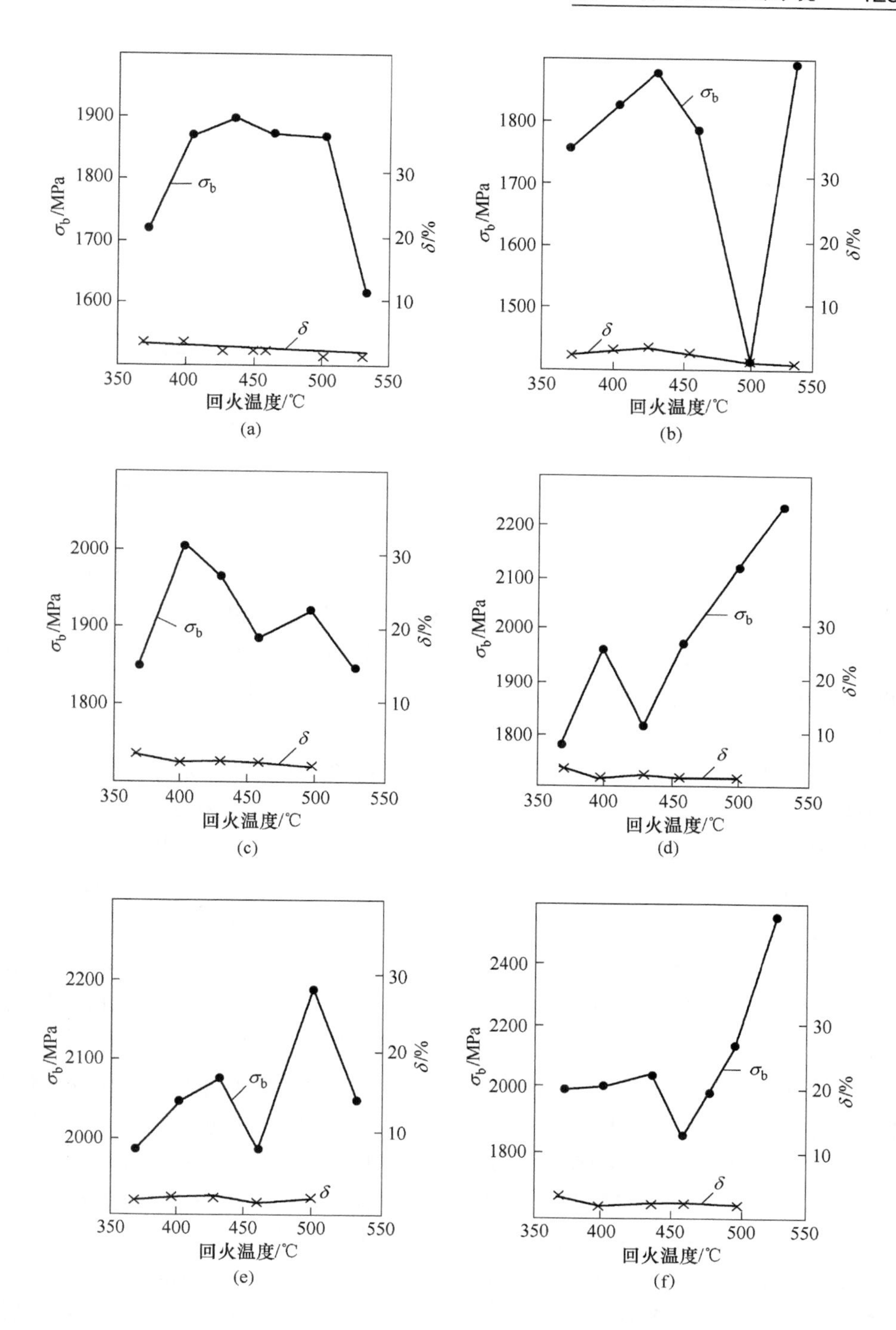

σb/MPa
δ/%
σb
δ
回火温度/℃
350
400
450
500
550
1600
1700
1800
1900
1500
2000
2100
2200
2400
10
20
30
(a)
(b)
(c)
(d)
(e)
(f)

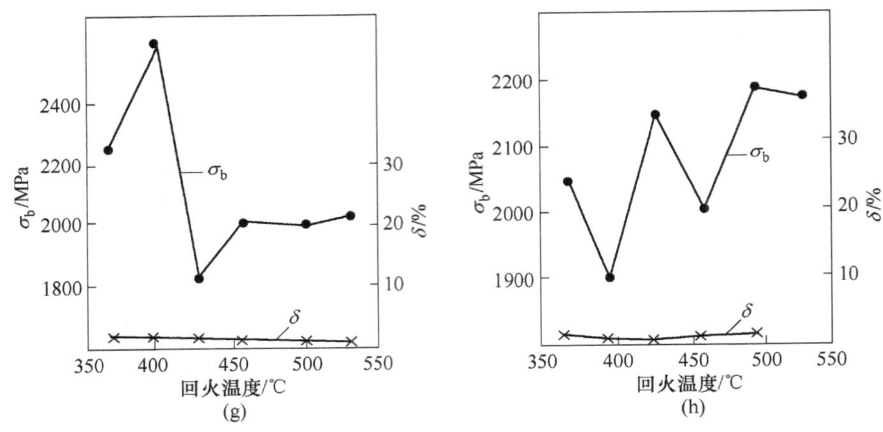

图 12-27 3J21 0.1mm 带材力学性能与回火温度的关系

(a) 25%，2h 回火；(b) 25%，4h 回火；(c) 40%，2h 回火；(d) 40%，4h 回火；(e) 50%，2h 回火；(f) 50%，4h 回火；(g) 65%，2h 回火；(h) 65%，4h 回火

该合金的线膨胀系数为 12.7×10^{-6}/℃，若由它做成发条，耐久性可达 20000~25000，上弦次数，若以 24h 上一次弦计算呢，可用 50~60 年，若用它制成高弹性元件，工作温度可达 400~500℃仍保持良好性能，它的抗磁性很好，在 100Oe 的磁场下，磁导率仅为 1~1.1Gs/Oe。它的抗腐蚀性能比一般的不锈钢好得多。

K_{40}TЮ 的加工工艺和特性基本类似于 3J21，它的性能较优越一些，这个合金容易变形，压下量高于 90%以上，可获得晶粒取向结构，在 300~350℃回火，它的弹性很高，$E\geqslant220000$MPa，时效之后它的脆性比 3J21 低一些，这一点很重要，在 500~600℃回火时由固溶体中沉淀析出 $(Co,Ni)_3(Ti,Al)$ 的强化相。

K_{40}HXM(Re) 合金是为了提高 3J21 合金的耐蚀性、硬度和强度而并不降低合金的塑性。将合金进行大于 70%的冷加工变形，再在 300~350℃回火后，同没有加 Re 的合金相比硬度 HRC 从 58 提高到 64，强度 σ_b 从 2400MPa 提高到 2800MPa，这种合金在俄罗斯广泛用做高级精密仪表的轴尖。

K_{40}HXMB 也就是 3J22，该合金经大于 70%冷变形再加 500℃时效可获得高的强度：σ_b = 2700 ~ 3000MPa、σ_s = 1700 ~ 1900MPa，高的弹性：E = 200 ~ 210GPa，剪切模量 G=75~80GPa，以及低的弹性后效（0.02%~0.04%），这对作为精密仪表的悬丝来说是很重要的。因此取代了弹性后效高的（0.1%~0.3%）老的悬丝材料——铍青铜，从而使仪表精度大大提高。

此外 3J22 还具有高的抗磁性和抗腐蚀性能，以及低的内耗值，小的线膨胀系数和低的电阻温度系数 $[(-3.9\sim3.6)\times10^{-4}]$。因此俄罗斯的精密仪表厂已采用此合金作成 0.1~0.045mm 的细丝，然后轧成扁丝，经时效后的悬丝用在高精密仪表中。

12.2.1.4 铬-镍基高温高弹性合金

该合金是在铬镍二元合金（见图12-28）的基础上，添加钼、铝等元素组合而成，较典型的合金有47XHM、40XHM、47XHR0（45.5%～50%Cr、1%～4%Al、余为Ni）等，由于合金中铬含量较高，因此该合金的显著特点是在浓硝酸的介质中，有极强的抗蚀能力。由于这一特点，使它们除了用在弹性敏感元件和弹簧外，还用来代替不锈钢，作结构材料，因而在航空技术、仪表制造、轴承、高温齿轮及原子能工业中都得到了应用。47XHM合金获得最佳性能的条件列于表12-10。

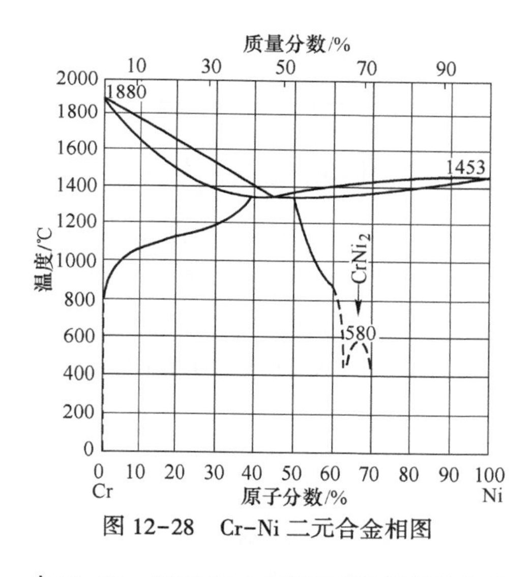

图12-28 Cr-Ni二元合金相图

表12-10 47XHM合金获得最佳性能的条件

热处理制度	σ_b/MPa	δ/%	HB	HBC
1250℃水淬	850～1000	30～40	90～100	
1250水淬+700℃ 5h时效	1250～1500	5～12		40～42
冷变形后+600℃ 5h时效	2000	0.5～1		50～52

由于该类合金在我国没有批量生产，故对它的性能和特点不作阐述。

12.2.2 高比例极限高弹性合金

在铁镍合金的基础上，添加钴、钼、钛等合金元素构成的$FeNi_{18}Co_9Mo_5Ti_{0.6}$马氏体时效钢，属于高比例极限$\sigma_p$ = 1800MPa的合金，经时效后强度σ_b =

2000MPa 左右。这是因为在铁镍合金的基体中添加钴、钼起固溶强化作用，添加钛又有沉淀强化的效果，故经过时效可得到较高的强度。而该钢种冷作硬化较慢，固溶状态的断面收缩率和伸长率较大，所以冷变形达 90% 以上，洛氏硬度 HRC 也只能增加 5 左右。表 12-11 示出该钢的性能。

表 12-11 高比例极限高弹性合金的性能

状态 性能	σ_b /MPa	$\sigma_{0.005}$ /MPa	ψ /%	δ /%	HRC	a_K /J·cm^{-2}	σ_{-1} /MPa	E /GPa	G /GPa	B_f/℃$^{-1}$	Q
固溶	约 1100	—	>65	25	28~30			—	—	—	—
固溶+时效	>2000	>1400	>20	72	>50	40~70	>700	180~190	69~72	$(-5\sim-20)\times10^{-5}$	$(25\sim45)\times10^3$
冷变形+时效	>2300	>1700	>15	71	>55			180~190	69~72	$(-0.5\sim-10)\times10^{-5}$	$>50\times10^3$

此外，马氏体时效钢有高的储能比 $\varepsilon_e=\dfrac{\sigma_{0.002}}{E}$（如表 12-12 所示），这也是高比例极限高弹性合金的主要指标，储能比越高，表明弹性元件的储能能力越大，抗冲击能量就高，弹性性能越好。这就要求材料不仅有高的弹性极限，还要有尽可能低的弹性模量。为了不失高弹性能的本色，一般注重提高弹性极限。

表 12-12 马氏体时效钢的储能比

材料名称	处 理 状 态	$\sigma_{0.002}$/MPa	ε_e	备注
$Ni_{18}Co_9Mo_5Ti$	850℃淬火+ε=75%+390℃ 6h 时效	1805	1.002	中国
$Ni_{18}Co_9Mo_5Ti$	830℃淬火+-70℃冷处理+450℃ 6h 时效	1350	0.680	俄罗斯
$Cr_{12}Ni_{10}Cu_2TiNb$	870℃淬火+-70℃冷处理+450℃ 6h 时效	1120	0.560	俄罗斯
1.9 铍镍钛青铜	ε=100%+300℃ 4h 时效	850	0.660	俄罗斯
3J1	ε=10%+700℃ 3h 时效	850	0.435	俄罗斯
3J3	ε=10%+750℃ 3h 时效	1000	0.500	俄罗斯

此钢种在低温-195℃塑性很好，高温 400℃强度好，易于淬火。无脱碳危险，而且时效处理温度较低，既可空冷又可炉冷，热处理过程中实际不变形，可焊性好，无开裂危险。因此马氏体时效钢，除广泛用作结构元件、压力容器、热冷挤压模具以及低温传输管道以外，近年来已开始用于发条、大压力弹簧、膜盒及抗大冲击的减振材料。

据悉 $Ni_{50\sim75}Co_{10\sim20}(W+M)_{5\sim25}Cr_{0.1\sim8}Fe_{<5}$单独或复合加入元素铝、钛、铍、铌等所组成的合金，也属于高比例极限高弹性合金。其弹性性能：E=240GPa，σ_b=2780~2850MPa。可用来制作高于 400℃的抗大冲击的减振元件。

12.2.3 导磁高弹性合金

在低磁场下（0.1~50Oe）具有一定磁性的导磁高弹性合金，近十年来相继在各国都有某种程度的发展。1971 年宇航动力发动机转子材料，高饱和磁感，低矫顽力弹磁合金，如 $FeCo_{30}Ni_{12}Ta_3W_1Ti_{0.4}Al_{0.4}$合金 $B_{25}=18200Gs$，$H_c=27.3Oe$，$\sigma_s=1260MPa$。英国 S · E 公司生产的 S · E 系列压力传感器产品，其膜片合金 $FeC_{0.38}Mn_{1\sim4}Si_{0.27}Ni_{0.80}Mo_{0.35}Cu_{0.25}$就是低合金化的弹磁合金。

又如用做电子交换机上的自动开关弹簧也是取材于弹磁合金，如 $FeCr_{17}Ni_{4.5}Ti_{0.3}$ 合金，经 85%冷变形和 450℃时效后 $B_{25}=13500Gs$，$H_c=9.7Oe$，$\sigma_e=1250MPa$。

国内弹磁合金主要用于高精度的压力传感器中敏感元件——膜片和磁芯及传感器的壳体材料，主要合金为 $FeCr_{19}Ni_4SiV$、$FeNi_{43}Co_{20}MoCrTi$ 等，它们都具有高的弹性、良好的导磁性、低的矫顽力、较好的力学性能及耐腐蚀等综合性能。其主要性能列于表 12-13。

表 12-13 国内弹磁合金主要性能

合　金	E /GPa	B_{50} /Gs	H_c /Oe	σ_b /MPa	α/℃$^{-1}$ (室温~100℃)	μ_T /% · ℃$^{-1}$	居里点 /℃
$Cr_{19}Ni_4Si_{2.5}V_{1.5}$	210	7500/8500	≤10	1000/1250	10.5×10^{-6}	—	575
$Ni_{43}Co_{20}Mo_{0.5}Cr_{5.0}Ti_{2.5}$	200	7000/8500	≤2	1000/1300	11.0×10^{-6}	0.13	>350
$Ni_{43}Co_{18}Mo_{2.0}Cr_{5.0}Ti_{2.5}$	200	7000/8500	≤2	1000/1200	12.0×10^{-6}	0.06	420

Fe-Ni-Co-Cr-Mo 型的弹磁合金是一种铁磁性的沉淀硬化合金，各合金性能示于表 12-14。

表 12-14 Fe-Ni-Co-Cr-Mo 型弹磁合金性能

合　金	E/GPa	σ_b/MPa	δ/%	B_{50}/Gs	H_c/Oe	居里点/℃
1J34 型 $FeNi_{33}Co_{30}Mo_3Ti_{1.5}$	182	1120	9.0	13600	6.25	441
改进 1J34 型 $FeNi_{43}Co_{30}Mo_3Ti_3Cr_3Al_1$	206	1780	6.5	7050	5.84	525
磁芯 $FeNi_{43}Co_{28}Mo_3Ti_3Cr_5$	208	1260	25.3	7780	1.64	493
弹磁合金 $FeNi_{43}Co_{20}Mo_2Ti_{2.5}Cr_{5.5}$	220	1230	21.0	7230	0.29	>352
3J5 型 $FeNi_{42}Cr_{5.5}Ti_{2.5}Al_1$	185	1400	5.5	6300	2.46	<150

表 12-14 中合金皆是冷轧+550~650℃ 2h 真空处理的性能。

在组合压力传感器中应用的合金性能列于表 12-15。

表 12-15 组合压力传感器中应用的合金性能

合 金	E /GPa	σ_b /MPa	$\sigma_{0.2}$ /MPa	α /℃$^{-1}$	B_{50} /Gs	H_c /Oe	μ_T /% · ℃$^{-1}$	居里点 /℃
膜片 $FeNi_{43}Co_{20}Mo_2CrTi$	220	1150~1250	750	11.5×10^6	7230/8680	<0.288	0.13	>350
磁芯 $FeNi_{43}Co_{28}Mo_3CrTi$	206	1780	1565	12.2×10^6	6300/7050	1.17	0.06	493
壳体 $FeCr_{19}Ni_4SiV$	228	—	—	11.0×10^6	7700	8.87	—	575

12.2.4 耐磨高弹性合金

该类合金具有硬度高、光洁度高、耐磨等特点，可用来制作仪表轴承、高温齿轮及仪器仪表的轴尖材料，由于它的加工难度大、成本高，故多用于用量少的仪表的轴尖材料。多年来人们为满足高精度仪表的需求，对轴尖材料的研究付出大量的劳动，尽管目前没有达到十分理想的境地，但也远非昔日可比。由于轴尖在工作中摩擦过程很复杂，大致要经过弹性-塑性变形、微观切割、局部溶化、原子分离、原子间的相互作用等几个动力学过程。在摩擦过程中，摩擦表面的组成和结构是不断变化的，尤其是浸泡在某种介质中，不仅摩擦对的材质间发生作用，同时也会有物理、化学、电化学和力学的反应过程。也就是说摩擦时生成摩擦产物的化学成分、组织结构与摩擦对的原始材料有区别，至于摩擦产物的化学组成目前还很难测定，因为缺乏对摩擦研究的理论基础，但通过对材料的组成、组织结构、加工工艺和热处理过程等方面所做的探索，初步认为硬度高的材料不一定耐磨，比如材料的夹杂物多或冷变形程度大都能提高材料的硬度但仍然不耐磨。因为夹杂物增多会增加微电池的数目，冷变形增大应力增高，这些都会导致耐磨性降低。虽然有的材料硬度不太高，但原始组织致密，晶粒度很小，当受外力作用时塑性变形的扩散遇到晶界的阻碍作用大，有利于提高材料的强韧性，所以耐磨。

得到应用的轴尖合金的成分及性能示于表 12-16 和表 12-17。

表 12-16 轴尖合金的成分 (%)

合金牌号	Co	Ni	Cr	W	Mo	Mn	C	Ti	Al	Ce	Fe
K_{40}HXMB	39/41	15/16	19/21	5/6	3/4	≤2	0.06/0.12	—	—	0.1	余
Co-Cr-W (y_c-11)	44/46	余	15/17	≥10	≥3	≥1.5	≤0.08	≤1.5	≤0.8	0.1	—
Cr-Ni-Al		余	39/43	1.5/3.0		≤1.0			3.0/3.5		

续表 12-16

合金牌号	Co	Ni	Cr	W	Mo	Mn	C	Ti	Al	Ce	Fe
Co-Cr-W	45/50	余	17/20	15/17							
3J40		余	39/41						3.0/3.6	0.15	
Co-W	75			25							
W-O_s-Co											
M_{42}	7.5/8.5		3.5/4.25	1.0/2.0	9.0/10		1.0/1.10	V 1.0/1.3			余
$T_{12}A$	Si 0.15/0.30	≤0.15	≤0.2			0.15/0.3	1.14/1.15	P ≤0.03	S ≤0.02		余

此外还有 HRC≈61 由钌、钨、钴组成的 607 号铱金和 HRC≈67 由铱、铂、钌、铑组成的 617 号铱金都是很耐磨的优质轴尖材料，可惜价格昂贵。总之上述各种合金各有所长，根据用途的不同可灵活选用。目前较适于精密仪表用的轴尖材料主要是 3J22 和 3J40。3J22 已在 12.2.1 节做了介绍，在此不重述。下面着重介绍一下 3J40 合金。

3J40 合金是在镍、铬二元合金（图 12-29）的基础上，通过添加金属元素铝和微量的 Ce、B、Zr 等元素组成的合金，属于沉淀强化合金，不仅通过适当的热处理即生成的 γ′(Ni_3Al) 沉淀相来强化，而且可以在此基础上加入 Mo、W、V 等元素来强化基体，加入 Nb、Ti、Ta 等元素来强化 γ′沉淀相，加入 Ca、Mg、C、B、Zr、Ce 等微量元素强化晶界。所以该合金是固溶强化、冷变形强化和沉淀强化效果明显的合金。该类合金具有高硬度 HRC=63~65，高光洁度达 S_{11}~S_{13}，无磁、不锈、耐磨和零件易机加工成型及热处理工艺简单等特点，并且根据用途的不同，可以通过不同的冷塑性变形和不同的时效处理温度来调节，所以用途广泛，除用来制作球形仪表轴尖零件外，还可制作仪表轴承、刀具、反馈弹簧等，故具有广阔的使用前景。而其中不足的是获得该合金的材料很不容易，它的热塑性较差，热加工温度范围窄及过热的敏感性大，用现有的锻轧工艺较难热加工。这是由合金的组成来决定的，在合金中铬和铝的含量都比较高，Cr 含量为 40% 左右，约占合金的一半，是 α 体心立方形成元素，铝的含量占合金总量的 3.5%。图 12-30 示出在 1200℃ 以下合金组织均为 γ+α 的双相，只是在 1250℃ 时第二相基本溶解，但在边界还残存少量的第二相，并且晶粒度已达到二级，几乎失去了变形的能力，故热塑性较差。而 1000~1100℃ 虽然是双相区，但两相的晶粒度都比较小，抵抗变形的能力增强，从而提高了塑性，热锻就选在此温度范围内进行。因此热加工温度范围是很窄的仅为 100℃，其他弹性材料的热加工温度范围一般是在 200℃ 以上。

表 12-17 轴尖合金的物理及力学性能

合金牌号	处理条件	σ_b /MPa	σ_e /MPa	δ /%	HV /MPa	密度 /g·cm^{-3}	弹性模量 E/GPa	电阻率 /Ω·mm^2·m^{-1}	磁化率 /CGs
K_{40}HXMB	1100~1160℃水淬 1100~1160℃水淬+ε=90% ε=90%+500~600℃ 4h 时效	800~850 ≥2200		50	≥2800 ≥5600 ≥8040	8.5	190~200 >220	0.9/1.0	(50~100)×10^6
y_c-11	1100~1160℃水淬（固溶） 固溶 ε=90% ε=90%+500~600℃ 4h 时效	900~1100		40/50	>2800 >5600 >8040	8.8	>200 ≥220		
Cr-Ni-Al	1100~1160℃水淬（固溶） 固溶+ε=90% ε=90%+500~600℃ 5h 时效	800~900 2000		30~40	8200~9200		170~180 220~225		
Co-Cr-W	1170~1180℃水淬 固溶+ε=80% ε=80%+500~600℃ 4h 时效	1000~1100 —	>1700	40~50	≥2800 ≥5600 8200~9200	9.0	≥220		
K_{40}HXMN(k)	1170~1180℃水淬+ε=70%~80%+500~550℃ 4h 时效	900~1000 3200~3800	1500~1600	40~50	HB1800~2200 7000~8000	8.4	215~220	0.9~1.1	(50~100)×10^6
$Co_{75}W_{25}$	热拉+550~650℃时效	1780~1850			5190				
T_{12}A	冷拉+760~780℃淬火				HB<2070 HRC=620				
3J40	ε=90%+475~500℃ 5h 时效 ε=80%+500~525℃ 5h 时效 ε=44%+500~600℃ 5h 时效				≥8400 ≥8000 ≥6600		220~230	0.75	(2.9~4.4)×10^6

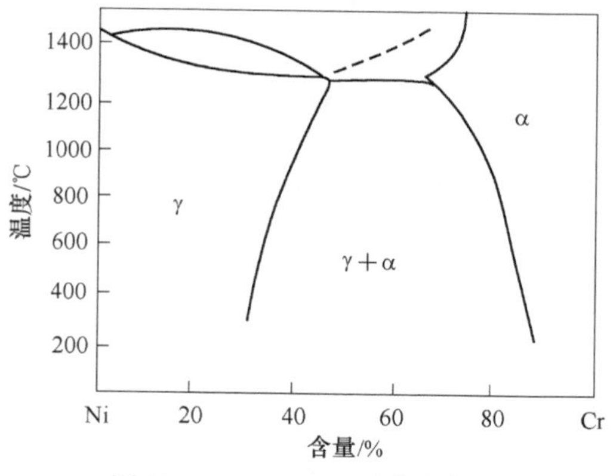

图 12-29 Ni-Cr 二元合金相图

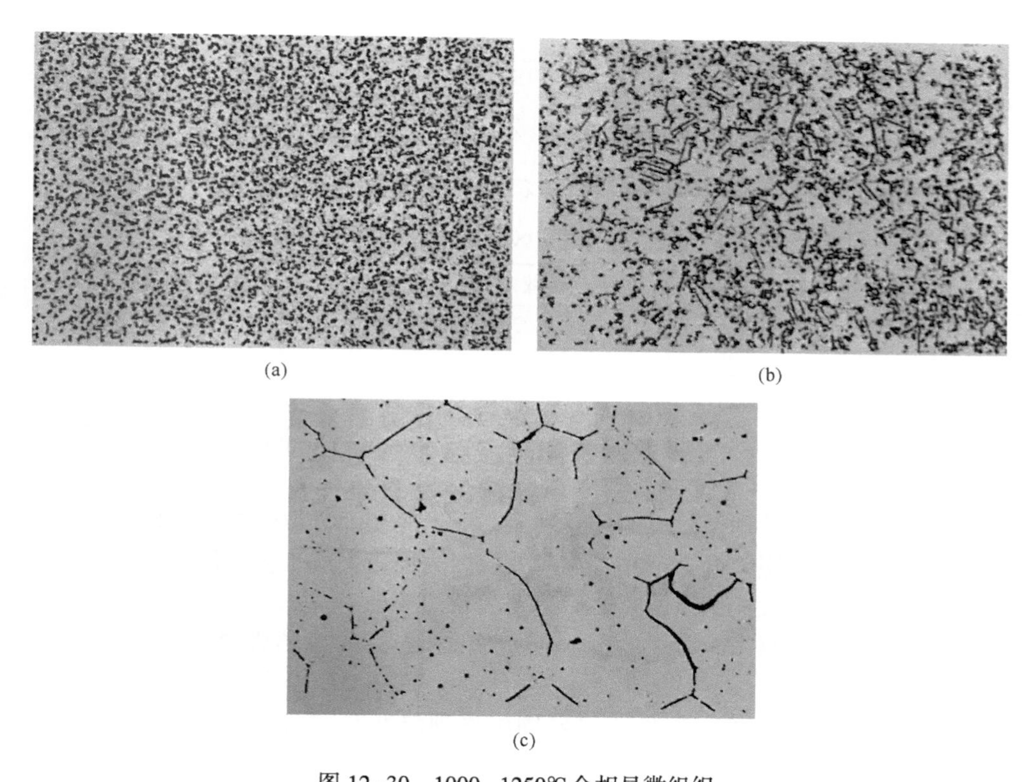

图 12-30 1000~1250℃金相显微组织

(a),(b) 1000~1100℃固溶 300×的金相显微组织;

(c) 1250℃固溶 300×的金相显微组织

此外该合金的内应力很大，这也是难塑性变形的原因之一。由于在锻造、加热和冷却该合金的过程中形成的热应力、组织应力和相变应力所构成的内应力比较大，所以该合金对温度相当敏感。如用砂轮切割机切割铸锭时，产生的摩擦热就可以导致裂纹。

如图 12-31 所示，加热温度在 1000～1100℃范围内水冷处理（淬火），直径尺寸基本没有变化，而低于或高于此温度范围直径变化很大，这种明显的体积变化将引起较大的内应力，这可能是锻造温度不宜大于 1100℃的原因。

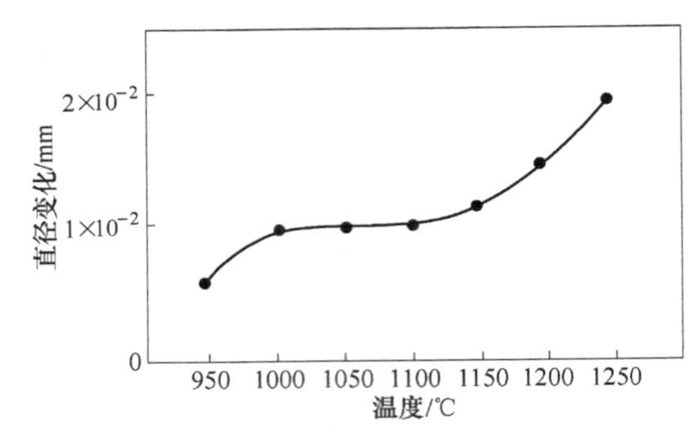

图 12-31　3J40 ϕ5mm 丝材直径变化与不同淬火处理温度的关系

而冷拉后的丝材经时效处理后，直径和长度均缩小，如表 12-18 所示。

表 12-18　冷加工后丝材经时效处理后直径和长度的变化　（mm）

冷加工后		时效处理后		缩　小	
直径	长度	直径	长度	直径	长度
2.08	11.21	2.07	11.12	0.01	0.09
2.105	11.17	2.09	11.14	0.015	0.03
6.105	4.66	6.08	3.65	0.025	1.01

这种由于固溶处理使材料的尺寸增大，而经冷变形再加时效处理使材料的尺寸减小的现象就表明该合金存在着体积效应。为稳定生产工艺，用者一定将时效前的零件尺寸加工大些，以便时效后达到满意的效果。

3J40 ϕ5mm 丝材 $\varepsilon>40\%$ 时不同淬火处理温度对力学性能的影响示于图 12-32。

实验结果表明 3J40 丝材的强度随固溶处理温度的增加而降低，而延伸则随固溶（淬火）温度的增加而增大。

3J40 丝材经 1000～1100℃水冷（淬火）处理后的硬度与时效温度的关系示于图 12-33。

图 12-33 表明 3J40 ϕ6mm 合金丝材经淬火处理后的硬度随时效温度的增加而增高，经 600℃ 5h 时效可获得最高的硬度 HV≈7300MPa，与所添加的微量元素无关，参见表 12-19。

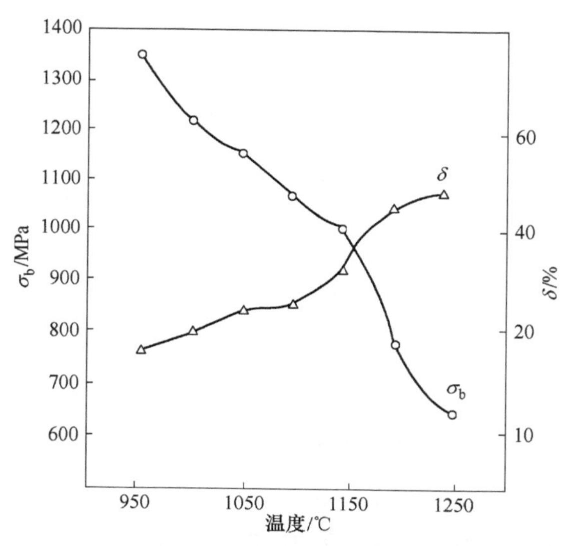

图 12-32 3J40 ϕ5mm 丝材 ε>40%时不同淬火处理温度对力学性能的影响

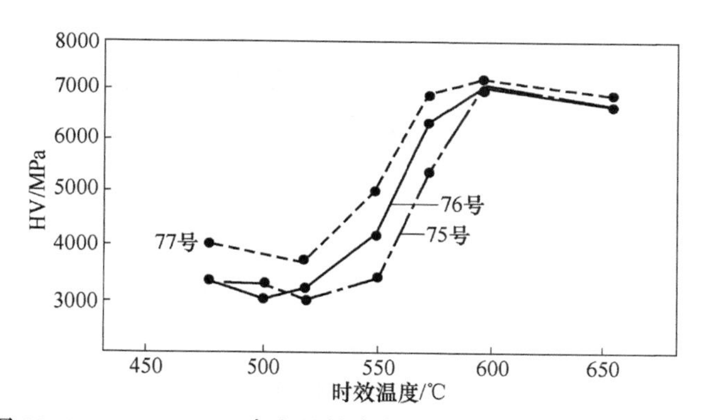

图 12-33 3J40 ϕ6mm 合金丝材淬火后的硬度与时效温度的关系

表 12-19 3J40 丝材控制成分（质量分数） （%）

炉号	C	Cr	Al	Ni	Ce	B	Zr	V
75 号	0.01	40	3.45	余	0.25	0.009		
76 号	0.01	40	3.45	余		0.009	0.15	
77 号	0.00	40	3.45	余	0.25			0.5

经不同冷变形后的力学性能列于图 12-34。

通过冷加工对力学性能的影响实验得知，该材料的硬度和强度是随冷变形程度的增加而增高，最高的 σ_b = 1700 ~ 1800MPa，其冷变形为 85%。HV = 4500MPa，其冷变形量为 90%。而延伸则是随冷变形的增加而降低。

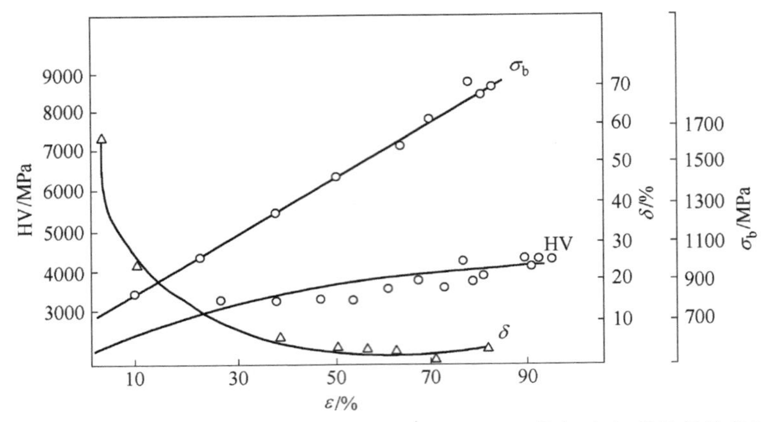

图 12-34 3J40 ϕ2.5mm 丝材 1000℃水冷后力学性能与冷变形程度的关系

图 12-35 表明，为改善 3J40 合金的塑性，而添加不同强化晶界的微量元素所组成的合金即 ϕ6mm 丝材经 75%冷变形后的硬度与不同时效温度的关系。

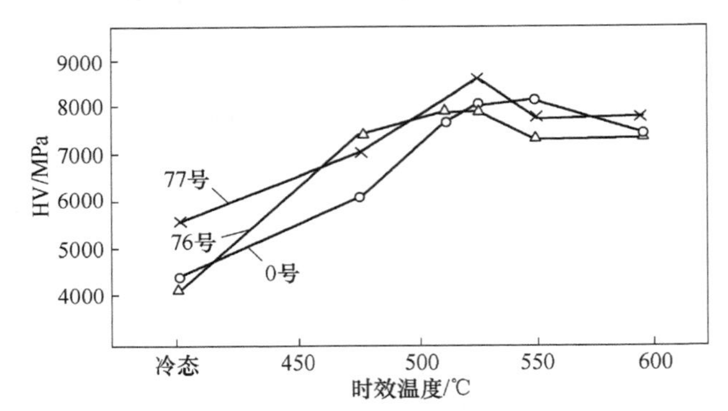

图 12-35 3J40 ϕ6mm 丝材 ε=75%后硬度与时效温度的关系

实践证明，经 5h 不同温度处理后的硬度值随时效温度增高而增大。而与添加的微量元素的多少关系不大。从图 12-36 较明显地看出：随着冷变形程度的增加，获得最高硬度值的时效温度降低。从表 12-20 中也可以看出这种关系。

表 12-20 不同冷变形程度下硬度值与时效温度的关系

冷变形程度 ε/%	HV/MPa（载荷 10N）	由 HV 换算的 HRC/MPa	时效温度/℃
90	8400～8800	660	475～500
80	>8000	640	500～525
44	>6600	>580	550～600

因此对不同用途材料的性能，可以通过不同的冷变形和不同的时效温度来调节。一般对硬度要求不太高，而抗冲击性大的材料最好用较低的冷变形和较高的

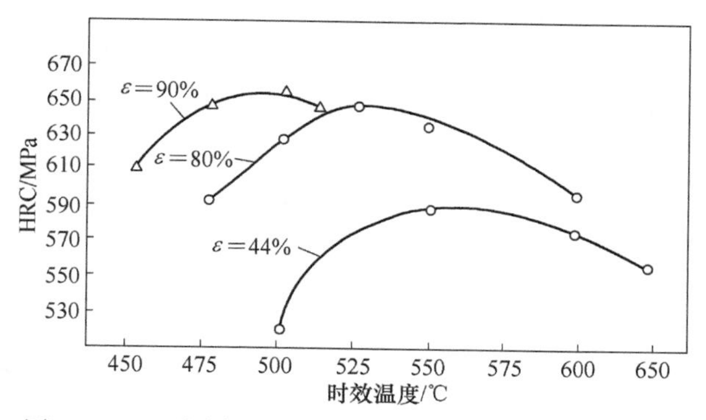

图 12-36 不同冷变形程度下硬度值与时效温度的关系

时效温度；对抗冲击性小的高硬度的材料尽量用大的变形量及较低的时效处理温度。从图 12-36 或表 12-20 看出，若使 3J40 合金丝材得到高达 HRC≥640MPa 以上最好采用 90%左右的冷变形。然而按正常冷加工工艺这个规格的丝材只能承受 70%左右的冷变形，为此必须提高 3J40 合金的塑性，其措施是：

（1）提高原料镍、铬、铝的纯度。原材料受提纯方法所限，都混有某种微量杂质，如表 12-21 所示。

表 12-21 不同纯度原材料中的杂质含量 （%）

原材料纯度	杂质含量（质量分数）													
	C	S	Mn	Fe	Cu	As	Pb	Zn	Si	Cd	P	Sn	Bi	Sb
99.9 Ni	0.01	0.001	0.001	0.01	0.02	0.001		0.001	0.002	0.001	0.001	0.001	0.001	
98.5 Cr	0.03	0.02	0.4			0.001	0.005				0.01	0.001	0.001	
99.6 Al				0.25	0.01	0.001	0.001		0.02			0.001	0.001	0.001

合金中所带入的微量杂质，如 Pb、Zn、As、Sb、Bi 等，皆为低熔点的物质，几乎不溶解于合金，而主要分布在晶界上，也有的元素如磷、硫等易与基体元素形成低熔点的物质。当加热时这些低熔点的物质极易熔化，从而削弱了晶粒间的联系，降低塑性。反之将提高合金的塑性。

（2）提高冶炼时的真空度和精炼时间。其目的是使不易溶解在合金中的低熔点物质尽量挥发掉，以便强化和净化晶界，提高塑性。

（3）添加强化晶界的元素。如在合金中分别加入适量的铈、硼、锆、钙、镁等不同元素，以便充分脱氧、脱硫，这样不仅强化和净化晶界，而且使夹杂物的粒度更小，分布更弥散，从而提高了塑性。现以加入金属元素铈为例：铈含量的多少对夹杂物的分布、粒度的大小和量的多少影响很大。图 12-37 和图 12-38 为电子探针所测夹杂物的 X 射线面分布图。图 12-37 示出当 $w(\mathrm{Ce})\leqslant 0.18\%$时合金形成弥散的氧化铈的夹杂物。图 12-38 表明当 $w(\mathrm{Ce})\leqslant 0.01\%$时合金形成粒度较大的氧化铈的夹杂物。若用相同的加工条件，w(Ce)≤0.18%的合金冷变形达90%，而w(Ce)≤0.01%的3J40合金冷变形程度达75%。实验表明上限控制成分在0.3%以下，否则由于热加工温度范围的减小而降低热塑性。

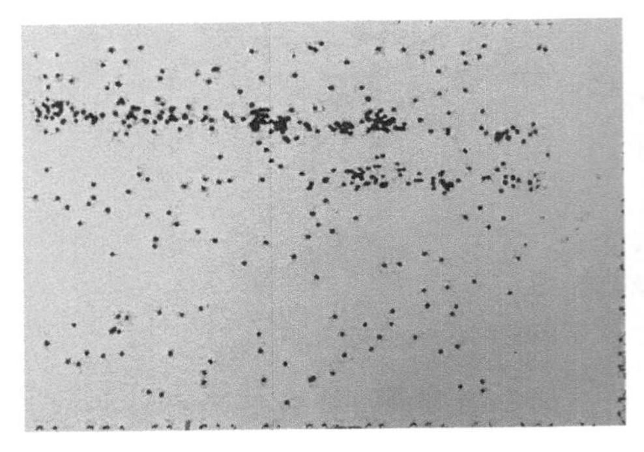

图 12-37 w(Ce)≤0.18%时夹杂物的X射线面分布图

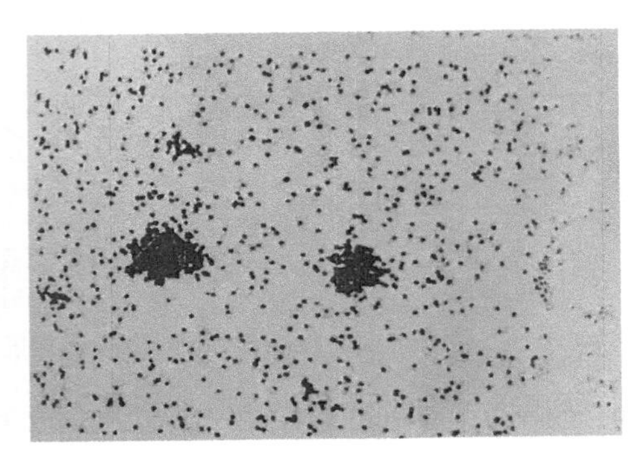

图 12-38 w(Ce)≤0.01%时夹杂物的X射线面分布图

（4）消除或减小应力。为防止或减少热应力和组织应力产生的裂纹，将铸锭缓冷保持到500~600℃，以减小温度梯度，并控制柱状晶的增长，由于脱模后的铸锭是用热碴埋缓冷，这时得到的铸锭表面光滑，锻造前可不扒皮。

（5）严格控制加热温度和加热方法。热锻前最好对铸锭进行缓慢加热，并严格控制锻造温度，实践得知较合适的锻造温度在1000~1100℃。

（6）注意冷加工时的温度速度条件。冷加工时适当提高拉拔速度，以便丝材产生足够的变形热，使原子热振动恢复到稳定状态，从而减小了冷加工后产生的残余应力，降低变形抗力，提高塑性。当面缩率达40%以后再继续冷拔时，对下道次拉拔前的丝材给予适当温度的加热，用以消除部分残余应力。由于该合金大于450℃就有Ni_3Al的硬化质点析出，会降低塑性，故在冷变形时产生的变形热或为消除残余应力所需的加热温度都不能接近450℃，否则变脆，致使塑性降低或不能继续加工。至于该合金在冷变形时温度、速度的大小还有待测定。

总之由于采用上述改进性的措施，使ϕ2.5mm丝材的冷变形从70%提高到90%，硬度从HRC≥570提高到600~650，夹杂物也大为减少，从而使加工成元件的表面粗糙度从0.1μm降低到0.012μm。实践证明，金属的塑性不仅取决于合金的天然本质，而且取决于压力加工时的外部条件，并且后者要比前者对塑性的影响大。

12.2.5 低热膨胀高弹性合金

一般高弹性合金均具有较高的热膨胀特性，其线膨胀系数$\alpha>10\times10^{-6}$/℃。随着仪器仪表工业的发展要求，高弹性合金具有低的线膨胀系数的因瓦型铁镍高弹性合金，其合金的成分和性能列于表 12-22。

表 12-22 因瓦型铁镍高弹性合金的成分和性能

合金化学成分（质量分数）/%								σ_b /MPa	α/℃$^{-1}$	
Ni	Cr	Co	C	N	Si	Mn	Fe		室温~100℃	100~200℃
34.67	0.31	0.03	0.36	0.248	0.25	0.40	余	1500	-0.04×10^{-6}	3.1×10^{-6}
31.43	0.35	5.5	0.68	0.006	0.22	0.42	余	1580	0.58×10^{-6}	2.7×10^{-6}

12.2.6 超低温高弹性合金

随着航天技术及超导材料的出现，超低温高弹性材料也相继问世，已报道可适用于-196℃与-253℃温度下的高弹性合金为 Fe-Ni-Cr 型的 $FeNi_{24}Cr_{12}Mn_{10}Ti_3Al_1$ 及 $03X_{17}H_{40}MTi_3$ЮБР，前苏联已研制成适合于-269℃下工作的弥散强化型高弹性合金 30HXГТЮВ。

13 恒弹性合金

在一定的温度范围内，合金的弹性模量不随或少随温度变化的合金称为恒弹性合金，其性能一般用弹性模量温度系统 β 的大小来衡量：

$$\beta = \frac{E_t - E_{t0}}{E_{t0}(t - t_0)}$$

式中，E_t 和 E_{t0} 分别代表温度为 t_1 和 t_0 时的弹性模量。由于 $E = Af_0^2$，其中 A 为一常数，它与样品的尺寸大小和重量有关，f_0 为合金的固有振动频率，因此该类合金的固有振动频率也很少随温度而变化。由于它们有这些特点所以多用于通信技术、自动化控制、遥控技术和计算机技术等方面，用以制造各种高级机械滤波器、音叉、磁致伸缩型谐振器、频率发生元件，也适于制造各种精密仪器仪表的弹性敏感元件及游丝等。因此根据用途的不同，可将恒弹性合金分为以下三类：

（1）频率元件用；

（2）弹性敏感元件用；

（3）仪器仪表游丝用。

13.1 频率元件用恒弹性合金

13.1.1 频率元件用恒弹性合金的性能

（1）在声学、电学仪器中做音叉、磁致伸缩型的谐振器、频率稳定器以及在无线电设备中用作机械滤波器。当用作机械滤波器时要求具备如下性能：

1）要有高的机械品质因数 Q，一般要求 $Q = \frac{1}{\tan\delta} \geq 15000$，$Q$ 值越大，表征一个电信号通过它较变成机械振荡时所消耗的能量越少。

2）具有小的或一定的频率温度系统 β_f，如用作振子材料时 $\beta_f \leq 2\times10^{-6}/℃$，若用作换能子时则要求合金应具有不同的频率温度系数。例如作为压电换能时，希望合金具有正的频率温度系数；作为电磁换能时，又希望合金具有负的频率温度系数。而且频率温度系数的大小，也要根据换能材料的不同而异。一般 $\beta_f \leq (-5 \sim 60) \times10^{-6}/℃$。

3）具有一定的磁致伸缩特性。

4）具有较高的抗蚀性能。

5）波速一致性好。

该类合金的化学成分和物理性能列于表 13-1 和表 13-2 中的序号 1。

（2）作为磁致伸缩滤波器用的恒弹性合金，一定要求材料具有饱和磁致伸缩性能、可控的机械品质因数 Q、小的频率温度系数 β_f、一定的频带宽度、小的矩形系数 K_π 和高稳定的频率温度系数。该类合金的化学成分和物理性能见表 13-1和表 13-2 中的序号 2。

（3）对制作机械滤波器的耦合丝材料，最好具有低的机械品质因数、高的磁致伸缩性能、高达 430℃的居里温度、一定的波速及波速一致性好等。其化学成分和物理性能见表 13-1 和表 13-2 中的序号 3。

（4）对超声延迟线用低延迟温度系数的合金则主要应具有电学和声学方面的性能：

1）工作频率 $f \leqslant 20$MC。

2）在工作频率范围内具有较低的声损耗。

3）低的延迟温度系数，$\beta_t \leqslant 10 \times 10^{-6}/℃$。

4）良好的抗蚀防锈性能。

实践得知 $FeNi_{35}Cr_9WV$ 合金能满足上述性能要求。具体成分及性能示于表 13-1和表 13-2 中的序号 4。

从表 13-1 得知目前我国用于频率元件的合金，基本属于铁磁性的 Fe-Ni 系沉淀强化合金，是在 Ni-spamc 合金的基础上添加不同的微量元素，以期改善原合金对温度和磁性的敏感性。其敏感的程度可从表 13-3 得到证实。

表 13-3 和以往的实验都证实了 Ni-spamc 合金即使成分有微小的变动都将使热弹性系数和居里点发生很大的变化。众所周知该合金的弥散硬化是通过与基体的晶格参数有很大差别的金属间相 Ni_3Al（γ'相）和 Ni_3Ti（η 相）的共格与非共格析出而发生的，因此使合金具有较强的应力又出现磁不均匀性。所以合金化是影响艾林瓦效应的最基本因素。

为得到高稳定低频率温度系数的合金，在 Ni-spamc 合金中加入 Mo、Cu、Be、Co、Nb、Zr 等元素，起到抑制沉淀相的成长速度、稳定相组织结构和磁结构的作用，从而在相当宽的温度范围内获得较小的频率温度系数。关于各元素对合金的作用文献发表很多，读者可自行查阅。此处只对磁致伸缩滤波器用的恒弹性合金的性能进行较详细的说明。

铁镍基恒弹性合金作为磁致伸缩滤波器材料已有多年历史，由于磁致伸缩滤波器具有体积小、重量轻、介（插）入损耗小、耐振、稳定性好等优点，特别适于小型化无线电通信设备和自动控制设备用的性能要求，当然对材料的性能要求也与日俱增。

表 13-1 频率元件用恒弹性合金的化学成分

序号	合金类型	化学分析成分（质量分数）/%															
		C	Mn	Si	P	S	Ni	Cr	Ti	Al	Mo	Cu	Zr	Co	Ca	Fe	Ge
1	$Ni_{43}CrTiMoCu$	≤0.03	≤0.6	≤0.5	≤0.02	≤0.02	42.8/43.3	4.6/5.0	2.5/2.8	0.5/0.8	1.5/1.9	0.1/0.3				余	
	$Ni_{43}CrTiZrGe$	≤0.03	0.4/0.6	0.3/0.5	≤0.02	≤0.02	43/43.7	4.8/5.1	2.8/3.1	0.4/0.6	0.3/0.5		0.8/1.2		≤0.01	余	0.05/0.15
	$Ni_{43}CrTiCoNb$	≤0.05	≤0.6	≤0.4	≤0.01	≤0.01	42.8/43.6	4.4/4.6	3.1/3.4	0.5/0.7	0.4/0.6		Nb 0.4/0.6	1.4/1.6		余	
	$Ni_{43}CrTiAg$	≤0.03	0.6/0.8	≤0.5	≤0.02	≤0.02	43.5/44	3.8/4.2	2.4/2.8	0.5/0.8	0.3/0.5	Ag 0.2/0.4				余	
	$Ni_{42}CrTiMoCu$	≤0.02	≤0.6	≤0.3	≤0.01	≤0.01	41.2/41.8	3.4/3.8	2.1/2.3	0.6/0.9	2.0/2.2	0.05/0.15				余	
	$Ni_{42}Cr_{4\sim7}TiAl$	≤0.05	≤0.8	≤0.8	≤0.022	≤0.02	42.5/43.0	4/7	2.30/2.70	0.5/0.8						余	
	NiCrTiAlNb	≤0.02	0.40/0.80	0.25/0.60	≤0.01	≤0.01	42.0/43.0	4.7/5.2	2.4/2.8	0.4/0.8	Nb 1.00/1.5					余	
	NiCrTiAl	≤0.05	≤0.6	≤0.5	≤0.02	≤0.02	41.2/42.2	4.8/5.2	2.3/2.7	0.5/0.8						余	
	$Ni_{43}CrTiCoMo$	≤0.05	≤0.60	≤0.40	≤0.01	≤0.01	42.8/43.6	4.40/4.60	3.10/3.40	0.50/0.70	0.40/0.60			1.40/1.60		余	
	$Ni_{42}CrTiAl_{0.8}$	≤0.05	≤0.8	≤0.8	≤0.022	≤0.02	41.5/43.0	5.2/5.8	2.3/2.7	0.5/0.8						余	
2	$Ni_{42}CrTiAl_{0.2}$	0.025	0.28	0.26	<0.005		42.74	5.12	2.06	0.26						余	
	$Ni_{42}CrTi$	0.007	0.27	0.37	<0.007		41.92	5.31	2.34	痕						余	
	$Ni_{43}CrTi$	0.007	0.28	0.38	<0.007		43.36	5.27	2.41	0.18						余	
3	FeNiMn	0.02	0.08/0.14	≤0.1	<0.005		44/44.4					W	Mo+W			余	
4	Fe-Ni-Co		<5	<1.3			20/35				3/15	1.5/10	2.2	5/17		余	
	$Ni_{43}CrTi$		0.6	0.5			43	5.2	2.5	<0.3						余	

表 13-2 频率元件用恒弹性合金的物理性能

序号	合金类型	β_f/℃$^{-1}$	温度范围/℃	机械品质 因数 Q	波速值及一致性			振动模式		用途
					v/m·s^{-1}	$\frac{\Delta v}{v}\times 100\%$				
1	$Ni_{43}CrTiMoCu$	$\leqslant\pm 2\times 10^{-6}$	−25~70	≥15000	4800~5000	同炉号≤0.5% 合格率：90%		纵振和弯曲振动		机械滤波器用
	$Ni_{43}CrTiZrGe$	$\leqslant\pm 2\times 10^{-6}$	−25~70	≥22000	4800~5000					
	$Ni_{43}CrTiCoNb$	$\leqslant\pm 2\times 10^{-6}$	−20~65	≥15000	4800~5000	不同炉号≤1.0% 合格率：99%		扭振		
	$Ni_{42}CrTiAg$	$\leqslant\pm 2\times 10^{-6}$	−30~70	≥15000	4800/5000			弯曲、纵振		
	$Ni_{42}CrTiMoCu$	$\leqslant\pm 2\times 10^{-6}$	−20~80	≥10000	4750/4900					
	$Ni_{42}Cr_{4\sim7}TiAl$	$(-15\sim43)\times 10^{-6}$	−40~80	>9000	4800/5000					
	NiCrTiAlNb	$(\pm20\pm5)\times 10^{-6}$	−30~80	>10000	4850±100					
	NiCrTiAl	$(10\sim20)\times 10^{-6}$	−40~80	>9000	4950±100					
	$Ni_{43}CrTiCoMo$	或 $\beta_{fg}\leqslant\pm 2\times 10^{-6}$	−20~65	>15000	4800~5000			纵振和扭振		
	$Ni_{42}CrTiAl_{0.8}$	$\beta_{fg}\leqslant 6\times 10^{-6}$	−60~60	>7500	2950	中心频率 f_0	频带宽 Δf	扭振		
	$Ni_{43}CrTiAlCe$	或 $\beta_{fg}\leqslant 3\times 10^{-6}$	−60~60	>15000	2900~3000			扭振及纵振		
2	$Ni_{42}CrTiAl_{0.2}$	$\leqslant\pm 2\times 10^{-6}$	室温~70	2000		100Kc	50Hz	纵振		磁致伸缩滤波器
	$Ni_{42}CrTi$	$\leqslant\pm 2\times 10^{-6}$		4000		100Kc	25Hz			
	$Ni_{43}CrTi$	$\leqslant\pm 2\times 10^{-6}$		8000		100Kc	12.5Hz			
3	Fe-Ni-Mn	$<13\times 10^{-6}$	−50~100	≤300	4000/4400			色散时宽 ΔT	纵振	耦合丝
4	$Ni_{35}Cr_9WV$	$\leqslant 10\times 10^{-6}$			介人损耗	6Mc	500Kc	430μs		超声延迟线用，磁致伸缩延迟线
					≤40~50db	10Mc	0.5/4Mc	220μs		
	Fe-Ni-Co	$\pm 1.5\times 10^{-6}$		>30000						

表 13-3 合金成分对温度和磁性的敏感性

序号	化学成分（质量分数）/%							热弹性温度系数	居里点/℃
	Ni	Cr	Ti	C	Al	Mn	Si	(0~50℃)β/℃$^{-1}$	
1	42.3	5.05	2.42	0.02	0.39	0.44	0.32	44.0×10^{-6}	164
2	41.7	5.85	3.06	0.01	0.48	0.42	0.22	22.4×10^{-6}	124
3	41.7	5.56	2.10	0.007	0.35	0.42	0.19	22.0×10^{-6}	185
4	42.3	5.30	2.28	0.012	0.28	0.41	0.21	17.0×10^{-6}	196
5	43.2	5.26	2.44	0.007	0.41	0.36	0.20	3.8×10^{-6}	216
6	41.7	6.63	2.34	0.008	0.41	0.41	0.22	-9.6×10^{-6}	150
7	42.3	4.92	2.36	0.014	0.40	0.42	0.21	46.0×10^{-6}	187
8	39.8	5.36	2.05	0.008	0.42	0.41	0.20	60.0×10^{-6}	157
9	41.4	4.97	2.6	0.008	0.40	0.42	0.22	52.1×10^{-6}	159
10	42.4	6.40	2.86	0.04	0.54	0.43	0.37	10.0×10^{-6}	89

作为磁致伸缩滤波器用的金属材料必须具有可控的 Q 性能和饱和磁致伸缩特性，这也是与一般机械滤波器用材的基本区别。

如设计一台随机自动控制设备中的磁致伸缩滤波器，要求材料具有低的频率温度系数 $\beta_f \leqslant 2\times10^{-6}$/℃，最好使 $\beta_f \leqslant 5\times10^{-7}$/℃。由于随机信号的波形是自然频谱，在利用梳状技术完成整个频谱时，要求三种不同的频带宽度 Δf 为 12.5Hz、25Hz、50Hz 的磁致伸缩滤波器。在此设备中所设计的磁致伸缩滤波器的频带宽度不能用耦合系数来调整，几乎只取决于振子材料的 Q 值，因此要求制作相应的三种不同 Q 值（8000、4000、2000）的材料，并要求具有良好的矩形系数 $K_\pi = \frac{40\text{db}}{3\text{db}} \leqslant 5$，英国作同种滤波器的材料 $K_\pi = 8$，而我国材料的矩形系数 $K_\pi = 9 \sim 10$。

满足上述性能的合金成分列于表 13-4。

表 13-4 合金成分

频带宽度 Δf/Hz	合金炉号	化学分析成分（质量分数）/%									
		C	Si	Mn	P	S	Cr	Ni	Ti	Al	Fe
50	$3C_1$	0.025	0.28	0.26	<0.005		5.12	42.74	2.06	0.26	余
25	62	0.007	0.27	0.37	<0.007		5.31	41.92	2.34	痕	余
	$3C_5$	0.018	0.29	0.26	0.005		5.17	42.9	2.44	0.19	余
12.5	6061	<0.031	0.44	0.49	0.005		5.59	42.05	2.36	0.53	余
	64	0.007	0.28	0.38	0.007		5.27	43.36	2.41	0.18	余

各合金达到的性能指标、冷变形量及时效温度由表 13-5 示出。

表 13-5 各合金达到的性能指标、冷变形量及时效温度

频带宽度 Δf/Hz	炉号	频率温度系数 β_f (室温~70℃)/℃$^{-1}$	机械品质因数 Q	电压输出 $V_{出}$/mV	冷变形程度 ε/%	处理温度 /℃
50	$3C_1$	$<-2\times10^{-6}$	2000	>170	75	550~600
25	$3C_5$	$<-2\times10^{-6}$	4000		95	600~650
	62					
12.5	6061	-2×10^{-6}	8000		75	660~680
	64					

13.1.2 频率元件用恒弹性合金的实验

上述合金成分及其所达到的性能，是通过不同成分、不同冷变形、不同时效处理温度的实验筛选出来的，其实验过程如下。

13.1.2.1 材料的加工工艺

合金是用镁砂坩埚在 10kg 真空感应炉中冶炼，在 25kg 真空自耗炉中重熔。锭重为 8.6kg 或 16kg。合金是由电解镍、电解铬、海绵钛、工业纯铁、金属锰、结晶硅、金属铝等配制而成，其分析成分列于表 13-6。

表 13-6 实验合金的分析成分

合金类型	炉号	化学分析成分（质量分数）/%									
		C	Si	Mn	P	S	Cr	Ni	Ti	Al	Fe	Ti+Cr
铁镍沉淀强化合金	54	0.025	0.47	0.54	0.006		5.69	42.89	2.54	0.61	余	8.23
	55	0.014	0.44	0.52	0.005		5.82	42.82	2.72	0.63	余	8.54
	56	0.013	0.46	0.53	0.005		5.91	42.03	3.0	0.65	余	8.91
	57	0.014	0.48	0.50	0.005		5.78	43.53	2.53	0.61	余	8.31
	58	0.013	0.54	0.49	0.006		5.51	43.01	3.45	0.63	余	8.96
	6061	<0.031	0.44	0.49	0.006		5.59	42.05	2.36	0.53	余	7.95
	62	0.007	0.27	0.37	0.007		5.31	41.92	2.34	痕	余	7.65
	63	0.008	0.26	0.39	0.007		5.4	42.25	2.39	痕	余	7.79
	64	0.007	0.28	0.38	0.007		5.27	43.36	2.41	0.18	余	7.68
	65	0.013	0.26	0.38	0.007		5.36	43.48	2.43	0.39	余	7.79
	$3C_1$	0.025	0.28	0.26	<0.005		5.12	42.74	2.06	0.26	余	7.18
	$3C_2$	0.019	0.28	0.27	<0.005		5.17	43.1	2.57	0.29	余	7.74
	$3C_3$	0.015	0.29	0.28	0.005		5.12	43.11	2.73	0.29	余	7.85

续表 13-6

合金类型	炉号	化学分析成分（质量分数）/%										
		C	Si	Mn	P	S	Cr	Ni	Ti	Al	Fe	Ti+Cr
铁镍沉淀强化合金	$3C_4$	0.015	0.29	0.27	0.005		5.12	43.04	3.29	0.29	余	8.41
	$3C_5$	0.018	0.29	0.26	0.005		5.17	42.9	2.44	0.19	余	7.61
	$3C_6$	0.014	0.28	0.26	0.005		5.22	42.9	2.65	0.53	余	7.87
	$3C_7$	0.013	0.28	0.3	0.005		5.22	42.65	2.49	1.15	余	7.71
	$3C_8$	0.019	0.29	0.26	0.005		5.12	43.11	2.51	1.03	余	7.63
Co 艾林瓦	$3C_9$	0.012	0.07	痕	0.005		12.32	9.83	0.32	Co 42.28	余	

合金锭经扒皮后用高温油炉加热到1160～1180℃，用0.5t 自由锻锤一火锻成40mm×40mm 作为热轧坯料。热轧前将方坯在火燃煤反射炉中加热到1080～1120℃，用方—菱—椭圆—圆孔型轧机一火轧成 ϕ8mm 盘条。将热轧盘条在 H75 箱式电炉中加热到 980℃，水淬后用 50～60℃的 7%HF_2+12%HNO_3+40%H_2SO_4+余为 H_2O 的酸洗液酸洗，涂灰冷拉成 ϕ1.2mm 丝材。丝材的总变形量分别为 75%和 95%。0.35mm 的片材经热锻成板坯，经软化处理，再经冷轧而成，其总变形量为 50%。最后通过冷冲成圆片待用。试样的时效处理温度控制在±1℃。

13.1.2.2 试样的制备及测试方法

将长 50mm、直径 1.2mm 的冷拉棒和 0.35mm 厚的冷轧圆片，用特制的铆枪铆压成近似杠铃形的双节点元件。圆片铆子距棒体两端长度的四分之一处，此处振幅为零，故以此作为支点。然后将各元件经过不同温度进行 4h 的时效处理后再行测试。

测试方法：样品用纵振法测量，测量线路如图 13-1 所示。

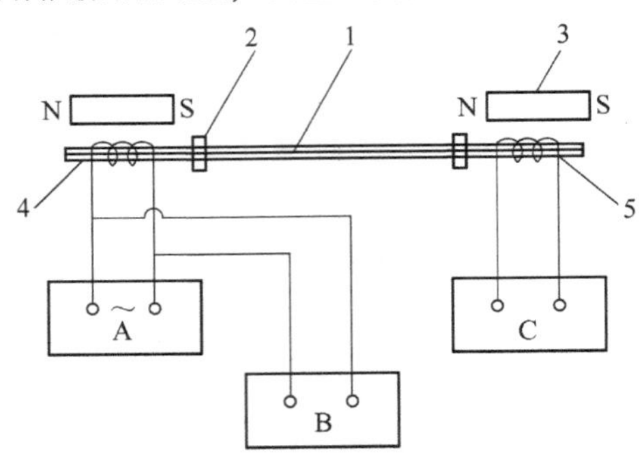

图 13-1 测量线路

1—试样；2—节点；3—偏磁场（170×10^{-4}T）；4—激励线圈；5—接受线圈；A—讯号源；B—频率计；C—电压表（传声放大器）

图 13-1 中试样 1 被两个节点支撑，当激励线圈通以高频电讯号时，由于试样的磁致伸缩效应，引起试样产生固有频率的振动，使接受线圈 5 也获得相同频率的电讯号，当讯号源的频率与试样的固有振动频率相同时，试样发生共振，此时在电压表上可以产生最大的电压输出，其共振曲线如图 13-2 所示。

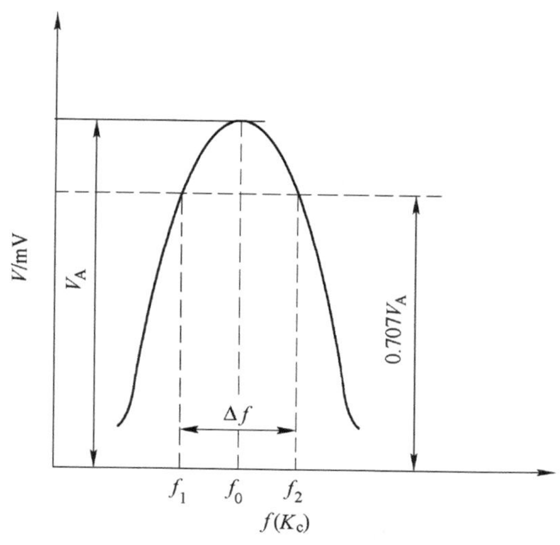

图 13-2 共振曲线

材料的机械品质因数 Q 通过共振曲线求出。从图 13-2 可见，当试样达到共振时，此时中心频率f_0近似 100K_c，而 0.707V_A所示曲线两点分别对称的频率为f_1和f_2，其差即为 Δf，通过公式：

$$Q=\frac{f_0}{\Delta f}=\frac{f_0}{f_2-f_1}$$

求出 Q 值。式中，f_1为下频带；f_2为上频带；Δf 为频带宽度；V_A为f_0对应的电压。

在此装置上同时可以测量频率温度系数β_f：

$$\beta_f=\frac{\Delta f}{f_0\Delta t}$$

式中，f_0为试样的共振频率，Hz；Δt 为测试温度范围，℃。

13.1.2.3 物理性能的实验结果和分析

炉号为 62~65 号及 6061 号重熔料的测试结果示于图 13-3。炉号为 3C_1~3C_9的测试结果列于图 13-4~图 13-7。图中 β_f 为频率温度系数；T 为时效温度（均经 4h），℃；Δf 为频带宽度，Hz；$V_出$ 为电压输出，mV；65.8 表示 65 号炉 ϕ1.2mm 丝材冷变形 $\varepsilon\approx75\%$；65.9 表示 65 号炉 ϕ1.2mm 丝材冷变形 $\varepsilon\approx95\%$；1.7 表示 3C_1号炉的丝材冷变形 $\varepsilon\approx75\%$；1.9 表示 3C_1号炉的丝材冷变形 $\varepsilon\approx$

95%；余者类推。

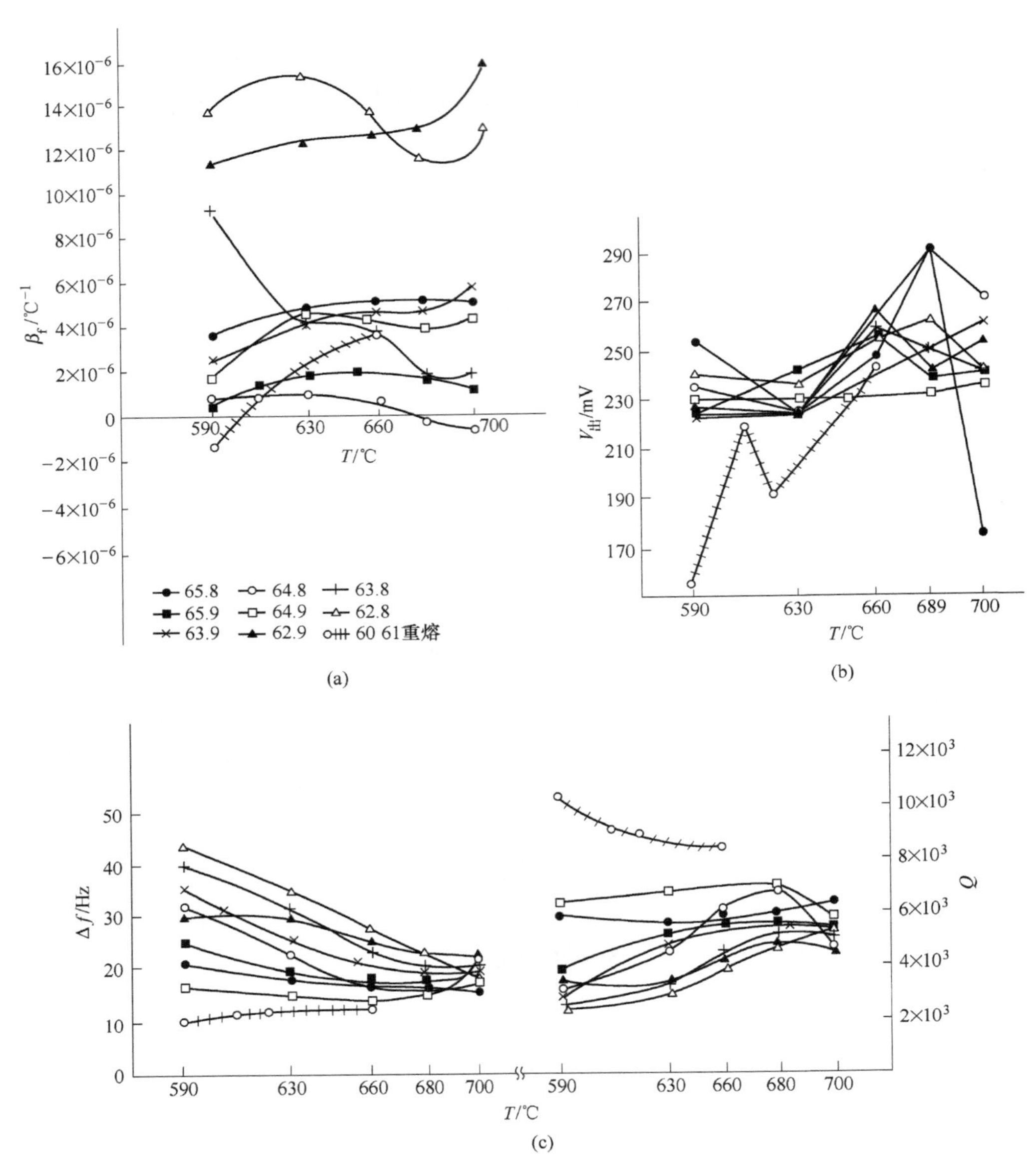

图 13-3 经不同冷变形后元件的 β_f 与时效温度的关系（a）、电压输出与时效温度的关系（b）和 Δf、Q 值与时效温度的关系（c）

测试结果的分析：

（1）时效温度的影响：合金的频率温度系数 β_f 一般随着时效温度的增加趋于正值。只有图 13-3 中的频率温度系数才不敏感于时效温度，而且得到两炉小频率温度系数的合金，这是滤波器材料或频率元件求之不得的。由于镍与钛、铝生成的 Ni_3Ti、Ni_3Al、$(NiFe)_3Ti$、$(NiFe)_3TiAl$ 等沉淀相不断地从固溶体中析出，从而降低了合金中的镍含量，所以得到较平缓的曲线。该曲线的出现象征材料性能是稳定的，如图 13-4 所示。

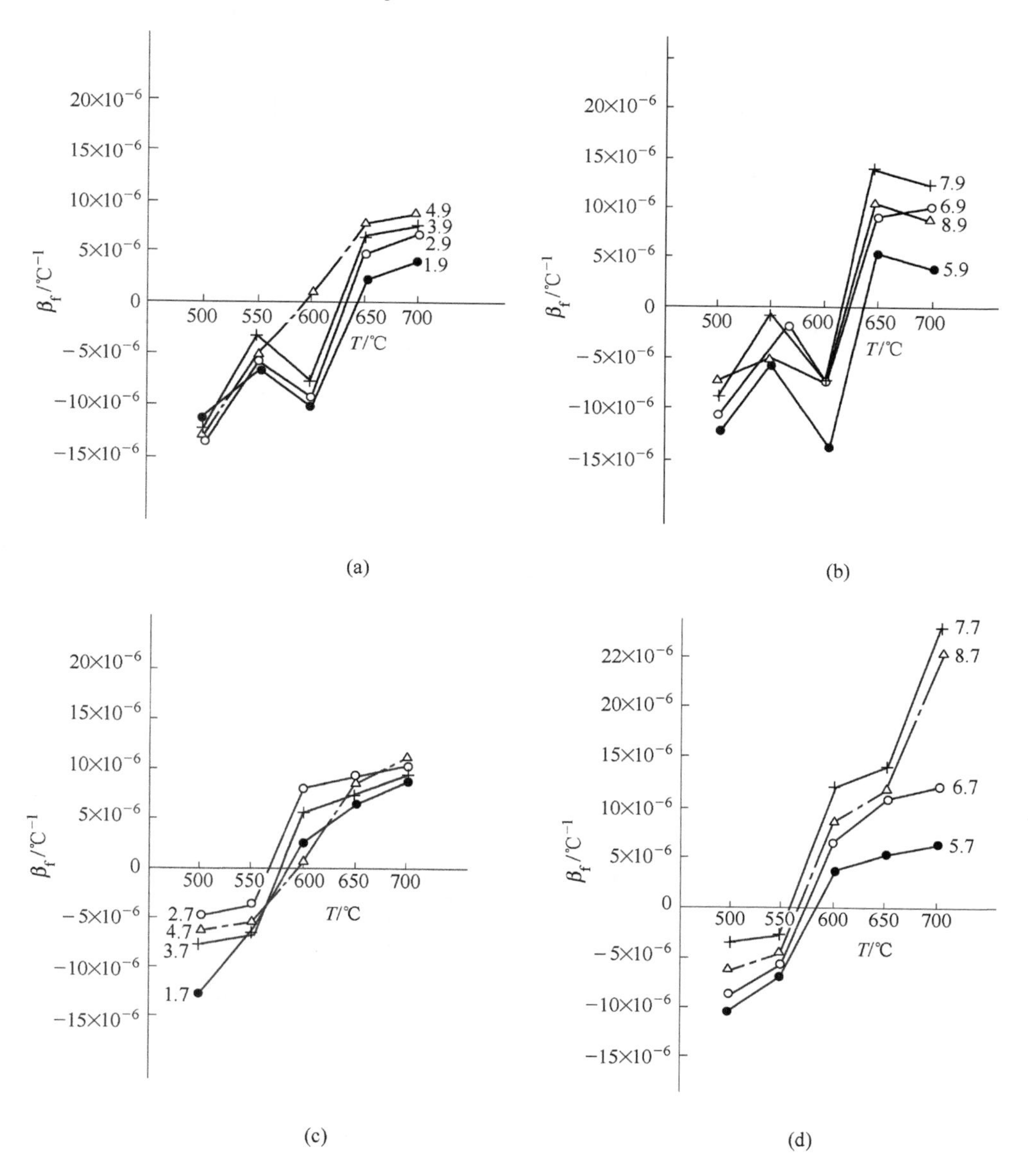

图 13-4 频率温度系数对时效温度的依赖性

(a)，(b) 1~8 号合金 $\varepsilon=95\%$；(c)，(d) 1~8 号合金 $\varepsilon=75\%$

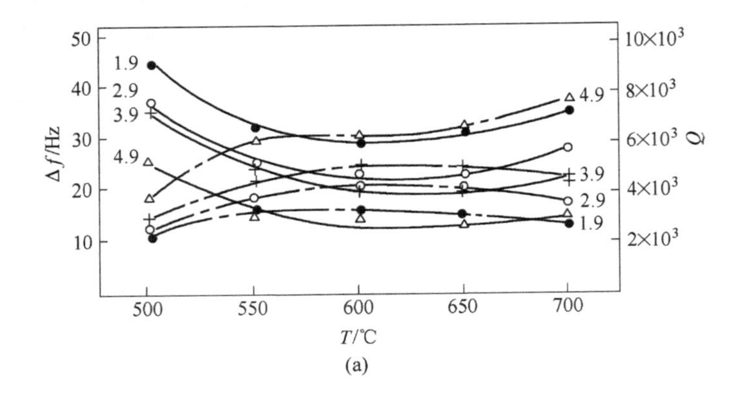

50
40
30
20
10
Δf/Hz
1.9
2.9
3.9
4.9
4.9
3.9
2.9
1.9
10×10^3
8×10^3
6×10^3
4×10^3
2×10^3
Q
500
550
600
650
700
T/℃

(a)

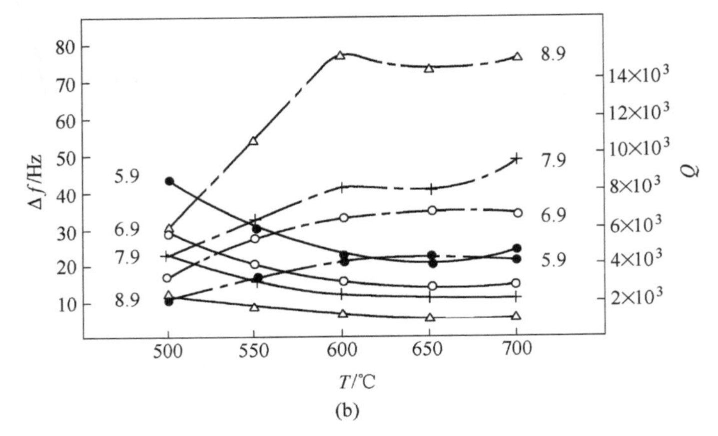

80
70
60
50
40
30
20
10
Δf/Hz
5.9
6.9
7.9
8.9
8.9
7.9
6.9
5.9
14×10^3
12×10^3
10×10^3
8×10^3
6×10^3
4×10^3
2×10^3
Q
500
550
600
650
700
T/℃

(b)

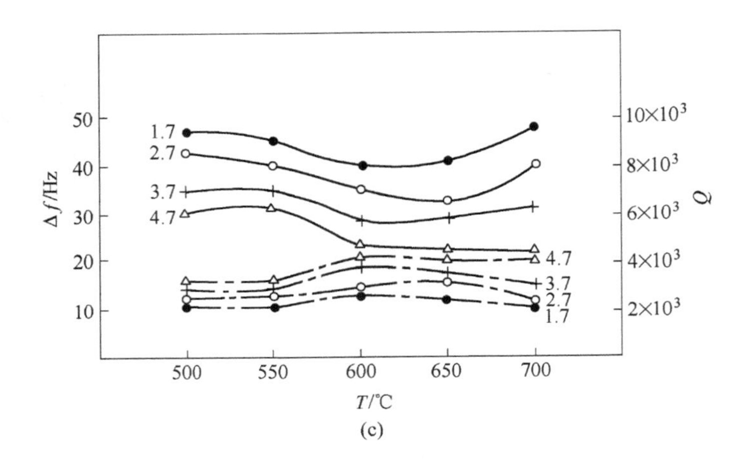

50
40
30
20
10
Δf/Hz
1.7
2.7
3.7
4.7
4.7
3.7
2.7
1.7
10×10^3
8×10^3
6×10^3
4×10^3
2×10^3
Q
500
550
600
650
700
T/℃

(c)

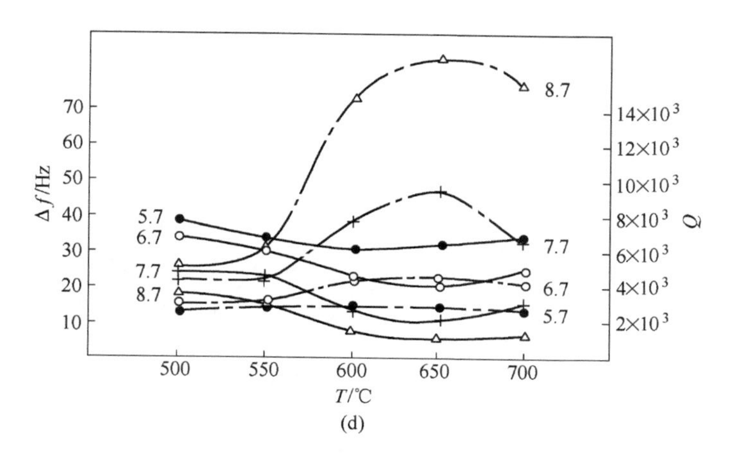

(d)

图 13-5 Δf、Q 值与时效温度的关系

（a）1~4 号炉合金 ε =95%后的元件性能；（b）5~8 号炉合金 ε =95%后的元件性能；
（c）1~4 号炉合金 ε =75%后的元件性能；（d）5~8 号炉合金 ε =75%后的元件性能

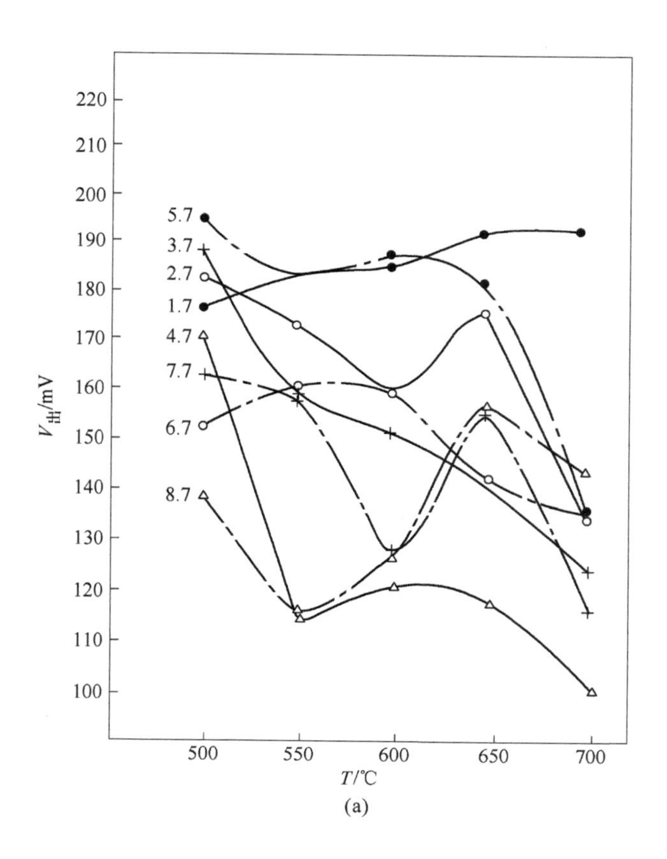

(a)

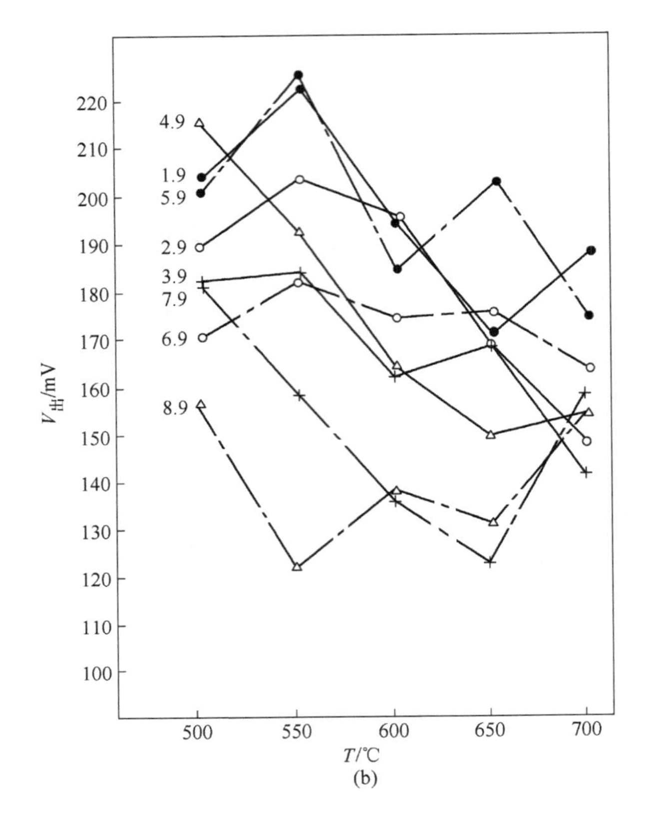

(b)

图 13-6 电压输出与时效温度的关系

（a）1~8 号炉合金 ε =75%后的元件性能；（b）1~8 号炉合金 ε =95%后的元件性能；

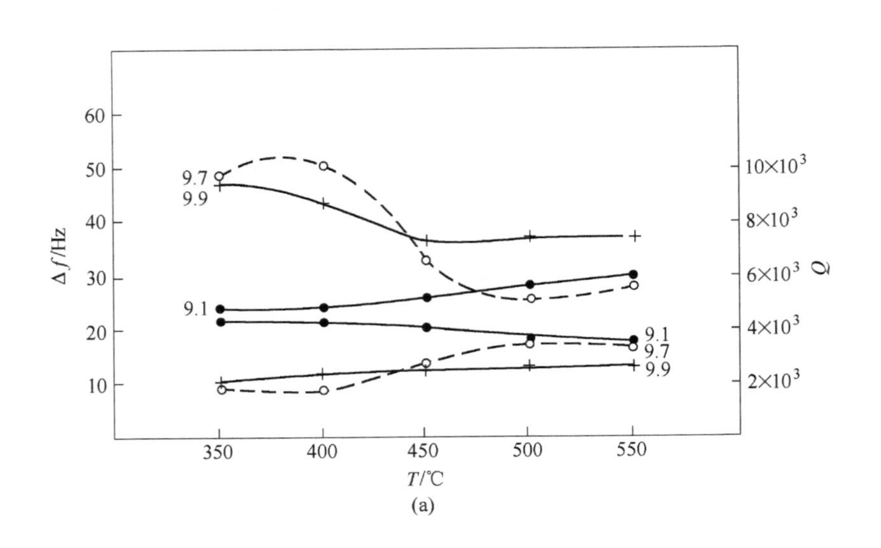

(a)

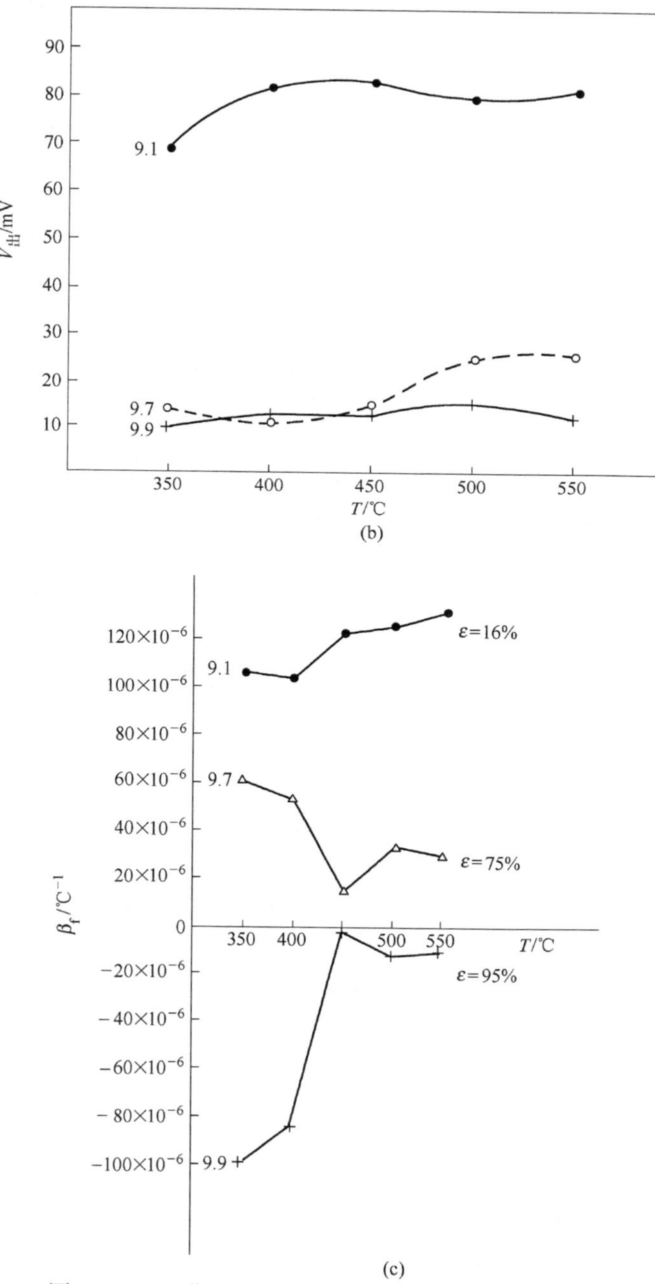

图 13-7 Co 艾林瓦的 Δf、$V_{出}$、β_f与时效温度的关系

(a) 经 $\varepsilon=16\%$、$\varepsilon=75\%$、$\varepsilon=95\%$后元件的 Δf 与时效温度的关系；

(b) 经不同冷变形后元件的电压输出与时效温度的关系；

(c) 经不同冷变形后元件的频率温度系数与时效温度的关系

合金丝的β_f对时效温度相当敏感，也反映出材料性能的不稳定，温度稍有变化，频率漂移很大。为了使这种材料得到小的频率温度系数，时效处理规范的选择是很重要的。

虽然机械品质因数Q和频带宽度Δf以及电压输出$V_{出}$等性能随时效温度的变化也较大，但是不如频率温度系数的变化快。

（2）化学成分对合金性能的影响：

1）Ni含量的变化对β_f的影响：随着镍含量的增加β_f的值偏负，如表13-7所示。又如从65号及62号各炉的Ni含量为43.48%和41.92%时β_f为$(-4\sim15.5)\times10^{-6}/℃$。

表13-7　Ni含量对β_f的影响

炉号	54号	55号	56号	57号	58号
Ni含量/%	42.89	42.82	42.03	43.53	43.01
β_f/℃$^{-1}$	1×10^{-6}	$(0.2\sim0.8)\times10^{-6}$	$(-3\sim-4)\times10^{-6}$	$(-4\sim-6)\times10^{-6}$	$(-2\sim-11)\times10^{-6}$

2）Cr+Ti含量的变化对性能的影响：在同一时效温度范围内随着Cr+Ti含量的变化，β_f由正趋于负值，见表13-8。

表13-8　Cr+Ti含量对β_f的影响

炉　号	55号	56号	58号
Cr+Ti含量/%	8.54	8.91	8.96
β_f/℃$^{-1}$	$(0.2\sim0.8)\times10^{-6}$	$(-3\sim-4)\times10^{-6}$	$(-2\sim-11)\times10^{-6}$

3）铝含量的变化对合金性能的影响：随着铝含量的增加，Δf减小，Q值增加，输出降低，见表13-9。

表13-9　Al含量对Δf的影响

炉　号	62号	$3C_1$号	65号
Al含量/%	0	0.26	0.39
Δf/Hz	45	30	15

4）钛含量的变化对合金性能的影响：钛和铝对合金性能的影响相同，随着钛含量的增加使带宽Δf减小，Q值增加，见表13-10。

表13-10　Ti含量对Δf和Q值的影响

炉　号	$3C_1$	$3C_2$	$3C_3$	$3C_4$
Ti含量/%	2.06	2.57	2.73	3.29

续表 13-10

炉　号	$3C_1$	$3C_2$	$3C_3$	$3C_4$
Δf/Hz	30.0	25.4	20	15
Q	3200	4100	4750	6000

5）杂质含量对合金性能的影响：从测试数据的统计得知，经重熔材料所测得的各参数再现性好，而没经重熔材料的各参数值多波动在某个数值的范围内。从而说明存在于晶界的低熔点的物质和气体夹杂物有降低材料性能稳定性的作用。各图中 6061 及 $3C_1$~$3C_9$各炉料均是重熔的，所以性能的一致性好。

（3）冷变形对合金物理性能的影响：一般是随着冷变形量的增加，Q 值有增加的趋势，$V_{出}$增加，另外随着冷变形程度的增加，获得最低频率温度系数的时效温度增加，如 $3C_1$~$3C_8$各炉的变形量为 75%时获得最低频率温度系数 β_f的时效温度为 550~600℃，而 ε = 95%时获得最低频率温度系数的温度是 600~650℃。这是由于冷变形量的增加使材料的内应力增加，从而降低了材料的磁致伸缩系数。为了弥补这一损失必须提高一定的温度用以消除材料的内应力。因此冷变形程度增加，时效温度也要增加。

（4）图 13-7 示出弱磁恒弹性的钴艾林瓦合金各方面的物理性能。图中表明该合金对时效温度很敏感，能用不同的变形量来控制机械 Q 和频带宽度，但本合金最大的弱点是输出太小，其值仅达 83mV，很不适合用作磁致伸缩滤波器，由于该合金是弱磁性的，致使输出远小于 170mV 而被淘汰。这足以说明只有强磁致伸缩特性的材料才能作为磁致伸缩滤波器的振子。

13.1.2.4　各合金的力学性能与组织的关系

金属弹性是金属较为稳定的力学性能，即弹性模量 E 很少受外在因素的影响。而金属塑性变形的能力和塑性变形抗力是受各种外在因素所影响的。因此，与塑性有关的许多力学性能，甚至在成分确定的情况下，也可能随着金属的加工工艺及实验条件的不同而有剧烈的改变，这种情况称为组织敏感性，因此有必要研究一下材料的力学性能（σ_b、$\sigma_{0.2}$、δ）与合金组织及状态的关系。

图 13-8~图 13-12 示出了 $C_{1\sim4}$号各炉，ϕ1.2mm 合金丝材经不同冷变形和不同温度时效 4h 后，力学性能与不同 Ti 含量的关系。

图 13-8 示出 ϕ1.2mm 冷拉丝材，分别经受 ε = 95%、ε = 75%所取的拉伸试样在 500℃、4h 时效后力学性能随不同 Ti 含量的变化。实践得知，当 Ti 含量达 2.73%，即 $3C_3$ 号炉的合金丝材冷变形 ε 为 95%时，可获得最佳性能，σ_b = 1610MPa，$\sigma_{0.2}$ = 1520MPa，δ = 4%；当 Ti 含量大于 2.73%时，δ 降低，σ_b和 $\sigma_{0.2}$ 也降低。

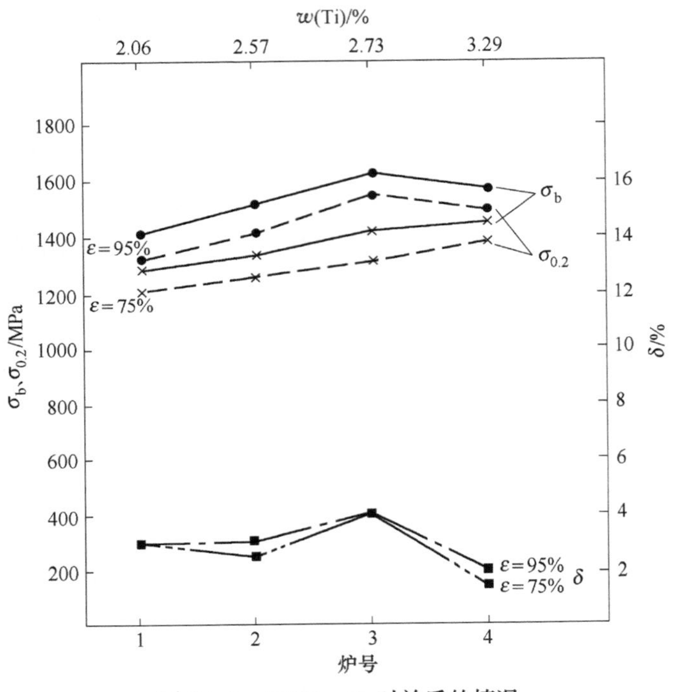

图 13-8 500℃、4h 时效后的情况

图 13-9 为经 550℃、4h 时效后力学性能与 Ti 含量的变化关系。此时获得最佳性能的条件是：$\varepsilon=95\%$，经 550℃、4h 时效，当 Ti 含量达到 3.29%时，$\sigma_b=1680\text{MPa}$，$\sigma_{0.2}=1500\text{MPa}$，$\delta\approx2\%$，如果用于抗冲击大的元件，可采用 $\delta\approx4\%$时的 $3C_3$ 号炉，此时 Ti 含量为 2.57%～2.73%，$\sigma_b\geqslant1600\text{MPa}$，$\sigma_{0.2}\geqslant1500\text{MPa}$。

图 13-10 示出 $\phi1.2$mm 丝材经 600℃、4h 时效后力学性能随 Ti 含量的变化。该图表明经 600℃、4h 时效，Ti 含量的变化对力学性能影响不大，而且冷变形的不同对力学性能也没什么影响。其最佳性能为 $\sigma_b\approx1600\text{MPa}$，$\sigma_{0.2}=1400\sim1500\text{MPa}$，$\delta=3\%\sim6\%$。

图 13-11 示出 $\phi1.2$mm 丝材经 75%的冷变形加 650℃、4h 时效后，当 Ti 含量由 2.06%增加到 3.29%时，可获得性能的最佳值，即 $\sigma_b=1400\text{MPa}$，$\sigma_{0.2}=1230\text{Pa}$，$\delta=3\%$。冷变形与 Ti 含量的变化对 σ_b影响不大。$\sigma_{0.2}$随着 Ti 含量的增加而降低。

从图 13-12 得知 $\phi1.2$mm 冷拉丝的冷变形对 σ_b和 $\sigma_{0.2}$影响不大，$\varepsilon=75\%$时，$\sigma_b=1150\sim1200\text{MPa}$，$\sigma_{0.2}=1080\text{MPa}$，$\delta\geqslant7\%$，是在 Ti 含量为 2.06%，经 700℃、4h 时效后获得的。

总之，从综合性能来看，随着 Ti 含量的不同，在某种状态下都可获得最佳性能，可参见表 13-11。

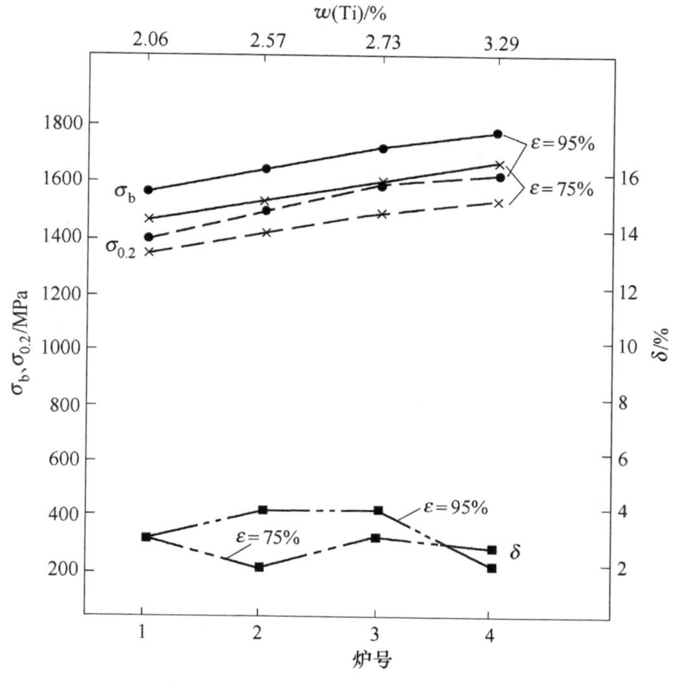

图 13-9 550℃、4h 时效后的情况

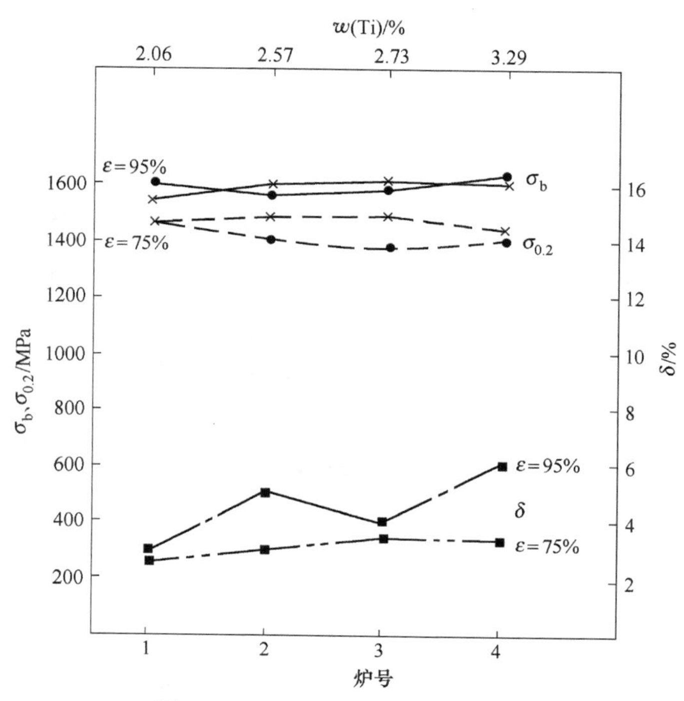

图 13-10 600℃、4h 时效后的情况

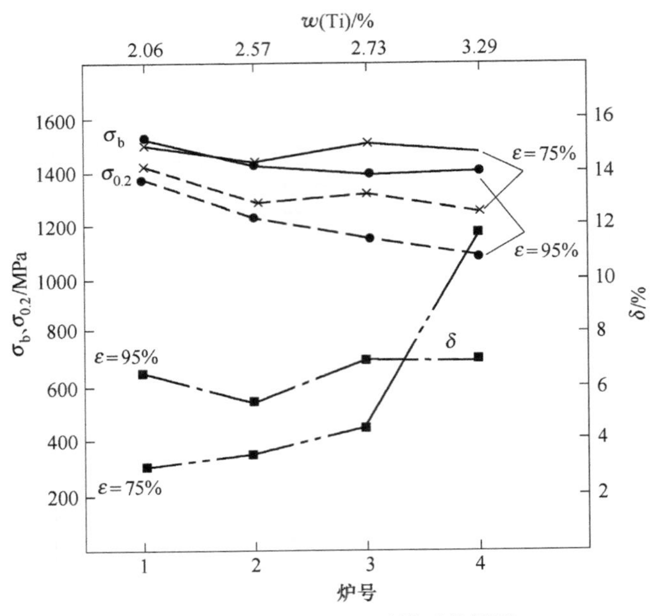

图 13-11　650℃、4h 时效后的情况

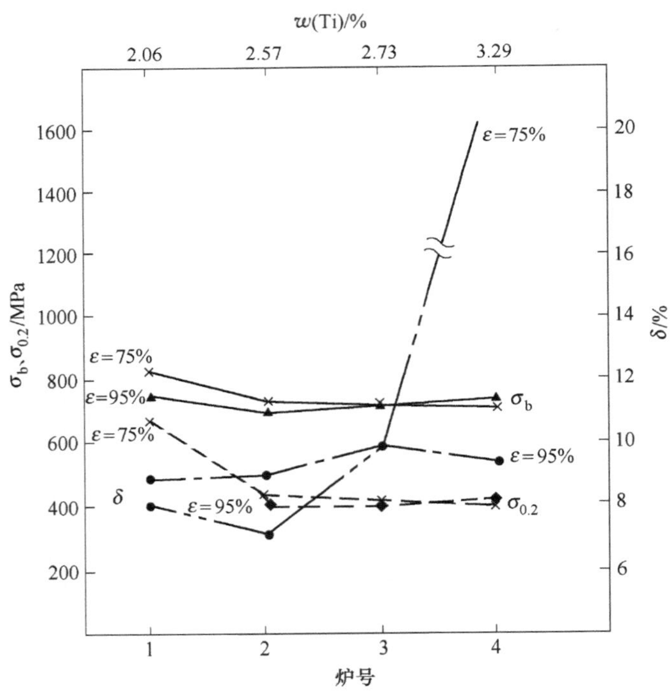

图 13-12　700℃、4h 时效后的情况

表 13-11 不同状态下获得的最佳性能

图号	状 态	σ_b/MPa	$\sigma_{0.2}$/MPa	δ/%	w(Ti)/%
图 13-8	ϕ1.2mm，ε=95%+500℃、4h	1610	1520	4	2.73
图 13-9	ϕ1.2mm，ε=95%+550℃、4h	1600~1680	1500	2~4	2.57~3.29
图 13-10	ϕ1.2mm，ε=75%~95%+600℃、4h	1600	1400~1500	3~6	2.06~3.29
图 13-11	ϕ1.2mm，ε=75%+650℃、4h	≥1400	≥1234	≥3	2.06~3.29
图 13-12	ϕ1.2mm，ε=75%+700℃、4h	1150~1200	1080	≥7	2.06

试验结果表明，随着 Ti 含量的变化，力学性能有较强的变化规律，当温度在 500~600℃时，σ_b和$\sigma_{0.2}$随着 Ti 含量的增加而明显增加。温度在 650~700℃时，随着 Ti 含量的增加强度降低，而δ却增加。这是与沉淀相的性质与析出程度有关。比如 500~600℃刚好是 Ni_3Al（γ'相）开始析出的温度，γ'相是有序化面心立方结构的金属间化合物，它的硬度很高，大于 650℃是 Ni_3Al 析出的高峰，如果有足够的 Al，在该温度下的强度应该更高。但是随着 Ti 含量的增加，η 相（Ni_3Ti）在 650℃以上已开始析出，从而抑制了 Ni_3Al 相的析出，Ni_3Ti 在650~800℃时效时，生成胞状群体形态，对硬度的提高贡献较大，是密排六方晶格结构，它的出现会使合金的脆性增加，从而降低了强度。因此不难理解图 13-13~图 13-17 中 $3C_{5\sim8}$各炉 ϕ1.2mm 的丝材经不同冷变形后，在同一时效温度下的强度，随着铝含量的增加而增加，在合金中添加 Ti 或 Al，都是随着时效温度的增加，导致强度的降低，而延伸却增高。并且屈服强度$\sigma_{0.2}$和破断强度σ_b，越随着温度的增加越不受冷变形的影响。

图 13-13 示出 ϕ1.2mm $3C_{5\sim8}$各炉丝材，经不同冷变形加 500℃、4h 时效后的力学性能随着 Al 含量的变化，在此温度下，Al 含量≥0.53%，经 95%冷变形可获得最佳性能，σ_b=1600MPa，$\sigma_{0.2}$=1500MPa，δ≥3%。

图 13-14 示出 ϕ1.2mm 丝材经不同冷变形，同在 550℃、4h 时效后的力学性能随 Al 含量的变化。此时经 ε=95%，可获得最佳性能，σ_b≥1600MPa，$\sigma_{0.2}$≈1500MPa，δ≥4%。Al 含量范围很宽，0.19%~1.15%的 Al 均可。

图 13-15 示出，经 ε=95%，ϕ1.2mm 的丝材，σ_b=1600MPa，$\sigma_{0.2}$=1430MPa，δ≥5%，算是 600℃时效时的最佳性能。

图 13-16 示出 ϕ1.2mm $3C_{5\sim8}$各合金冷拉丝材，经 650℃、4h 时效后，力学性能与 Al 含量的关系。

实验结果表明，Al 含量大于 0.53%经 95%冷变形，可获得较高的力学性能。其 σ_b≥1500MPa，$\sigma_{0.2}$≥1300MPa，δ≥5%。

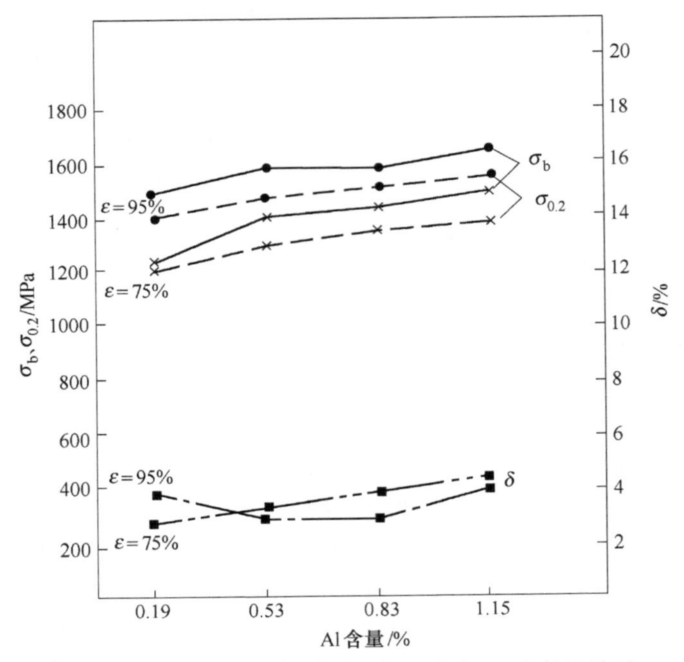

图 13-13 500℃、4h 时效后力学性能与 Al 含量的关系

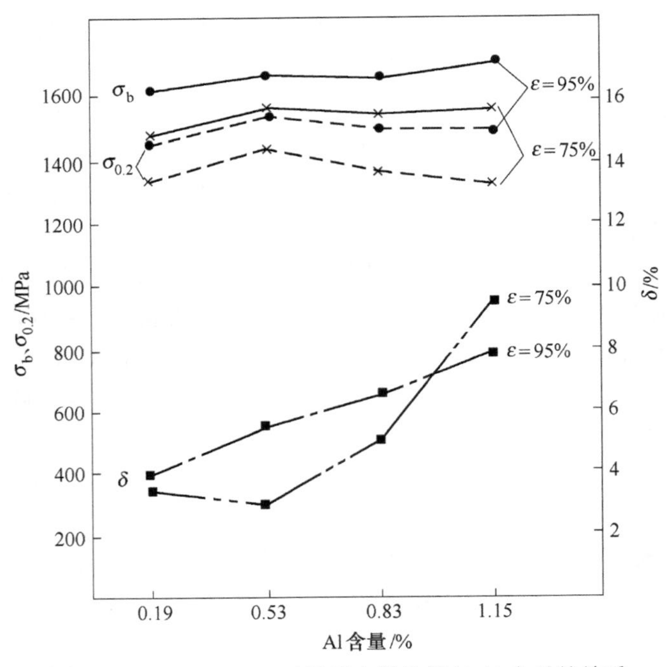

图 13-14 550℃、4h 时效后力学性能与 Al 含量的关系

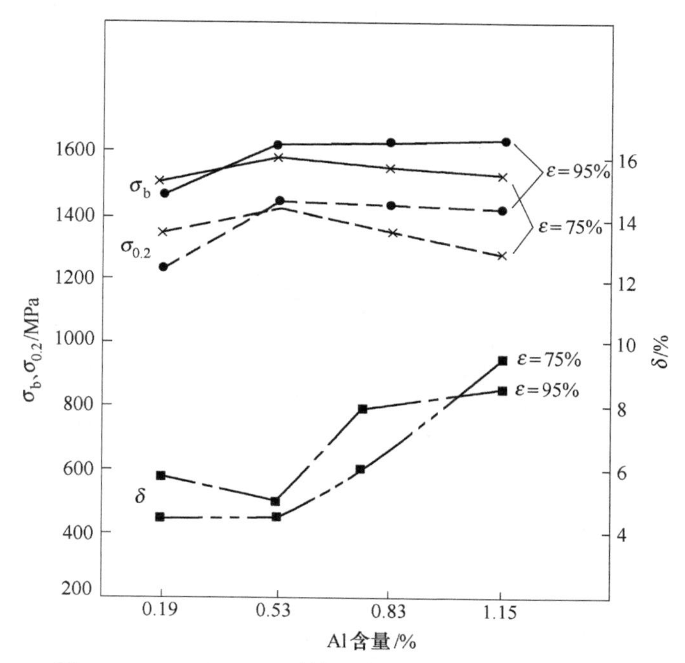

图 13-15 600℃、4h 时效后力学性能与 Al 含量的关系

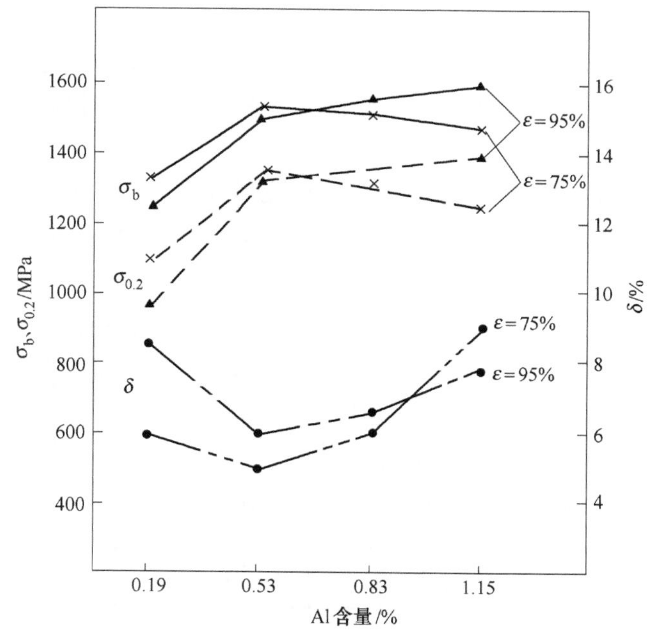

图 13-16 650℃、4h 时效后力学性能与 Al 含量的关系

图 13-17 表明 ϕ1.2mm 3$C_{5\sim8}$各丝材经不同冷变形，加 700℃、4h 时效后，力学性能随 Al 含量的变化关系。

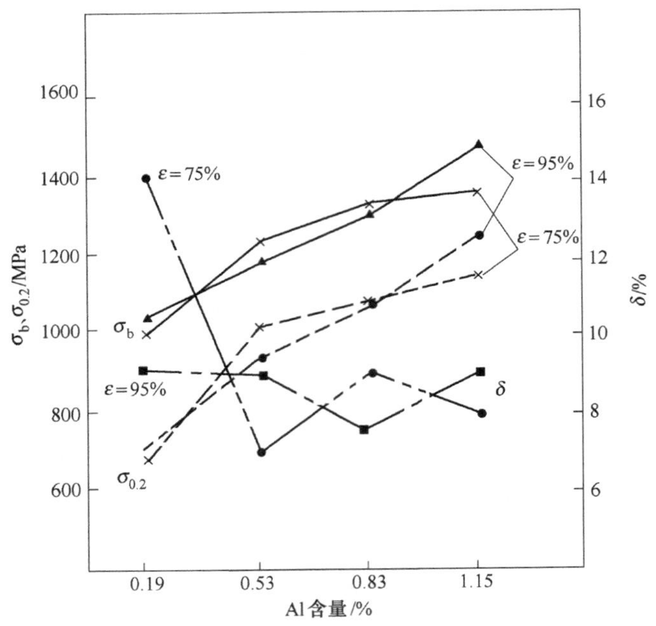

图 13-17 700℃、4h 时效后力学性能与 Al 含量的关系

图 13-17 所示的实验结果表明，ε =95%时 $\sigma_b \geqslant$ 1400MPa，ε =75%可获得 $\sigma_b \geqslant$ 1250MPa，$\sigma_{0.2}$ = 1130MPa，δ=7%，这是最佳的性能，此时的合金 Al 含量大于 1.03%。

综上所述，如果在同种时效温度下，冷变形程度相同，Al 含量大于 0.53%，都可以达到不同温度下的最佳性能，如表 13-12 所示。Al 含量的变化对力学性能影响不大。

表 13-12 不同状态下 Al 含量对力学性能的影响

图号	状 态	σ_b/MPa	$\sigma_{0.2}$/MPa	δ/%	w(Al)/%
图 13-13	ϕ1.2mm，ε =95%+500℃、4h	1600	1500	3	>0.53
图 13-14	ϕ1.2mm，ε =95%+550℃、4h	1620	1500	4	>0.19
图 13-15	ϕ1.2mm，ε =95%+600℃、4h	1600	1430	5	>0.53
图 13-16	ϕ1.2mm，ε =95%+650℃、4h	1500	1300	5	>0.53
图 13-17	ϕ1.2mm，ε =75%+700℃、4h	1250	1130	8	>1.03

图 13-18～图 13-21 示出 ϕ1.2mm 3C_1～3C_4各炉丝材分别经过 95%和 75%冷

变形，力学性能与时效温度的关系。

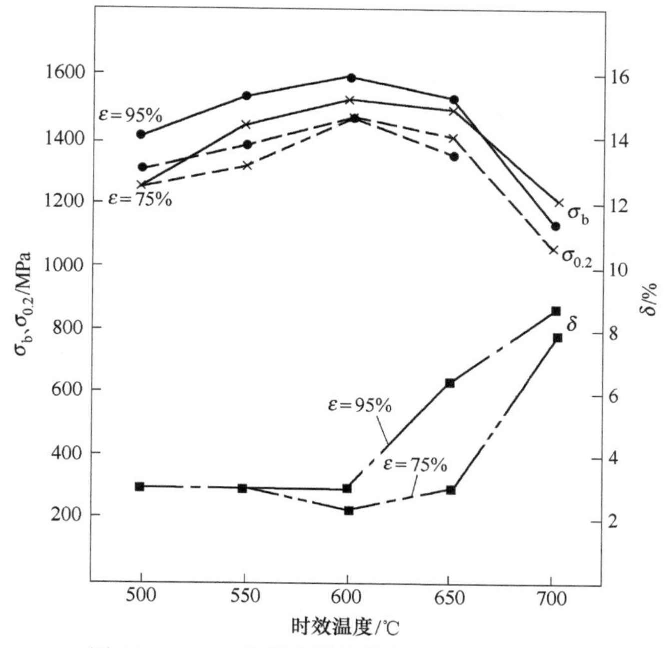

图 13-18　$3C_1$丝材力学性能与时效温度的关系

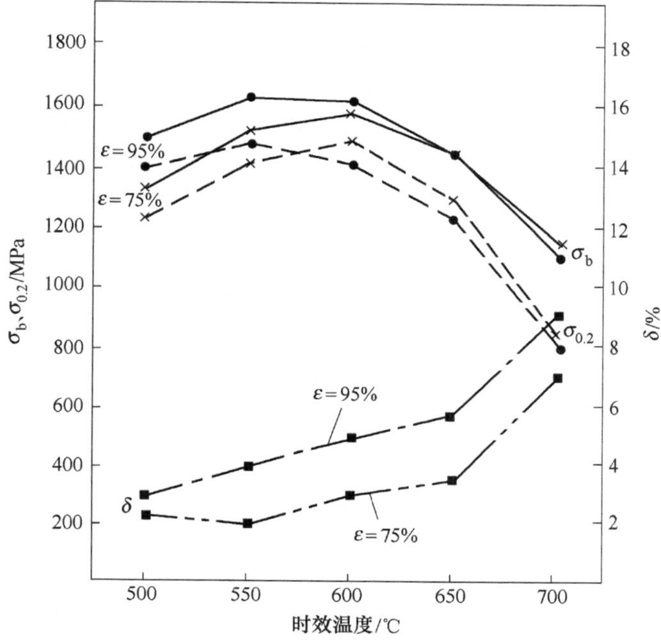

图 13-19　$3C_2$丝材力学性能与时效温度的关系

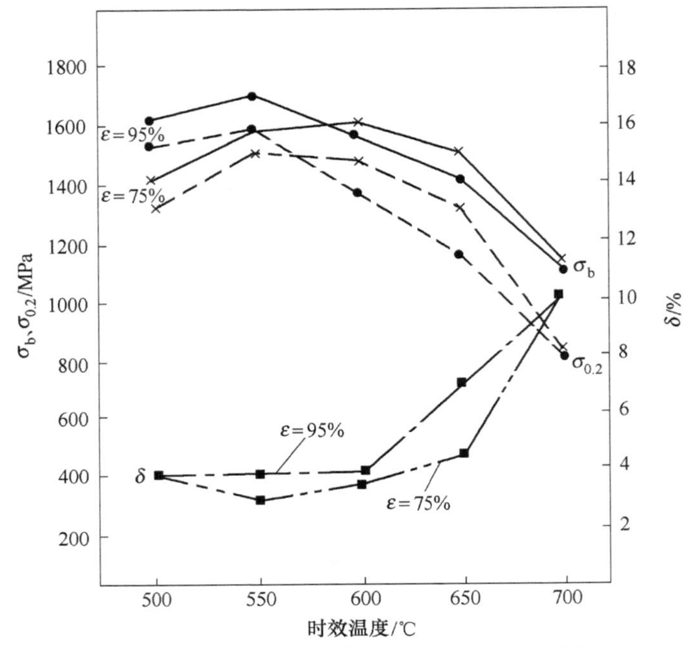

图 13-20　$3C_3$丝材力学性能与时效温度的关系

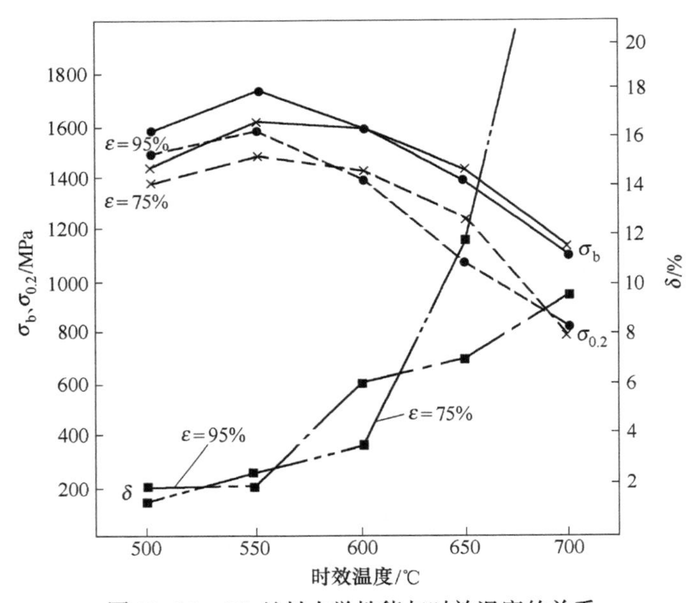

图 13-21　$3C_4$丝材力学性能与时效温度的关系

图 13-18~图 13-21 示出，当 Ti 含量大于 2.57%时获得最佳性能的时效温度为 600℃。而当 Ti 含量小于 2.57%时获得最佳性能的时效温度为 550℃。

图 13-22~图 13-25 为 ϕ1.2mm $3C_5$~$3C_8$冷拉丝材经不同冷变形后力学性能与时效温度的关系。

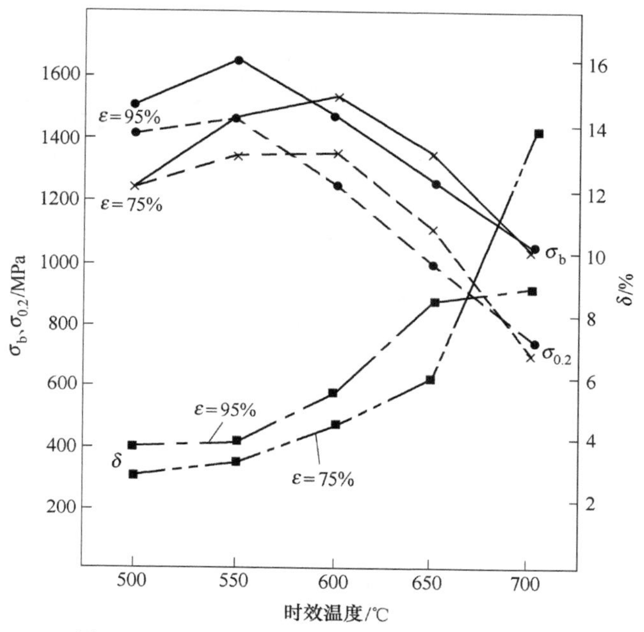

图 13-22 $3C_5$丝材力学性能与时效温度的关系

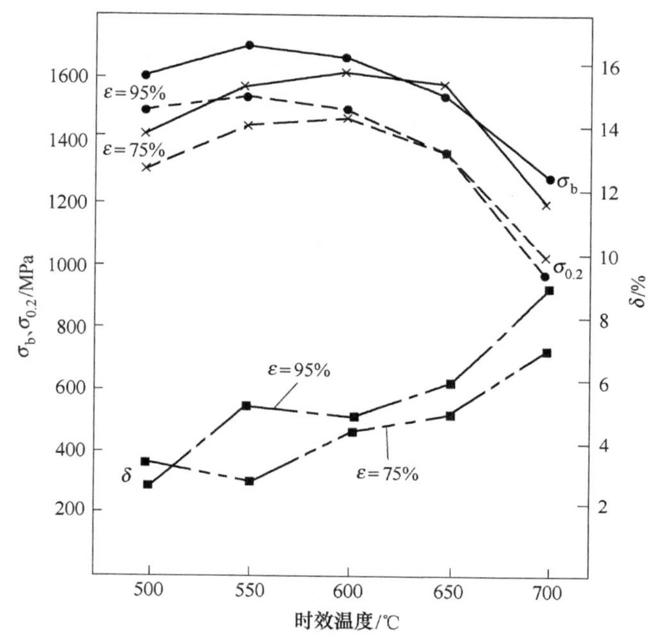

图 13-23 $3C_6$丝材力学性能与时效温度的关系

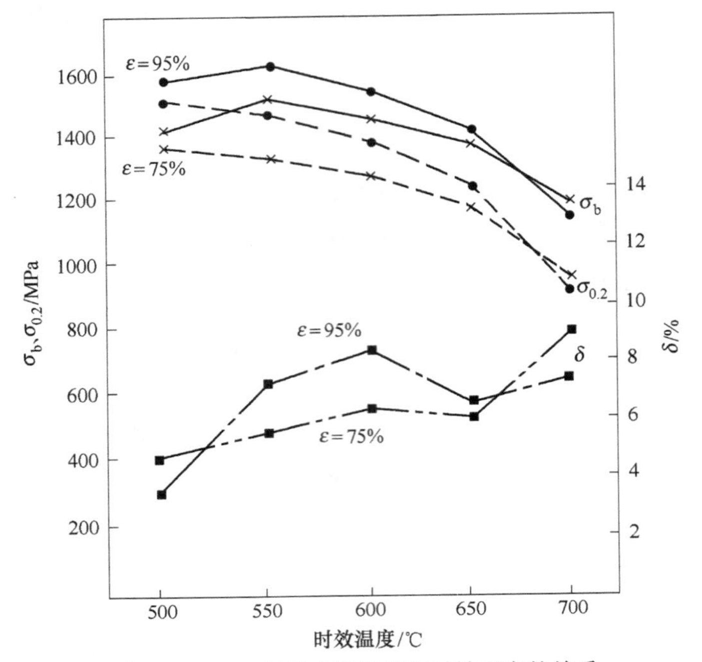

图 13-24　$3C_7$丝材力学性能与时效温度的关系

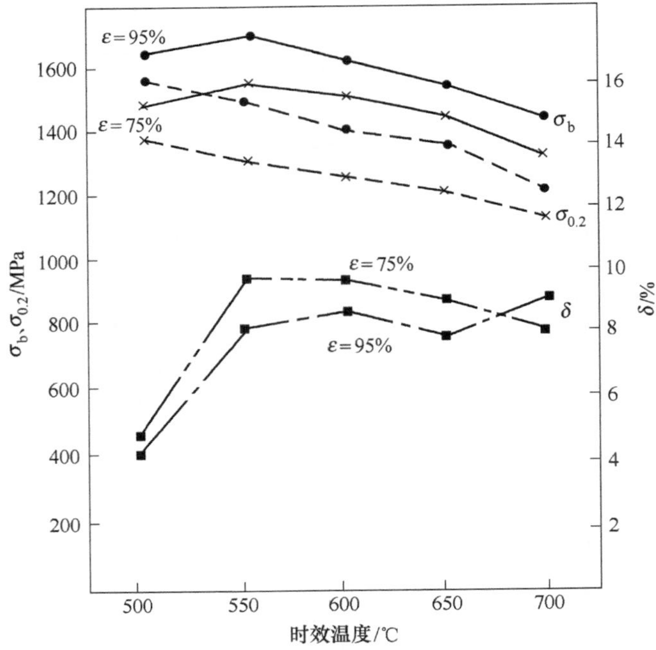

图 13-25　$3C_8$丝材力学性能与时效温度的关系

从图 13-22 看出获最高性能的时效温度为 550℃，且随着温度的增加强度明显的降低，延伸则相反。

从图 13-23～图 13-25 可知：力学性能对时效温度不太敏感，虽然都随着时效温度的增加而降低，但降低的幅度不大。温度从 500℃到 650℃都能得到最高的力学性能，其 $\sigma_b \geqslant 1600\text{MPa}$，$\sigma_{0.2} \geqslant 1250\text{MPa}$，$\delta \geqslant 3\%$。另外随着时效温度的增加，经两种冷变形的力学性能降低的趋势和幅度相近。只是在高温区，低变形量的强度有偏高的倾向。

总之，图 13-18～图 13-25 所示各实验结果表明，在合金中添加等量的 Ti 和 Al 时，Al 比 Ti 的强化效果明显。

图 13-26 示出钴艾林瓦 ϕ1.2mm $3C_9$合金丝材分别经 95%和 75%冷变形后的力学性能与时效温度的关系。从图 13-26 示出：$3C_9$的 σ_b和 $\sigma_{0.2}$是随着时效温度的增加而降低，说明最好的时效温度是低于 500℃；另外，钴基合金的强度高于 Fe-Ni 基合金。

总之，由于金属的弹性、磁性、机械应力及磁致伸缩特性对金属的组织变化很敏感，在研究合金化、热处理及塑性变形等问题时，首先必须知道合金内的元素是如何分布的，沿晶界还是晶内分布，其中哪些元素及有多少形成固溶体，以及哪些元素能形成或溶入碳化物或金属间化合物。

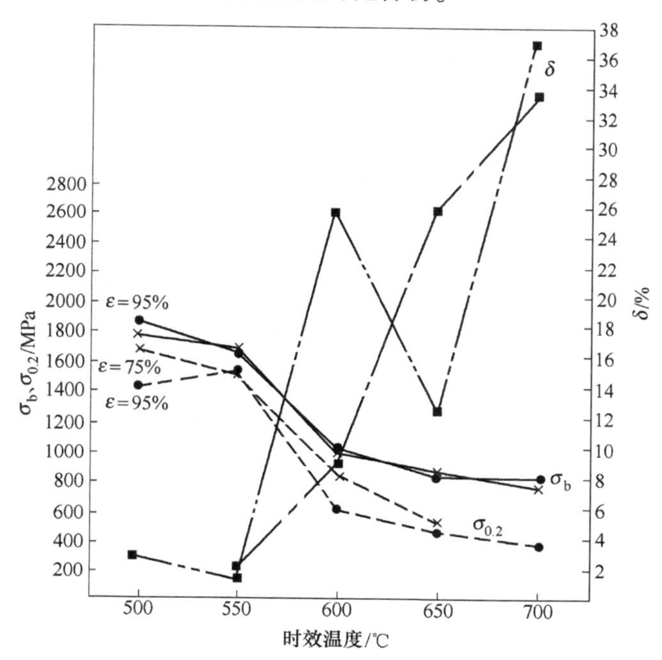

图 13-26 $3C_9$丝材力学性能与时效温度的关系

凡是溶入固溶体内的元素，都可以提高原子间的结合强度，改变晶粒及嵌镶结构的组织，造成晶格的歪曲，提高再结晶温度以及减缓扩散过程。但是靠在固溶体范围内进行合金化以提高强度是不够的，还须靠形成金属间化合物及碳化物来达到。然而要想弄清这一切还需做大量的实验工作。

做频率元件用的材料要求在-40~100℃的温度范围内弹性模量与温度无关，而铁磁性材料是在较高的居里点温度附近弹性模量才与温度关系不大，所以我们要使合金成分范围选择在一定的温度以上，降低居里点。于是要选择的合金，既要有高的磁致伸缩又要有较低的居里温度，由分析可知，合金成分选在 w(Ni) = 41%~43%较宜，并得到实践的证实。

13.2 弹性敏感元件用恒弹性合金

在仪器仪表中的螺旋弹簧、膜盒膜片、引力扭摆仪的吊丝、张力带、压力传感器等敏感元件多采用恒弹性合金。常用的弹性元件不是细丝就是薄带，工作过程中经受拉伸、弯曲、扭转等应力时，表面层承受的应力最大，材料表面的状态，如粗糙度、残余应力的大小，氧化程度等因素对弹性元件的性能和使用寿命带来很大影响，所以要求材料不仅具有小的弹性温度系数，而且要有较大的弹性极限、低的弹性后效、小的滞后、小的残余应力、较高的抗蚀性、无磁和抗蠕变等性能。尽管现在广为应用的材料性能与所求相去甚远，但也远非昔日可比，除了对老材料加深认识外，对新材料也进行了探索，并取得可喜的科研成果，如上海钢研所研制的无磁 Nb 基恒弹性合金，其性能如下：

（1） Nb-28Ti-5Al-1Zr 合金，σ_b = 1460~1600MPa，$\sigma_{0.002}$ = 1250~1350MPa，δ = 8%~14%，E = 110GPa，β = (11.3~11.7)×10^{-5}/℃，α = 9.0×10^{-5}/℃，并具有良好的无磁、高温恒弹等性能。

（2） Nb-28Ti-5Al-3Mo-1Zr 合金，在最佳状态具有 σ_b = 1540~1600MPa，$\sigma_{0.002}$ = 900~1100MPa，δ = 3.5%~11%，E = 110GPa，β = (-8.3~-10)×10^{-5}/℃，α = 8.9×10^{-6}/℃，同时还兼有良好的无磁、高温恒弹性能。但应用最广的是 3J53 合金，其成为见表 13-13。

表 13-13 3J53 合金的化学成分 （%）

C	Mn	Si	P、S	Ni	Cr	Ti	Al	Fe
≤0.05	≤0.8	≤0.8	≤0.002	42/43.5	5.2~5.8	2.3~2.7	0.5/0.8	余

该合金属于沉淀强化合金，成分与磁致伸缩滤波器用的恒弹性合金相近，具有相同的组织结构，所以磁性较强，只适于对磁性要求不高的场合。

13.2.1　3J53 合金的组织结构

3J53 合金在高于 950℃时所有的合金化元素都溶于 Fe-Ni 组成的面心立方晶格中，成为单相的 γ 固溶体，若快速冷却（如水淬）就会把这种高温结构固定下来，成为过饱和的固溶体。若再经过 550~750℃（保温 0.5~4h）的时效热处理，就会从过饱和固溶体中析出形式为 Ni_3Al、Ni_3Ti、$(NiFe)_3Ti$ 和少量的 TiC、$Cr_{23}C_6$的化合物，这些化合物沿着晶界或基体中析出，若时效之前预先经过冷变形。分解的程度增加，并且分解相更细碎。Al 元素的加入，强化相应为少量的 γ′相（Ni_3Al），但由于 Al 含量仅加入 0.5%，所以起主导作用的相仍然是 Ni_3Ti（η 相）或（$(NiFe)_3Ti$，少量的铝溶解在固溶体或 η 相中而独立相未形成。Cr 元素的加入量约为 5%，也未参与强化相的输出而溶解在固溶体中。Al 和 Cr 的加入，都导致分解的 η 相沿着固溶体的整个体积弥散析出。由于 Ni、Ti 和 Cr 元素在固溶体中的百分比随着热处理温度的变化而迅速变化，且导致合金弹性温度系数的变化，因此适当选择热处理温度可以调整 β 值。图 13-27 示出合金的 β 值（弹性模量温度系数）随着合金中 Cr+Ti 含量及热处理温度的变化而迅速变化。这里的 Ti 含量，是合金的 Ti 含量减去 4C 含量（由于生成 TiC），从图中看出，随着合金化元素的不同，为了得到小的弹性温度系数 β，也应适当更改时效热处理制度。C. A. Clack 认为，在热处理过程中固溶体中元素的变化而引起 β 的变化，可以用下式表示：

$$\beta = \frac{2}{f} \times \frac{\mathrm{d}f}{\mathrm{d}T} = 267 - 30A - 7(N - 35.5)^2$$

式中，N、A 分别为 Ni 在基体中的余量和基体中合金化元素含量（包括 Cr、Ti、Al、Si、C、Mn 等）。由于 Ti 和 C 在基体中的溶解度分别为 1%和 0.007%，因此在计算 N 和 A 时必须考虑，比 1%Ti 多的 Ti 含量，同 3.66 倍 Ni 形成的化合物，和比 0.007%C 多的 C 含量，同 16.6 倍的 Cr 生成化合物。图 13-28 表示的是按上述公式计算的和实验的 β 值同基体中 Ni 含量之间的关系。

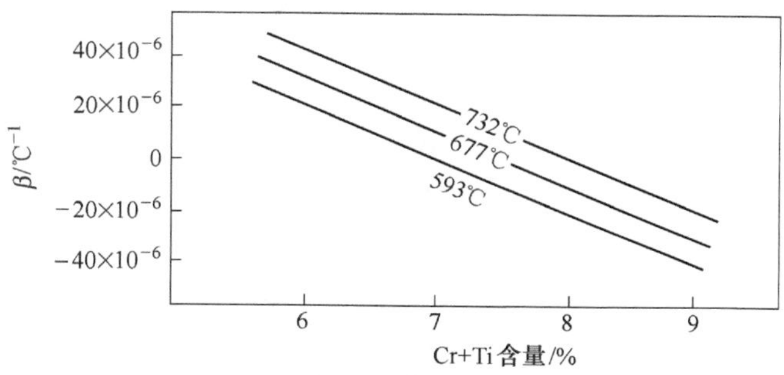

图 13-27　β 值与 Cr+Ti 含量及热处理温度的关系

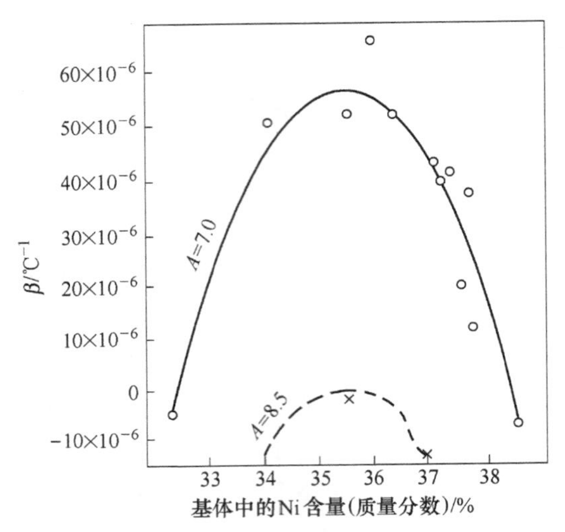

图 13-28 按 C. A. Clack 公式计算（$A=8.5$）和试验（$A=7.0$）的 β 值同基体中 Ni 含量的关系

化学元素和热处理制度的不同，弹性温度系数将发生显著的变化。因此生产此合金时要特别注意化学成分的选择，尽量降低 C、N、S 等杂质的含量，否则性能不均。若用该合金作谐振元件时，要求在-40～100℃温度范围内，具有较大的磁性，而用作游丝时却要求有尽可能低的磁性。

13.2.2 3J53 合金的物理及力学性能

3J53 合金的磁饱和强度一般为 0.4T，磁致伸缩介于 $(15\sim25)\times10^{-6}$。3J53 合金的弹性滞后效应在高变形量下冷加工后，再进行时效处理可以降低到 0.02%，同时机械 Q 值也可以大大提高。如图 13-29 所示，变形量或面缩率 ψ 越大，Q 值越大，最高可达 15000，相应的对数衰减为 2×10^{-4}。

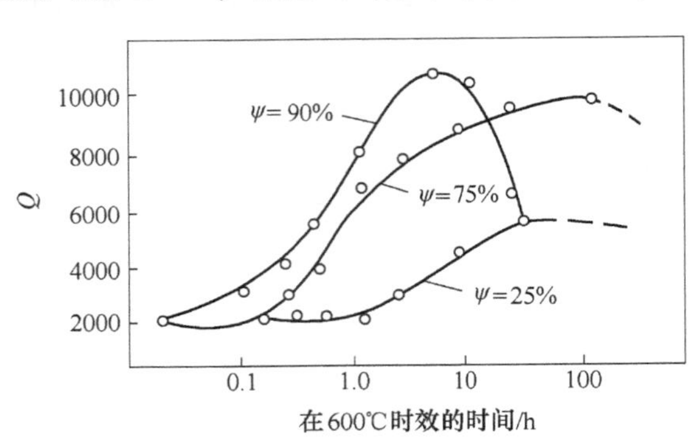

图 13-29 3J53 合金 Q 值与时效时间和面缩率的关系

该合金的疲劳次数可达10^8次，此时的许用应力为抗张强度的25%～30%（它的$\sigma_b \geq$ 1250MPa）。

该合金的弹性模量随时效温度（均保温1h）的变化示于图13-30，从图上看出经预先淬火的合金在675℃时效1h可达到较高的弹性模量。同时它们的强度也很高。图13-31示出ϕ5mm 3J53锻棒经不同温度固溶（水淬），再加不同时效温度处理后的力学性能。图13-31(a)为力学性能与淬火温度的关系。图13-31(b)为经950℃固溶处理后力学性能与时效温度的关系。图13-31(c)为经1000℃固溶处理后力学性能与时效温度的关系。图13-31(d)为经1050℃固溶处理后力学性能与时效温度的关系。

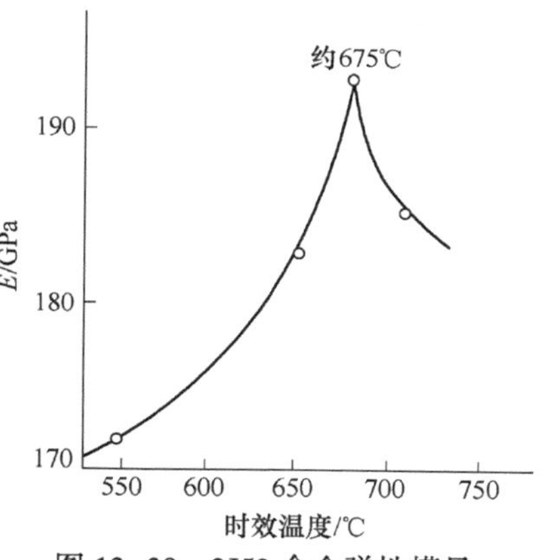

图13-30 3J53合金弹性模量随时效温度的变化

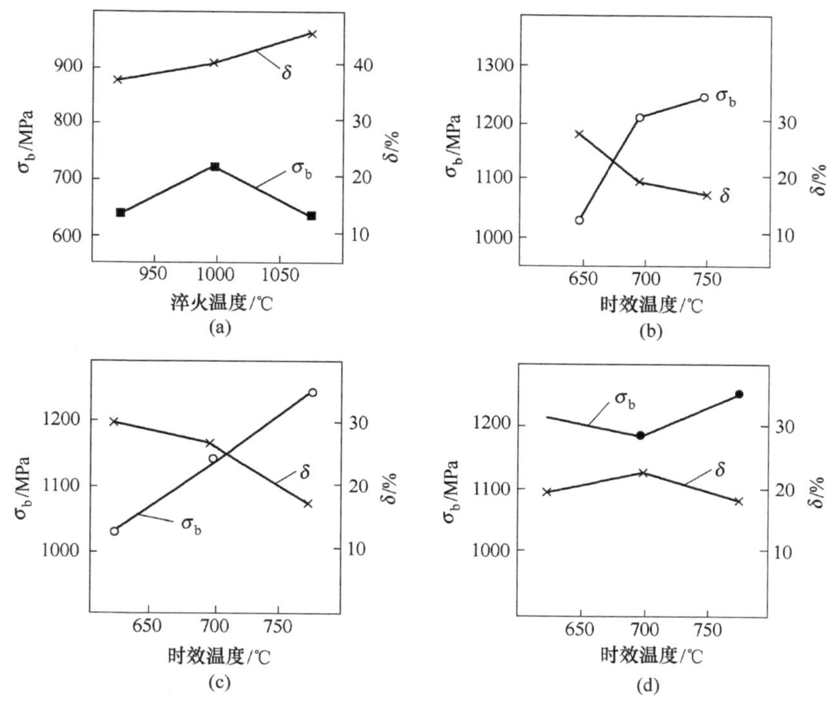

图13-31 ϕ5mm 3J53锻棒不同温度处理后的力学性能

实验结果，在最佳状态获得的高性能：经1050℃水淬σ_b = 630MPa，δ = 45%；再经过750℃时效，σ_b = 1250MPa，δ = 18%。

图13-32示出ϕ1.5mm 3J53合金丝材经不同时效温度、不同时间时效后的

力学性能与冷变形的关系。

实验结果表明最佳的综合性能 $\sigma_b = 1530\text{MPa}$，$\delta \geqslant 10\% \sim 15\%$，是使 $\phi 1.5\text{mm}$ 丝材经 45%冷变形加 2h 550℃时效获得的。

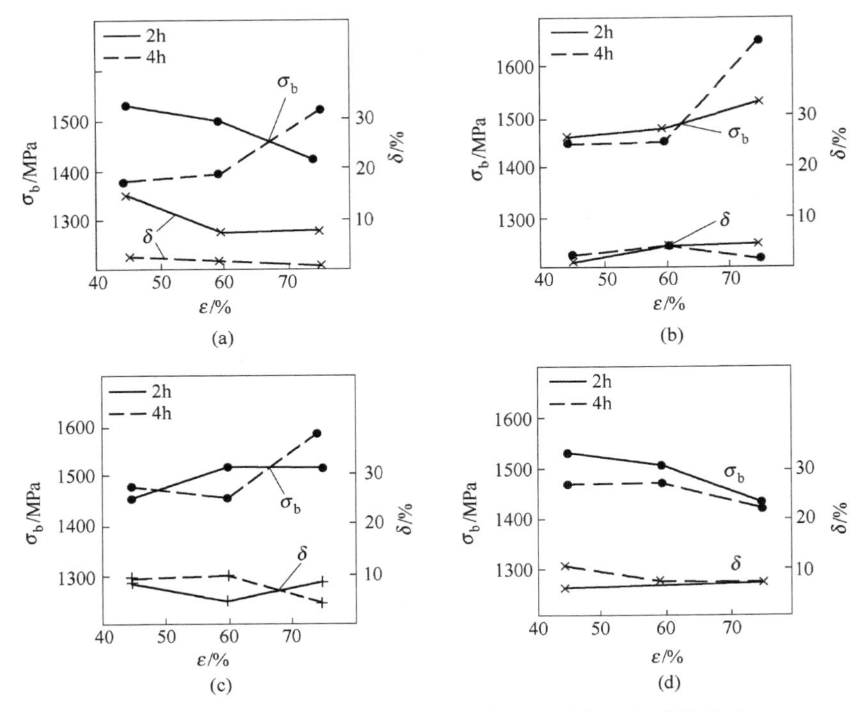

图 13-32 $\phi 1.5\text{mm}$ 3J53 合金丝材力学性能与冷变形的关系

(a) 550℃时效；(b) 600℃时效；(c) 650℃时效；(d) 700℃时效

图 13-33 示出 $\phi 0.5\text{mm}$ 3J53 丝材经 550℃、600℃、650℃、700℃2h 或 4h 时效后的力学性能与冷变形程度的关系。图中表明，$\phi 0.5\text{mm}$ 3J53 丝材经 75%冷变形，在 600℃4h 时效达到最高的强度 $\sigma_b = 1560\text{MPa}$，$\delta \geqslant 5\%$，与 650℃2h 时效时的性能相当。

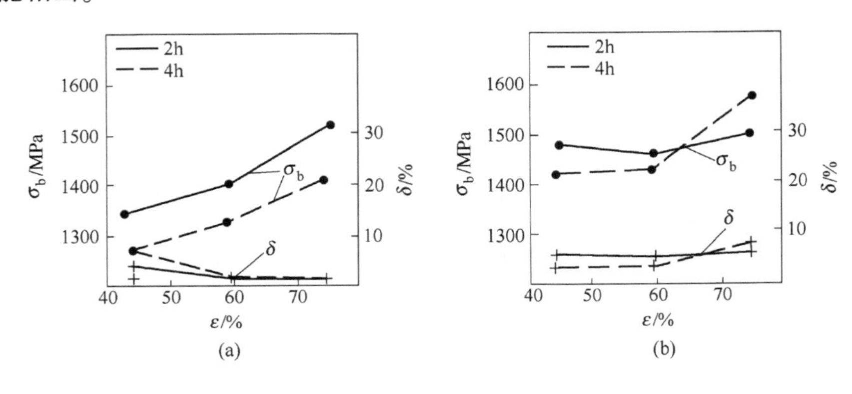

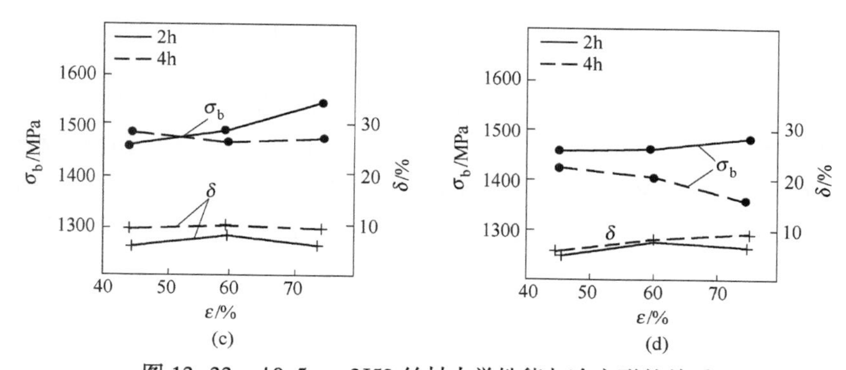

图 13-33 ϕ0.5mm 3J53 丝材力学性能与冷变形的关系

（a）550℃时效；（b）600℃时效；（c）650℃时效；（d）700℃时效

图 13-34 表示 ϕ0.2mm 3J53 丝材经不同冷变形和不同的时效时间时效后力学性能随时效温度的变化。

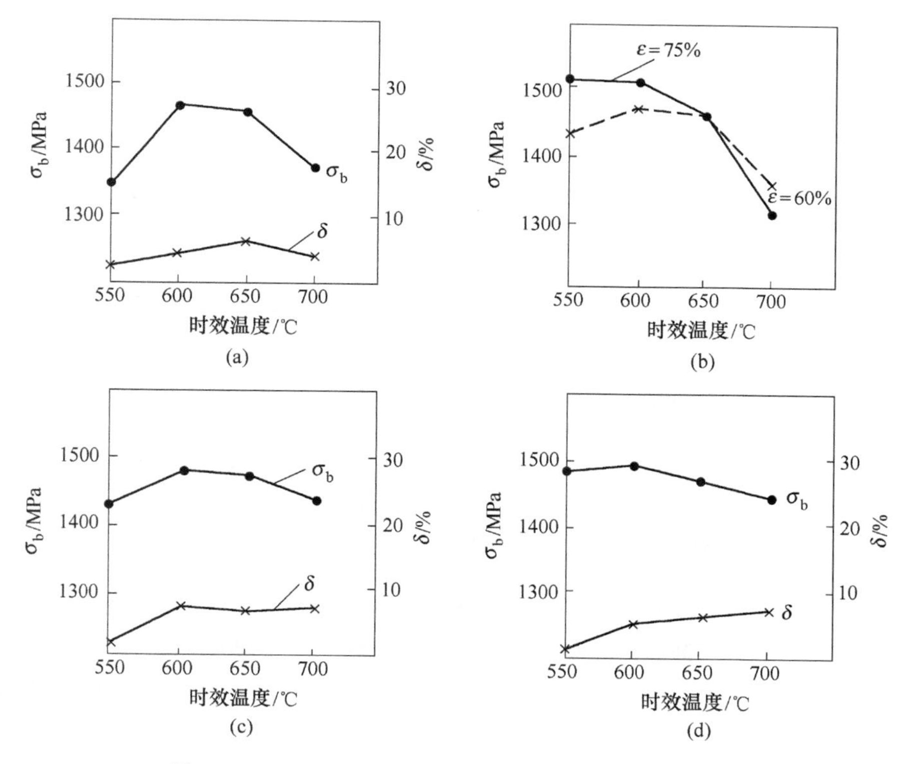

图 13-34 ϕ0.2mm 3J53 丝材经不同冷变形后力学性能随时效时间及时效温度的变化

（a）45%冷变形，2h 时效；（b）60%和 75%冷变形，4h 时效；（c）60%冷变形，2h 时效；（d）75%冷变形，2h 时效

从综合性能看，经 60%冷变形于 600～700℃ 2h 时效后，强度 σ_b = 1430～1480MPa，δ = 5%～6%是性能最好的。

图 13-35 示出 ϕ15mm 3J53 冷拉棒材在同种时效温度下，经不同程度冷变形后，力学性能与时效时间的关系。图中（a）是 ϕ15mm 的 3J53 冷拉棒材经 40%、50%、60%冷变形于 550℃时效后，力学性能与时效时间的关系。（b）为 600℃时效；（c）为 650℃时效；（d）为 700℃时效后力学性能随时效时间的变化。

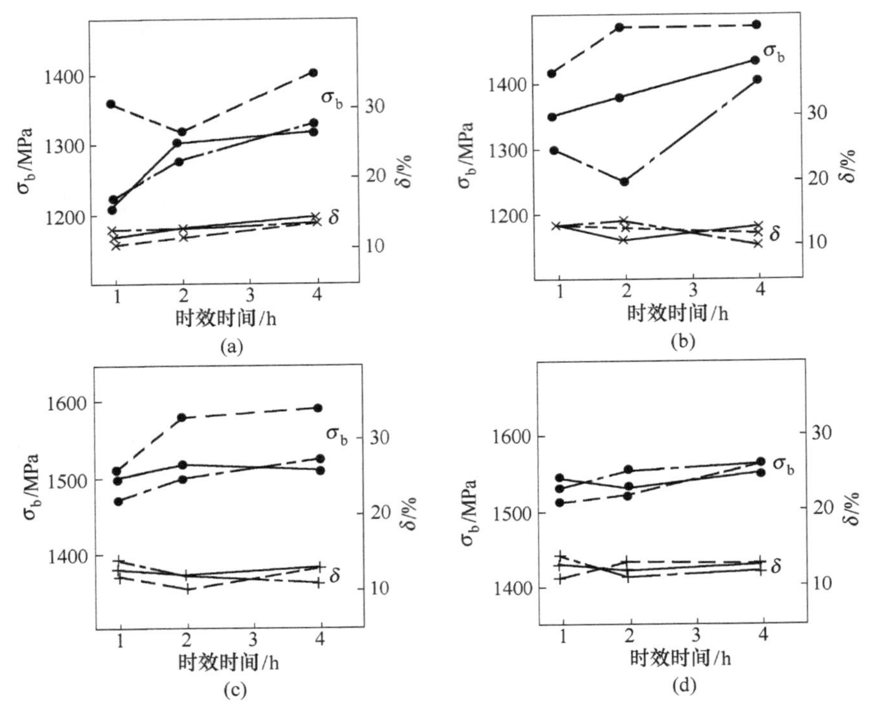

图 13-35 ϕ15mm 3J53 冷拉棒材经不同冷变形不同时效温度处理后力学性能与时效时间的关系

（a）550℃时效；（b）600℃时效；（c）650℃时效；（d）700℃时效

图中表明，当冷变形 60%时经 650℃ 2～4h 处理后 σ_b = 1575～1590MPa，δ = 10%～15%。当 ε = 50%时经 700℃ 2～4h 时效处理 $\sigma_b \geqslant$ 1520MPa，$\delta \geqslant$ 11%。当冷变形达 40%时经 700℃ 1～4h 处理 $\sigma_b \geqslant$ 1520MPa，δ = 11%，所有这些性能均为最佳状态的最佳性能。

图 13-36 示出 1.0mm 厚 3J53 带材经不同固溶温度、速度和不同时效时间处理后的力学性能随时效温度的变化。图中（a）、（c）、（e）分别代表固溶温度为 930℃、960℃、1000℃时用两种固溶速度处理再加 2h 时效后力学性能与时效温度的依赖关系；（b）、（d）、（f）分别表示在 930℃、960℃、1000℃固溶温度下，

用两种淬火速度经4h时效后力学性能同时效温度的关系。

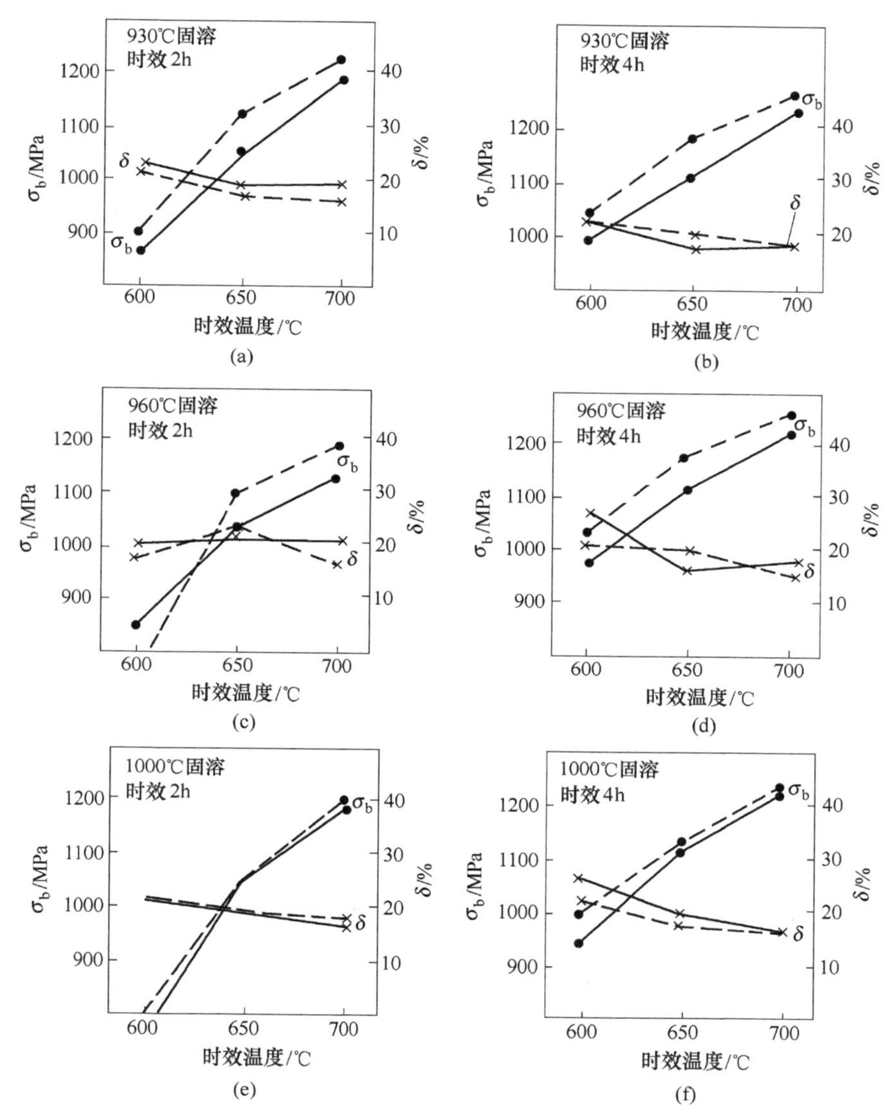

图13-36 1.0mm 3J53力学性能与时效温度的关系

——— 1.2m/min；——— 0.6m/min

图13-36中各数据表明，1.0mm厚的3J53软态带材强度，随时效温度的增加而增加，延伸略有降低，经700℃ 2h或4h时效性能最佳，其σ_b = 1200～1250MPa，而且还有增高的趋势，δ≥15%。经930～960℃较低温度固溶时的快速（1.2m/min）比慢速（0.6m/min）及相应的长时间（4h）比短时间（2h）处理

时的强度略高 30～60MPa，且随着时效温度的增高差值缩小；经 1000℃ 高温固溶的淬火速度的快慢和时效时间的长短都对力学性能影响不大。

图 13-37 示出 0.5mm 厚的 3J53 冷轧带材，在同一淬火速度下，不同温度固溶加不同时效时间处理后的力学性能与时效温度的关系。

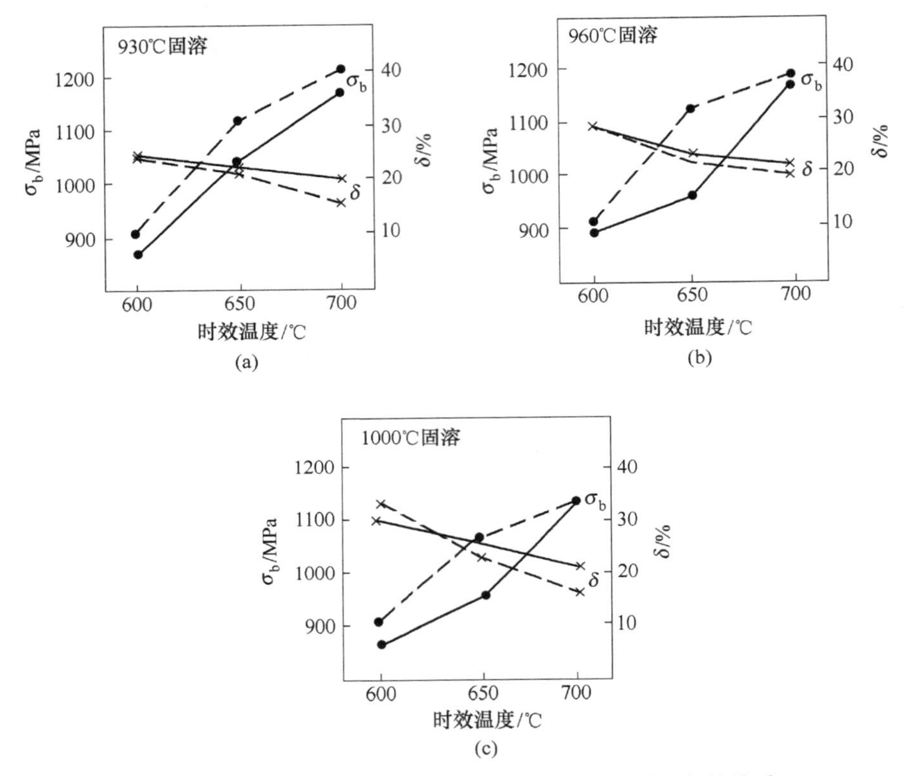

图 13-37 0.5mm 3J53 软态带材力学性能与时效温度的关系

— — —时效 4h；———时效 2h

图 13-37 中的（a）、（b）、（c）相应表示固溶温度为 930℃、960℃、1000℃，同以 0.6m/min 的速度进行固溶处理，再经 4h 或 2h 时效后的力学性能与时效温度的关系。

图中表明，经固溶处理后的带材强度随时效温度的增加而增加，700℃ 时效强度最高 σ_b=1140～1200MPa，同时还有增高的趋势，而且不受淬火速度的影响，但是固溶温度增高，强度降低，差值为 20～60MPa。在 600～650℃ 时效时，快速淬火（1.2m/min）较慢速淬火后的强度高，尤其在 650℃，强度相差 70～150MPa。延伸则随着时效温度的增高而降低，δ≥15%。

图 13-38 示出 0.2mm 3J53 带材经不同温度不同时间固溶处理后的力学性能随时效时间和时效温度的变化。

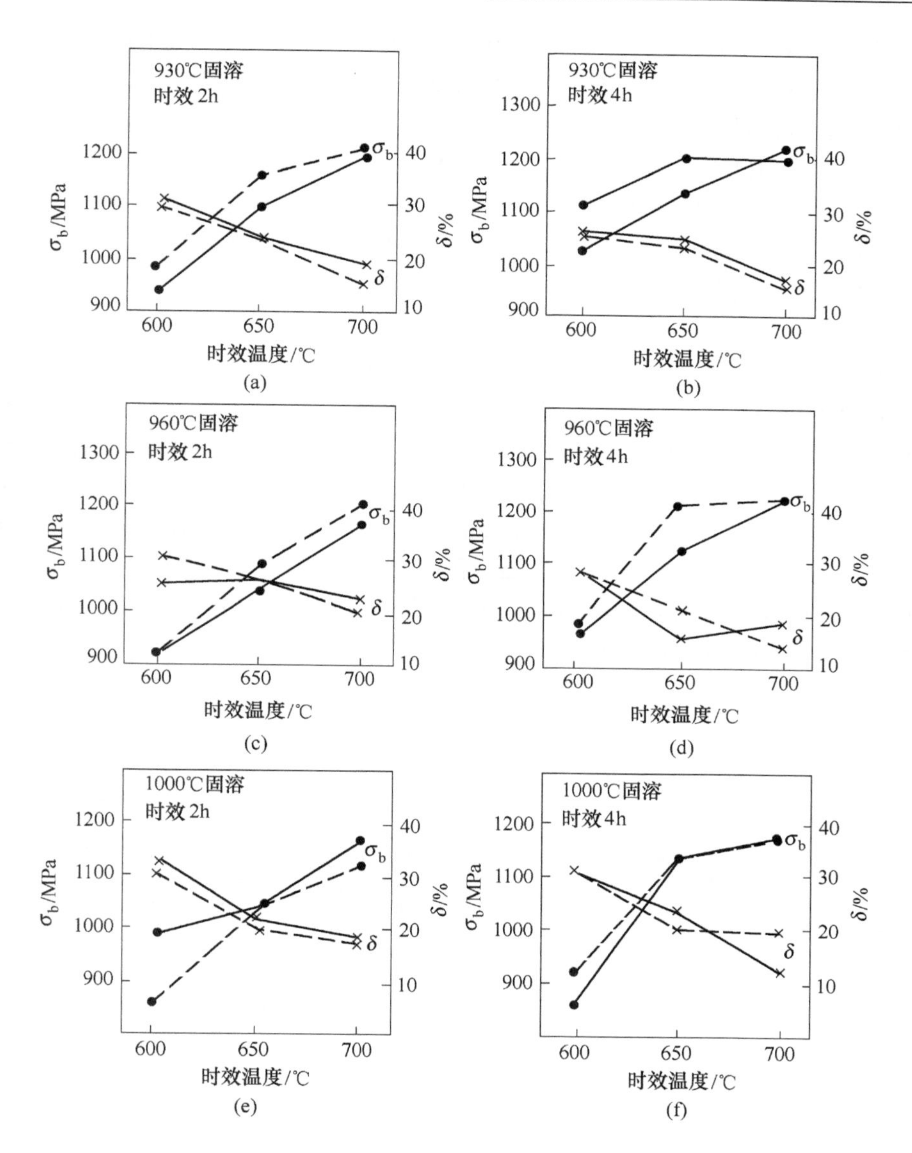

图 13-38　0.2mm 3J53 软态带材的力学性能随时效温度的变化

— — — 1.2m/min；———— 0.6m/min

图 13-38 中，（a）、（c）、（e）分别代表固溶温度为 930℃、960℃、1000℃同以 0.6m/min、1.2m/min 的速度淬火固溶后的 0.2mm 3J53 带材经 2h 时效的力学性能与时效温度的依赖关系。（b）、（d）、（f）相应与（a）、（c）、（e）的固溶条件相同，是经 4h 时效后的力学性能随不同时效温度的关系。

实验结果表明：厚度为 0.2mm 3J53 软态带材的强度随时效温度的增加而增

加，700℃时效获得最高强度 $\sigma_b=1130\sim1220$MPa，低温比高温固溶后的强度略高 30~90MPa；高速比低速固溶后的强度略低 30~50MPa。而带材的延伸随时效温度的增加普遍降低，为 $\delta\geqslant12\%$。虽然高温（700℃）、长时间（4h）时效时，固溶速度和时效时间对强度无影响，而对延伸的影响较大，高温比低温固溶的延伸相差 8%左右，所以对抗冲击较大的元件，既需要较高的强度也要有良好的塑、韧性。最好将 0.2mm 冷轧带材经 930℃，以 0.6m/min 的速度固溶，再经 700℃ 4h 的时效，可使带材良好的性能充分发挥出来，其 $\sigma_b=1200\sim1220$MPa，$\delta\geqslant15\%$。

图 13-39 示出 0.1mm 3J53 冷轧带材经不同固溶温度、速度处理后，力学性能与时效温度和时效时间的关系。图中（a）、（c）、（e）分别为在 930℃、960℃、1000℃的温度下，同以 0.6m/min、1.2m/min 的速度固溶处理再加 2h 时效后的力学性能与时效温度的关系；图中（b）、（d）、（f）相应于（a）、（c）、（e）的固溶条件，而是经 4h 时效的力学性能与时效温度的依赖关系。图中表明软态 0.1mm 3J53 带材时效状态的强度随时效温度的增加而增加，延伸则降低，用 960℃、速度为 0.6m/min 固溶处理后的带材，经 2h 700℃ 的时效得到较好的性能：$\sigma_b=1150$MPa，$\delta\geqslant12\%$。再提高时效温度，强度还有提高的可能。

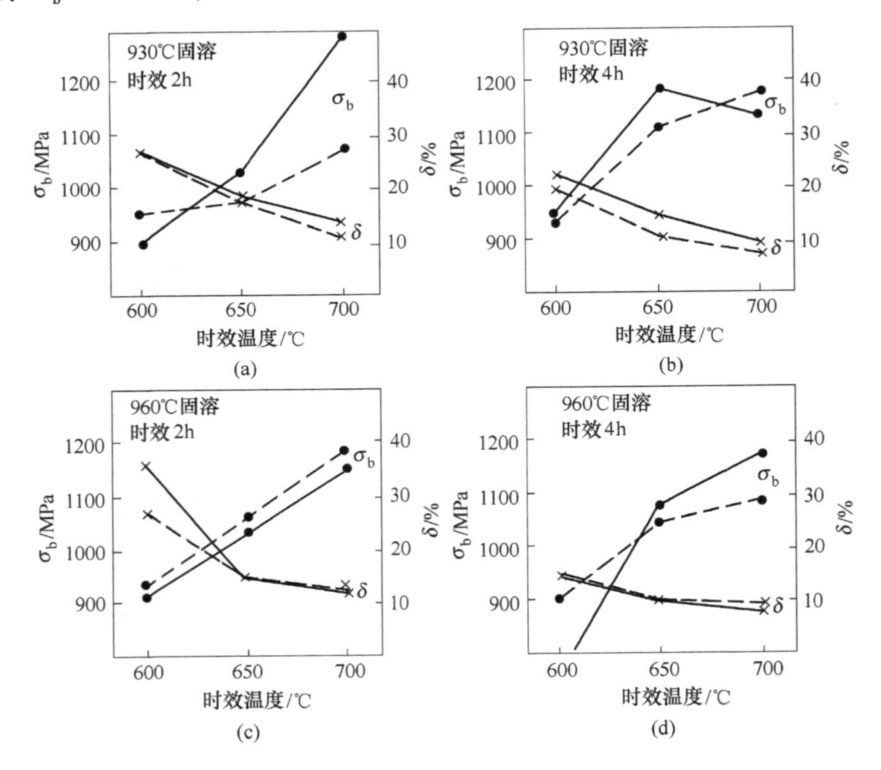

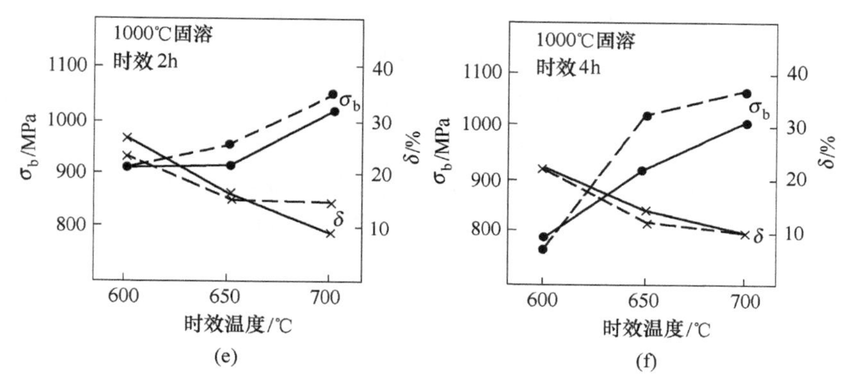

图 13-39 0.1mm 3J53 软态带材的力学性能与时效温度的关系

— — — 1.2m/min；———— 0.6m/min

图 13-40 列出 0.3mm 3J53 冷轧带材经相同温度不同时间时效处理后的力学性能与冷变形的关系。图中（a）、（b）、（c）分别表示时效温度为 550℃、600℃、650℃，同用 2h 或 4h 时效后的力学性能与冷变形的关系。

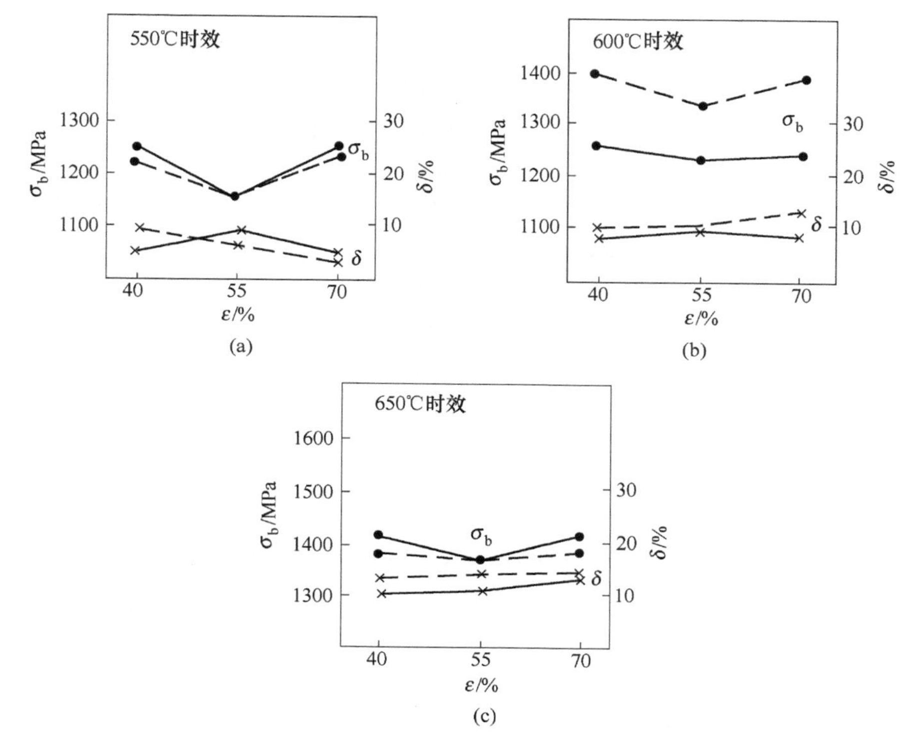

图 13-40 0.3mm 3J53 带材时效后的力学性能与冷变形程度的关系

— — — 4h 时效；———— 2h 时效

实践证明：0.3mm 3J53 冷轧带材随时效温度的增加而增加，经 650℃ 2h 或 4h 时效后的强度最高，延伸较大，即 $\sigma_b \geqslant 1360$MPa，$\delta \geqslant 10\%$，而冷变形程度及时效时间对性能影响不大。随着时效温度的降低，冷变形程度对性能的影响较大，当 $\varepsilon = 55\%$ 时，在 550℃ 2h 或 4h 时效时强度出现极小值，致使 $\sigma_b = 1150$MPa，与 $\varepsilon = 70\%$ 的 $\sigma_b \geqslant 1230$MPa 相比降低了 80~100MPa。

综上所述，各种规格的 3J53 合金的棒、丝、带材在最佳状态下获得的最高性能列于表 13-14。

表 13-14　3J53 合金的力学性能

规格/mm	状　　态	σ_b/MPa	δ/%	备　注
ϕ20 锻棒标准试样为 ϕ5，24K（M_{10}）	1050℃ 水淬	630	45	图 13-31
	1050℃水淬+750℃ 4h 时效	1250	18	
ϕ1.5	ε =45%+700℃ 2h 时效	1460~1520	≥5	图 13-32
	ε =60%+650~700℃ 2h 时效	1460~1500		
	ε =75%+600~650℃ 4h 时效	1520~1650		
ϕ0.5	ε =45%+600~700℃ 2h 时效	1400~1480	≥5	图 13-33
	ε =60%+650~700℃ 2h 时效	1460~1480		
	ε =75%+600~700℃ 2h 时效	1480~1520		
ϕ0.2	ε =45%+650℃ 2h 时效	≥1450	≥5	图 13-34
	ε =60%+600~700℃ 2h 时效	1430~1480		
	ε =75%+600~700℃ 2h 时效	1440~1490		
ϕ15	ε =40%+700℃ 1~4h 时效	1520~1560	≥10	图 13-35
	ε =50%+700℃ 2~4h 时效	1530~1550		
	ε =60%+650℃ 2~4h 时效	1570~1580		
1.0	930℃1.2m/min 固溶+700℃ 2~4h 时效	1230~1250	≥18	图 13-36
	960℃1.2m/min 固溶+700℃ 2~4h 时效	1190~1250	≥15	
	1000℃1.2m/min 固溶+700℃ 2~4h 时效	1200~1230	≥16	
0.5	930℃0.6m/min 固溶+700℃ 2h 时效	1160~1200	≥15	图 13-37
	960℃0.6m/min 固溶+700℃ 2h 时效	1180	≥19	
	1000℃0.6m/min 固溶+700℃ 2h 时效	1130	≥15	
0.2	930℃1.2m/min 固溶+700℃ 2h 时效	1200	≥15	图 13-38
	960℃1.2m/min 固溶+700℃ 2h 时效	1200	≥20	
	1000℃0.6m/min 固溶+700℃ 2h 时效	1170	≥19	

续表 13-14

规格/mm	状　　态	σ_b/MPa	δ/%	备　注
0.1	930℃0.6m/min 固溶+700℃ 2h 时效	1280	≥13	图 13-39
	960℃1.2m/min 固溶+700℃ 2h 时效	1190	≥10	
	1000℃1.2m/min 固溶+700℃ 2h 时效	1150	≥14	
0.3	ε =40%+700℃ 2h 时效	1410	10	图 13-40
	ε =55%+700℃ 2~4h 时效	1370	12	
	ε =70%+700℃ 2h 时效	1410	12	

13.3 仪表游丝用恒弹性合金

13.3.1 仪表用游丝的概况

为了准确计时，不仅要求游丝具有恒弹性、无磁性，而且要求一定的刚度、小的滞后和后效。为此国内外有关工作者都致力于对弱磁或无磁性恒弹性材料的研究上，在弱磁领域已把居里点降低到 18℃，并得到实际应用的效果，如法国的 $Ni_{36.5\sim39.5}Cr_{1.5\sim4.5}Mo_{1.3\sim3}Al_{0.75\sim1.25}Ti_{2\sim3}Fe_{余}$，英国的 $Ni_{27.4}Cr_{5.7}W_{3.5}C_{0.7}Si_{0.3}Mn_{1.9}Fe_{余}$及 $C_{0.005}Si_{0.34}Mn_{0.16}Ni_{38.4}Cr_{3.37}Mo_2Ti_{2.46}Al_{0.96}Fe_{余}$，美国的 $Ni_{38.4}Cr_{3.37}Mo_2Ti_{2.46}Al_{0.96}Si_{0.34}Mn_{0.16}Co_{0.005}Fe_{余}$，前苏联的 $Ni_{41.5}Cr_{3.8}Ti_{2.1}Al_{0.48}Cu_{0.02}Mn_{0.4}Si_{0.16}Fe_{余}$、$Ni_{40\sim42.2}Cr_{4.5\sim5.4}Ti_{2.5\sim2.7}Al_{0.7}Fe_{余}$和 $Ni_{31\sim36}Cr_{2\sim8}Ti_{1.5\sim3.0}Mo_{2\sim10}W_{6\sim10}Fe_{余}$，日本的 $Co_{43.6}Cr_{12.7}Ni_{9.1}$、$Co_{40}Fe_{35}Cr_{5.0}W_{5.0}Ni_{5.0}$和 $Ni_{40\sim44}Cr_{4\sim6.5}Ti_{2\sim3}Al_{<0.4}C_{<0.08}B_{<0.05}Mn_{<0.6}Si_{<0.3}Fe_{余}$。在反铁磁和无磁领域也做了大量的工作，现已见到的典型成分近百种，它们的主要类型是：

（1）弱磁性恒弹性合金：$FeNi_{28\sim41}Cr_{3\sim6}$、$Co_{40\sim60}Fe_{30\sim35}Cr_{5\sim11}$（Cu 代 Cr）。

（2）反铁磁性恒弹性合金：$FeMn_{30}$、$MnNi_{17\sim28}Cr_{3.7\sim14.3}$、$MnCu_{10\sim20}Co_{5\sim25}$。

（3）顺磁性恒弹性合金：$NbZr_{19\sim33}Mo$（Mn 代 Mo）、$AuPd_{50}$、$Mn_{38.5}Pd$、$Ti_{40\sim60}Ni_{20\sim60}Fe_{20\sim30}$，并有的在合金中添加 Ti、Al、Mo、W 等微量元素。

13.3.2 对仪表游丝的性能要求

作为仪器和手表用游丝，要求材料性能如下：

（1）具有较小的弹性温度系数，并不一定是零，而是要求一个定值，其原则是同表摆轮配合时，走时温度误差最小（例如：<0.1s/℃24h）即要满足下式：

$$\Delta C = \frac{1}{2}(2\alpha' - 3\alpha - \beta)$$

式中，ΔC 为走时温度误差；α'为摆轮的线膨胀系数；α 为合金的线膨胀系数；β

为合金的弹性温度系数。

为了使 $\Delta C=0$，必须 $\beta=2\alpha'-3\alpha$，例如一般用德银作摆轮，它的 $\alpha'\approx19\times10^{-6}/℃$，用 3J53 作游丝，它的 $\alpha\approx8\times10^{-6}/℃$，则要求弹性温度系数 $\beta\approx14\times10^{-6}/℃$，这个值可通过合金的化学成分、冷变形及热处理制度来调节。

（2）高的抗磁性。

（3）具有较高的弹性模量，$E=180\sim200$GPa。

（4）有足够的强度，$\sigma_b\geqslant1200$MPa。

（5）高的抗蚀性能。

（6）良好的等时稳定性。

总之，实际应用中对游丝材料性能的要求很苛刻，这是由它的结构、工作原理、工作环境等诸因素所决定的。下面以手表为例具体介绍。

13.3.2.1 机械手表的工作原理和元件的作用

目前机械手表都是采用摆轮游丝作为振荡器的原理制成的，在没有外界阻力的情况下，它能产生不衰减的周期振动，手表就是利用这种机件计量时间，因为把振动时的振动周期乘以振动次数就等于所经过的时间，即：

$$t(\text{振动时间})=T(\text{周期})\times n(\text{振动次数})$$

但是在振荡过程中，由于受到空气的阻力和机械摩擦力的作用，振幅将会逐渐衰减下去。为了使振动系统的振幅不衰减，手表就需要有个能源以周期地供给能量。机械手表是以上紧发条为能源的，但这个能量不能做到周期性的传送。因此，手表中的条盒轮、二轮、三轮、秒轮等的设计就是解决能量的传递问题。擒纵机构的擒纵轮和擒纵叉一方面保证把传递过来的能量，周期性地供给摆轮游丝振荡器，补偿它的能量损耗；另一方面摆轮游丝系统的振荡周期反过来通过擒纵机构控制着传动齿轮的转动速度。走时部分的分轮、跨轮、时轮是接受中心轮（二轮）传递出来的运动来指示时间。摆轮的平衡与否对振动周期影响很大，因为是机械加工，摆轮环在制造过程中难免留有微小的偏重现象，装到表机上在仪器测定中就会显示出位差。根据计算，10μg · cm 的偏重对表机的日差就有几十秒误差的影响。

由于钟表的走时快慢取决于摆轮游丝构成的振动系统的振动周期，因此游丝的刚度与摆轮的转动惯量必须匹配好。匹配的过程是将一批摆轮和游丝分别在摆轮游丝分档仪上分档（即分成 20 种不同的规格），然后根据不同的档次按指定的参数，即同档号选配、压装。游丝压配到摆轮上。

与游丝匹配的摆轮最好的材料是德银即锌白铜：60.5%～63.5%Cu、12%～15%Ni、0.8%～1.4%Pb、<0.5%Te、Zn 余。它的 HV = 1800～2100MPa，$\sigma_b=590\sim700$MPa，$\delta_{10}=5\%\sim12\%$，表面粗糙度 $R_a=0.4\sim0.8$μm，与游丝匹配走时误差很

小，性能很稳定，线膨胀系数很小，还具有较高的抗腐蚀性能。

发条用 $Cr_{18}Ni_9Mo_2$ 或 $3Cr_{17}MnBMo_2N$，不锈钢制成，基本能保证发条有较小的力矩差（手表原动系在 24h 内工作力矩的变化），发条力矩的计算公式为：

$$M=\frac{Ebh^3\pi}{6L}n$$

式中，M 为发条力矩；E 为发条材料的弹性模量；b 为发条宽度；h 为发条厚度；n 为发条圈数；L 为发条长度。

发条力矩的大小，对手表机构工作时摆轮振幅的大小有一定的影响，而且非常敏感，当力矩增大时摆幅也必然会增大。

实验得知当自由状态的发条圈数减少以后，发条力矩落差也会减小。所以目前生产的手表多将老式的螺旋形发条改变为 S 形发条。因为这样的发条，有正负两个方向的螺旋圈，亦即正圈和负圈，所以在自由状态时它的圈数可以大为减少，从而也就减小了发条的力矩落差。当前国产手表的力矩落差已从 $0.2Mt_0$ 降到 $0.11Mt_0$。

13.3.2.2 游丝本身的工作特性

游丝属于阿基米德曲线的螺旋形弹簧，游丝工作时，每一圈有不同的变化，在工作过程中，由内端开始游丝各圈间的扭转角度是逐渐递减的；对游丝最外圈来说，工作时已经不存在旋转运动，而只有侧向的位移。当游丝扩展和卷缩时，不但整个游移的圈数发生变动，而且形状也不再是原来的阿基米德螺旋曲线，各圈间形成了严重的偏心现象。因为游丝是有质量的，所以它在手表垂直位置中工作时，由于重心的变化而产生游丝所特有的重力作用。这一作用对手表走时的影响也称为游丝固定点的重力效应。综上所述可知：

（1）游丝的重心永远不在游丝的中心。

（2）游丝的展缩运动是一种剧烈的偏心运动。

显然这两个特性，对擒纵调速系统的工作都存在矛盾。

人们发现游丝重力作用的影响与它在垂直位置中方位角的正弦值 $\sin\phi$ 有关，并且得出了按照游丝内端起点的方位角来判断游丝重力作用的规律。

（1）当游丝内端起点的位置在转动中心铅垂线正下端时，$\phi=0°$，$\sin\phi=0$，其重力作用对快慢的影响接近于零。

（2）当游丝内端起点位置在水平轴线并向上展开时，$\phi=90°$，$\sin\phi=1$，手表高摆幅走快，低摆幅走慢。

（3）当游丝内端起点位置在铅垂线正上端时，$\phi=180°$，$\sin\phi=0$，其作用为零。

（4）当游丝内端起点位置在水平线向下展开时，$\phi=270°$，$\sin\phi=-1$，手表高摆幅走慢，低摆幅走快。

13.3.2.3 游丝受工作环境的影响

A 气压和地理位置的影响

实践证明，气压变化对手表走时变化的规律是：气压降低时表走快，气压升高时表走慢，当气压变化 1mmHg（1mmHg = 133.322Pa）时，对手表日差所产生的影响（s）即称为气压系数 B_c，其计算公式为：

$$B_c = \frac{\omega_a - \omega_b}{\Delta H_g}$$

式中，ω_a为低气压 a 毫米汞柱时的日差；ω_b为高气压 b 毫米汞柱时的日差；ΔH_g为气压变化差的汞柱毫米值。

经验得出，手表摆轮直径不大于 12mm 时，气压系数都接近在 0.016~0.017 之间，并且对调速机构的频率几乎没有影响，对于目前一般摆轮直径为 10mm 的手表，就采用平均值 0.0165 来作为手表的通用气压系数。

除此之外地理位置的变化也影响走时精度，尤其是我国土地辽阔，地形高度有很大差异，如东部地区的地势多为平原和丘陵，一般在海拔 200m 以内；中部及黄土高原地区，海拔为 1000~2000m；西部青藏高原地区，则海拔为 3000~5000m。

通常水深每增加 10m，水位中压强的增值约相当于一个大气压，即 760mmHg（0.1MPa）。而在海平面附近，高度每增加 10m，气压变化约 1mmHg，也就是说：一个表厂地处海平面，大气压为一个即 760mmHg，出厂的手表调整的走时精度为零。若温度条件不变，同时也不考虑其他影响走时的各种因素，则当这只手表在海拔 4000m、气压为 462mmHg 的地理条件下使用时，其日差为：

$$\omega = \Delta H_g \times B_c = (760 - 462) \times 0.0165 = 4.92\text{s}$$

计算结果表明：这只手表每天要快将近 5s。同理，如果在 1000m 深、气压为 860mmHg 的矿井下使用时其日差为：

$$\omega = \Delta H_g \times B_c = (760 - 860) \times 0.0165 = -1.65\text{s}$$

即约慢 1.65s。

B 湿度的影响

人所共知，空气中除了 N、O、H、CO_2 和一些其他稀有的气体以外，还有相当数量的水汽，通过水汽在空气中的密度可以求出空气中水汽的压强，在物理学中即称为空气的绝对湿度，如表 13-15 所示。

表 13-15 不同温度下水汽密度与饱和水汽压强的关系

温度/℃	饱和水汽压强/mmHg	水汽密度/g · m^{-3}
-10	1.95	2.14

续表 13-15

温度/℃	饱和水汽压强/mmHg	水汽密度/g · m^{-3}
0	4.58	4.84
5	6.54	6.84
10	9.21	9.40
15	12.80	12.80
20	17.54	17.30
50	92.50	83.00

注：1mmHg=133.322Pa。

但是日常应用中所指的湿度，均为空气的相对湿度，相对湿度=绝对湿度/饱和水汽压强。空气中水汽密度的大小会对气压产生很大的影响，从而影响走时精度。

C 温度的影响

从结构上得知摆轮的扭转，才使游丝实现往复振动，所以当温度变化时，由于材料体积的热胀冷缩，摆轮的转动惯量、游丝的尺寸及游丝的弹性温度系数也发生变化，最后导致扭摆周期的变化，从而影响走时精度。

从公式 $T=2\pi\sqrt{\dfrac{J}{M_0}}$ 可以明显地看出温度对扭摆周期的影响。其中 $J=m\rho^2$ 为摆轮的转动惯量；$M_0=\dfrac{Ebh^3}{12L}$ 为游丝的刚度。式中：h 为游丝的厚度，b 为游丝的宽度，L 为游丝的长度，E 为游丝的弹性模量，ρ 为摆轮的密度。$T=2\pi\sqrt{\dfrac{m\rho^2\times 12L}{Ebh^3}}$ 对温度 t 求导数再微分得：

$$\frac{1}{T}\times\frac{\mathrm{d}T}{\mathrm{d}t}=\frac{1}{2}\left(\frac{2}{\rho}\times\frac{\mathrm{d}\rho}{\mathrm{d}t}+\frac{1}{L}\times\frac{\mathrm{d}L}{\mathrm{d}t}-\frac{1}{E}\times\frac{\mathrm{d}E}{\mathrm{d}t}-\frac{1}{b}\times\frac{\mathrm{d}b}{\mathrm{d}t}-\frac{3}{h}\times\frac{\mathrm{d}h}{\mathrm{d}t}\right)$$

若游丝等量伸长（各边为等量），则有：

$$\frac{1}{T}\times\frac{\mathrm{d}T}{\mathrm{d}t}=\alpha_1-\frac{3\alpha+\beta}{2}$$

此即为钟表的温度系数（指单位温度变化的日误差），用 C 表示，即 $C=\alpha_1-\dfrac{3\alpha+\beta}{2}$。使 $C=0$，即 $0=\alpha_1-\dfrac{3\alpha+\beta}{2}$，则有：

$$\alpha_1=\frac{3\alpha+\beta}{2},\ 2\alpha_1=3\alpha+\beta,\ \beta=2\alpha_1-3\alpha$$

式中，α_1 为摆轮的线膨胀系数；α 为游丝的线膨胀系数；β 为游丝的弹性温度系数。

D 磁性的影响

目前多用 Fe-Ni 基的 3J53 作为游丝材料，它是较强的磁性合金，磁致伸缩系数很大，即 $\lambda_s = 5\times10^{-6}/℃$，居里温度约为 110℃。从实验得知，用该材料做成的游丝，在 4.8kA/m 的场强下就可以停摆，而常遇到的磁场的最大值，如电话机的磁场为 1kA/m，小型校表仪为 3.2kA/m，真空管电压表为 7.2kA/m，半导体收音机的磁场高达 10.3～13.5kA/m，在这些磁场下，对手表走时性能会产生极大的干扰，于是为提高手表的精度也必须防磁。

目前国外产的防磁手表，实际上并不是指表内所有的零件都是 100%的防磁，仅仅是对某些元件，如摆轮采用无磁材料，游丝采用磁感应强度和矫弯力极小的合金。

国产手表中大多数采用镍白铜作为摆轮的原材料，用 3J53 及不锈钢来制造游丝和发条，可以达到防磁手表应有的要求，即在 4.8kA/m 的磁场中不停摆。

E 手表走时稳定性的影响

（1）游丝变形：经过多次的弯折，游丝中存在着内应力，随着使用时间的增长，游丝疲劳及自然时效变形等相应增大。另外，由于摆轮不平衡所产生的偏心力矩，会随手表垂直位置的变化及摆幅的变化，而对手表走时日差产生不同影响，影响因素主要是重心半径、重心夹角、摆轮摆幅、摆轮质量以及游丝的刚度，其具体关系示于下列公式：

$$\omega = 43200 \frac{Pr}{M_0} S(\phi_0) \cos\delta$$

式中，ω 为日差；P 为摆轮重量；r 为重心半径；M_0 为游丝的刚度；δ 为重心偏角；$S(\phi_0)$ 为摆幅函数。

从公式可见：摆轮重力大，对日差的影响大。游丝的刚度大，对日差影响小。

（2）发条力矩变化：发条在长时间使用以后，由于自由圈数的逐渐增大和润滑情况的变坏使力矩下降，从而因摆幅降低也影响走时精度。

综上所述：对游丝性能提出的严格要求是不无道理的。

13.3.3 手表游丝用恒弹性合金

在手表、钟表工业及精密仪器制造业中恒弹性合金广泛应用在室温附近的温度范围内，以弹性模量不随温度变化的金属材料作为游丝、弹簧和振动元件的材料。对于这类金属材料，不但要求其弹性模量 E 不随温度变化，同时还要求它们有较高的机械强度、硬度、良好的加工性能及在使用过程中性能的稳定性。一般金属材料的弹性模量 E，随着温度的升高而下降。要使金属材料的弹性模量在一定的温度范围内不随温度变化，目前可以实际利用的只有铁磁性金属的弹性反常现象。3J53 合金就是其中一例。

前已述及，用 3J53 作游丝最主要的要求是它同摆轮配合时，走时温度误差越低越好，也就是摆轮-游丝系统的振动周期不随温度而变化，因此要求它的弹性温度系数不是零，而是一个确定的正值，此外要求它的磁性尽可能低等。化学成分对走时温度误差的影响列于表 13-16。

表 13-16　3J53 合金化学成分对走时温度误差的影响

序号	化学成分/%					走时温度误差/s·(℃·24h)$^{-1}$	
	Ni	Cr	Ti	Al	Fe	加热	冷却
1	41.5	5.2	2.5	0.7	余	−0.7	−1.0
2	41.9	5.2	2.5	0.7	余	+0.55	+0.65
3	42.2	5.2	2.5	0.7	余	0	+0.55
4	42.2	5.2	2.5	0.7	余	+0.38	+0.5
5	42.2	5.2	2.5	0.7	余	0	+0.5
6	42.5	5.2	2.5	0.7	余	0.6	−0.9
7	43.0	5.2	2.5	0.7	余	−0.4	−2.6
8	42.2	4.4	2.5	0.8	余	+0.42	+1.07
9	42.2	4.8	2.5	0.8	余	+0.15	−0.2
10	42.2	5.1	2.5	0.8	余	−6.5	−0.2
11	42.2	5.2	2.5	0	余	−0.9	−1.3
12	42.2	5.2	2.5	0.4	余	−0.7	−0.6
13	42.2	5.2	2.5	0.7	余	0	+0.55
14	42.2	5.2	2.5	0.7	余	0.38	0.5
15	42.2	5.2	2.0	0.7	余	−1.3	−0.5
16	42.2	5.2	2.3	0.7	余	−6.2	−1.15
17	42.2	5.2	2.3	0.7	余	+0.38	+0.5

从表 13-16 看出 Ni 含量在 42.0%~42.2%内温度误差小于 0.5s/(℃·24h)；当 Ni 含量增高到 43%时温度误差增加几倍。Cr 含量在 4.8%~5.4%范围内，温度误差为 0.1~0.5s/(℃·24h)；Cr 含量为 4.4%时，温度误差大于 1s/(℃·24h)。Ti 含量为 2.5%~2.7%时可使温度误差小于 0.5s/(℃·24h)。Al 含量低于 0.5%时，合金的弹性不足，含 0.7%Al 时温度误差和弹性都很满意。合金的定型热处理在 650~750℃内保温 0.5h 合适。用真空或 TiH_2 保护下热处理效果更好些。

有人发现在 $H_{41}XT$（$Ni_{41}CrTi$）合金中增加镍含量可使弹性模量的稳定范围升高到 150℃，而钛含量的适当减少，可使弹性模量的稳定范围升至 180℃，但强度极限略有降低。

Hewkes 研究了含铝和不含铝的 Ni-spamc 型合金，发现在 1000℃固溶处理，冷加工后在600℃时效时，析出的弥散相是 Ni_3Ti 或 Ni_3AlTi，不含铝的弹性模量较低，并且容易过时效。他认为强化相析出时，合金的居里点下降，使室温的弹性模量随温度变化曲线上的 ΔE 值效应减少。而根据 Роекинэ 的分析，$H_{41}XT$($Ni_{41}CrTi$) 合金中的强化相是 $(NiFe)_3Ti$。Fime 和 Ellis 将 Mo 加入 Fe-Ni 合金中，除了能够提高合金的弹性模量外，其主要作用是降低弹性模量对镍含量变化的敏感性。如含 Mo 的 40%Ni 的 Fe-Ni 合金，当 $\varepsilon = 60\%$ 时可以使弹性模量在 -40~120℃的温度范围内基本不变。

同理，法国发现合金元素的含量在下述成分范围内进行调整：36.5%~39.5%Ni、1.5%~4.5%Cr、1.5%~3%Mo、0.75%~1.25%Al、2%~3%Ti、余 Fe 及微量 C、Si、Mn、P、S。最后确定成分为：0.005%C、0.34%Si、0.16%Mn、38.4%Ni、3.37%Cr、2%Mo、2.46%Ti、0.96%Al、52.29%Fe，余为 P、S。合金的居里点低于18℃，它表明在室温下是无磁的，而且热弹性系数等于零。

俄罗斯、日本、德国与法国成分相近，如表13-17所示，都获得了较小的走时误差，且具有较强的抗磁性能。然而，日本有90%的游丝是采用钴基恒弹性合金，具体成分示于表13-18，各合金的性能示于表13-19。

表 13-17 俄罗斯、日本、德国的合金成分 (%)

国别	Ni	Cr	Mo	Ti	W	Fe	Cu	Mn	Si	Al	性能
俄罗斯	31/36	2/8	2/10	1.5/3.0	6/10	余					1s/(℃·24h)
日本	41.5	3.8	2.1	2.1	—	余	0.02	0.4	0.16	0.48	$\beta=2\times10^{-7}$/℃
德国	36.1	—	Co18.2	0.5	Nb5.2	余		0.4	0.5	0.6	$\beta_f=40\times10^{-6}$/℃

表 13-18 日本钴基恒弹性合金成分 (%)

合金牌号	化学分析成分														
	Ni	Cr	Co	Fe	Ti	C	Mn	Si	Al	Be	Nb	Cu	Mo	W	V
Elinvar	36	12		余											
Elinvar (Extra)	42	5.5		余	2.5	0.6	0.5	0.5	0.6						
Met-elinvar	40	6		余		0.6	2						1.5	3	
ISO-elastic	36	7.2		余		0.1	0.6	0.5				0.2	0.5		
Ni-Spanc-902	42	5.2		余	2.3	<0.06	<0.8	<0.1							
NivarexCT	37	8		余	1	0.02	0.8	0.2		0.8					
Vibrolloy	40			余									10		
Durinval	42			余	2.1	0.1	2		2						
Co-elinvar	15/20	8/12	25/30	余											
Elcolloy	15/18	5	35/40	余									4	4/5	

表 13-19 日本钴基恒弹性合金性能

合金牌号	密度 /g · cm^{-3}	α/℃$^{-1}$	E/MPa	β/℃$^{-1}$	抗张强度 /MPa	弹性极限 /MPa	硬度（HV） /MPa	伸长率 δ/%	居里温度 /℃
Elinvar		8×10^{-6}	80000~85000	$\pm0.3\times10^{-6}$	750			30	约 100
Elinvar（Extra）	8.15	—	170000~190000	0	1400	740	45	7	200
Met-elinvar	—	—	180000	0	1460	—	—	7	260~295
ISO-elastic	8.09	7.2×10^{-6}	183000	$(2.7\sim-3.6)\times10^{-6}$	1200	—	3000~3500	—	—
Ni-Spanc-902	8.14	8.1×10^{-6}	180000~200000	$\pm1.8\times10^{-6}$	630~1400	约 770	4200	—	160~190
NivarexCT	8.3	7.5×10^{-6}	190000	$\pm2.5\times10^{-6}$	—	550	4200	1~1.6	80
Vibrolloy	8.3	8.0×10^{-6}	177000	—	1050	750	3000	2	300
Durinval	—	—	—	$\pm1.0\times10^{-6}$	1450	—	—	10	90
Co-elinvar	8.2	7.6×10^{-6}	180000~200000	$\pm2.0\times10^{-6}$	约 1300	—	3600	—	70~250
Elcolloy	—	7.9×10^{-6}	180000~200000	—	—	—	4500	—	—

Fe-Mn 是具有反铁磁性的二元合金。在 Fe-Mn 合金中，随着 Mn 含量的增加，切变模量下降，同时居里点向高温移动，如图 13-41 所示。含 25%Mn 的合金 20℃时的结构为 95%的奥氏体（γ）加 5%α；22.3%Mn 的合金 20℃时的结构为 100%γ；22.3%Mn 的合金 20℃时的合金结构为 60%奥氏体+40%α。对有 α 相变的合金，应考虑到：奥氏体的反铁磁性转变和 γ→α 转变的切变模量反应，由于两种转变在温度方面重合，因而可以抵消；α 的形成与弹性常数增高有联系，而 α→γ 转变的结果使切变模量降低。为提高合金的强度、抗蚀性在 Fe-Mn 合金中加入一定量的镍、铬、钴等，其合金的典型成分如表 13-20 所示。

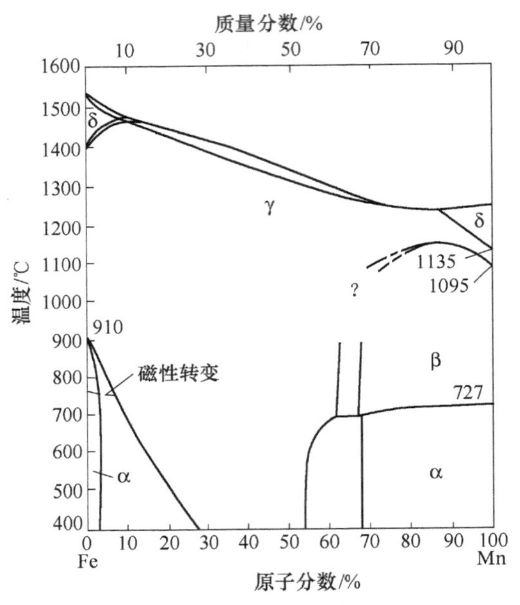

图 13-41 Fe-Mn 二元合金相图

表 13-20 Fe-Mn 合金中加入 Ni、Co、Cr 的典型成分

合金的组成（质量分数）/%	时效条件	β_f/℃$^{-1}$	温度范围/℃
$Mn_{19}Ni_5Fe_{余}$	100℃×1h	-17×10^{-6}	-10~20
$Mn_{23.2}Ni_{9.3}Fe_{余}$	100℃×1h	45×10^{-6}	-20~60
$Mn_{25}Ni_8Fe_{余}$	100℃×1h	33×10^{-6}	-20~70
$Mn_{20}Ni_6Fe_{余}$	100℃×1h	50×10^{-6}	-20~60
$Mn_{31}Ni_8Fe_{余}$	100℃×1h	50×10^{-6}	40~80
$Mn_{32}Ni_{12}Fe_{余}$	500℃×1h	15×10^{-6}	40~75

续表 13-20

合金的组成（质量分数）/%					时效条件	β_f/℃$^{-1}$	温度范围/℃
$Mn_{25.5}Ni_{5.1}Fe_{余}$					250℃×1h	25×10^{-6}	0~70
$Mn_{25.4}Ni_{12.3}Fe_{余}$					300℃×1h	17×10^{-6}	-10~20
$Mn_{19}Cr_3Co_2Fe_{余}$					250℃×1h	0.3×10^{-5}	-10~30
$Mn_{22}Cr_3Co_5Fe_{余}$					250℃×1h	1.2×10^{-5}	0~40
$Mn_{25}Cr_5Co_5Fe_{余}$					500℃×1h	0.9×10^{-5}	-10~30
$Mn_{25}Cr_3Co_5Fe_{余}$					300℃×1h	1.0×10^{-5}	-20~20
$Mn_{25}Cr_8Co_2Fe_{余}$					250℃×4h	3.0×10^{-5}	20~70
$Mn_{33}Cr_6Co_{12}Fe_{余}$					250℃×1h	1.0×10^{-5}	40~80
$Mn_{33}Cr_6Co_{15}Fe_{余}$					300℃×1h	2.0×10^{-5}	0~30
$Mn_{18}Ni_2Cr_3Fe_{余}$					200℃×1h	1×10^{-5}	-10~40
$Mn_{25}Ni_4Cr_6Fe_{余}$					100℃×1h	3.5×10^{-5}	10~60
$Mn_{21.8}Ni_2Cr_{8.2}Fe_{余}$					250℃×1h	0.25×10^{-5}	20~50
$Mn_{22.6}Ni_{3.3}Cr_{4.4}Fe_{余}$					100℃×1h	1.5×10^{-5}	0~60
$Mn_{25.6}Ni_{3.2}Cr_{5.6}Fe_{余}$					150℃×1h	3×10^{-5}	40~80
$Mn_{25}Ni_4Cr_4Fe_{余}$					300℃×1h	1.2×10^{-5}	20~60
$Mn_{25}Ni_3Cr_7Fe_{余}$					100℃×1h	1.5×10^{-5}	20~80
$Mn_{25}Ni_4Cr_6Fe_{余}$					100℃×1h	2.0×10^{-5}	-10~70
$Mn_{30}Ni_4Cr_6Fe_{余}$					100℃×1h	2.0×10^{-5}	-10~80
$Mn_{33}Ni_8Cr_3Fe_{余}$					250℃×1h	3.0×10^{-5}	30~80
$Mn_{33}Ni_1Cr_{11}Fe_{余}$					500℃×1h	3.5×10^{-5}	20~60
Mn	Co	Ni	Cr	Fe			
30	14	3	4	余	620℃×1h HV500	6.0×10^{-6}	-10~40
30	12	2	3	余	650℃×1h HV580	3.5×10^{-6}	-10~30
30	12	2	3	余	650℃×1h HV565	11×10^{-6}	-30~50
25	6	3	3	余	300℃×1h HV460	3×10^{-6}	-10~20
30	12	4	4	余	600℃×1h	6×10^{-6}	-10~30
28	6	3	3	余	550℃×1h HV500	4×10^{-6}	-20~20
28	8		2	余	600℃×1h	5.5×10^{-6}	0~40

此外在反铁磁性恒弹性合金中，还有 Mn-Cu-Mo、Mn-Cu-W、Mn-Cu-Co 等合金，经 900~950℃ 1h 缓冷，可以得到较好的防磁性能，HV = 1000~8000MPa。为了寻找或研制一种既无磁性，又有恒弹性且物理和力学等综合性能

良好的弹性材料，又在 Au-Pd 基合金、Nb 基或 Ti 基合金中做了不同程度的探索，其结果都不能达到满意的效果。

总之在用做手表游丝的材料中，铁镍艾林瓦材料，在价格、性能的再现性、加工性、性能的稳定性等方面都比其他合金高上一筹。美中不足的是具有较强的铁磁性，因此易受外界磁场的影响，而且由于这种材料的铁磁转变点低，因此艾林瓦的特性被限制在狭窄的区域内。这些缺点，用非铁磁性艾林瓦合金是完全可以避免的。所以铁磁性恒弹性材料和非铁磁性恒弹性材料各具特色，都有广阔的使用前景。

还有一种材料，它的性能非常好，无磁耐蚀性优良，如在 HCl 和 50% H_2SO_4 中放 48h 不氧化；高温抗氧化，在 600℃加热 2h 表面不变色；焊接性能良好，在 700℃以下焊接不会引起对面合金的时效，这就是弹性后效小、无磁、强度高并具有恒弹性能的 $PtAg_{20}$合金。它的具体成分是 Pt 78%～81%、Ag 19%～21%，用做张丝的成品规格是 ϕ0. 009mm 和 ϕ0. 003mm 的微细丝。该材料的主要性能列于表 13-21。

表 13-21 $PtAg_{20}$合金的主要性能

合金牌号	规格/mm	电阻系数 /$mm^2 \cdot \Omega \cdot m^{-1}$	σ_b/MPa	弹性后效/%	温度系数 /% · 10℃$^{-1}$	磁性影响/%
$PtAg_{20}$	ϕ0. 05	0. 417	1730	0. 02	0. 17	
	ϕ0. 029	0. 4	1800			0. 02
	ϕ0. 0218	0. 427	1800			
	ϕ0. 009					

ϕ0. 05mm 加工到 ϕ0. 0118mm 是用冷拉加工，其工艺路线如下：ϕ0. 05mm→0. 044mm→0. 042mm→0. 04mm→0. 038mm→0. 036mm→0. 0336mm→0. 0325mm→0. 029mm→0. 027mm→0. 025mm→0. 0235mm→0. 021mm→0. 020mm→0. 019mm→0. 0175mm → 0. 0166mm → 0. 016mm → 0. 015mm → 0. 0145mm → 0. 0135mm → 0. 0125mm→0. 0118mm。

ϕ0. 05～0. 0118mm 全用钻石模拉制。其道次加工率以 20%～13%为宜，总加工率 94. 71%。拉制时是采用 10%～20%的肥皂水溶液做润滑，在微型拉丝机上加工。拉制时所发生的现象：由 ϕ0. 0135mm 的直径拉制到 ϕ0. 0125mm 时，由于减面率大（约达 21%）、断头率高，据经验道次变形量应控制在 20%以下为宜，因为当时钻石模不配套，也是不得已而为之。

从 ϕ0. 0118 mm→ϕ0. 003mm 是用电化学抛光法（腐蚀法）在玻璃槽上实现的。若抛光前的半成品表面有油脂必须清除。如果用肥皂水做润滑剂，可减少除油的工序。抛光后的水洗是为了去除丝材表面经电化学腐蚀后残留的酸液。

对电解液的要求也比较严格，它不仅要求电解液中应当含有铬离子，同时要有半径大、电荷少的阴离子（H_2PO_4）；为防止烧断丝材要求低的电流密度；尽量选用有益健康、无刺激味的酸液。通过一系列试验最后选取的电解液是：38mL C_2H_5OH+40mL H_5PO_4。

所用的抛光设备：准备一台电流表和一台低压变压器；多格的玻璃槽，槽体有效长度是65cm、宽10cm、深约6cm，用1mm厚的不锈钢（ЯпТ）或Pb片作阴极；再准备一套收线轴和放线轴，收放线要求同步。具体参数见表13-22。

表13-22 电化学抛光法的具体参数

道次	电解液成分/mL	阴极板	槽端电压/V	电流/A	温度/℃	直径变化/mm
1	H_3PO_4 40	Pb	14	3.5~4.5	20~50	0.0118~0.0105 呈暗黑色
2	C_2H_5OH 38	ЯпТ	14	1.5	20	0.0105~0.0102 由黑变亮
3		91T	16	1.5	20	0.0102~0.009

随着科学技术的发展对材料的要求也越来越高。尤其用做精密测量用的仪表，要具有性能稳定、耐过载能力强、精准和灵敏度高、交直流两用等特点，故对张丝材料的性能要求也是越来越高，这是不言而喻的。

ϕ0.003mm的微细丝加工装置示意图如图13-42所示。

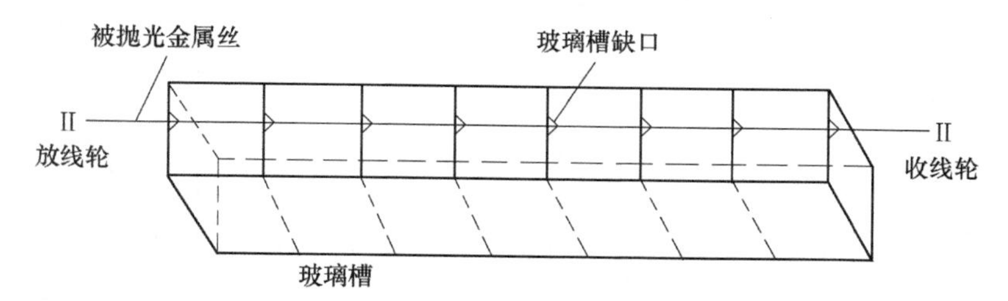

图13-42 ϕ0.003mm微细丝的加工装置示意图

附　　录

附表 1　主要金属和非金属元素的物理常数和机械性质

名　称	密度 /g·cm^{-3}	熔点 /℃	在 20℃时的比热容/kJ·(kg·℃)$^{-1}$	磁化率	力　学　性　能				
					HB	σ_b/kPa	δ/%	ψ/%	E/MPa
铝 Al	2.70	658	0.88	$+0.65\times10^{-6}$	20	600	40	85	720
铍 Be	1.85	1285	1.78	-1.00×10^{-6}	140	—	—	—	3000
钒 V	5.68	1710	0.46	$+1.4\times10^{-6}$	—	—	—	—	—
铋 Bi	9.75	271	0.13	-1.35×10^{-6}	9	脆的	脆的	—	320
钨 W	19.30	3370	0.15	$+0.28\times10^{-6}$	350	15000	—	—	4200
铁 Fe_α	7.86	1530	0.43		80	2500~3000	40~50	85	2100
金 Au	19.32	1063	0.13	-0.15×10^{-6}	20	1400	50	90	790
钾 K	0.86	62.2	0.75	$+0.52\times10^{-6}$	—	—	—	—	—
镉 Cd	8.65	320.8	0.23	-0.18×10^{-6}	20	600	20	50	530
钙 Ca	1.54	810	0.67	$+1.10\times10^{-6}$	30	600	10	—	260
钴 Co	8.90	1490	0.42		130	2500	10	—	2075
硅 Si	2.35	1427	0.71	-0.13×10^{-6}	30	—	—	—	445
锂 Li	0.534	186	3.48	$+0.50\times10^{-6}$	—	—	—	—	—
镁 Mg	1.74	650	1	$+0.55\times10^{-6}$	25	800~2200	3~12	2~19	436
锰(α)Mn	7.44	1242	0.46	$+11.8\times10^{-6}$	20	脆的	脆的	—	2016
钼 Mo	10.2	2620	0.27	$+0.04\times10^{-6}$	35	7000	—	—	3500
砷 As	5.73	850	0.33	-0.31×10^{-6}	—	—	—	—	—
铜 Cu	8.94	1083	3.81	-0.086×10^{-6}	35	2200	50	70	1120
钠 Na	0.97	97.7	1.21	$+0.51\times10^{-6}$	—	—	—	—	—
镍 Ni	8.9	1452	0.44		60	4500~5600	30~50	50~70	2050
锡(ρ)Sn	7.3	231.9	2.22	-0.25×10^{-6}	5	200	40	90	550
白金 Pt	21.45	1773	0.13	$+1.10\times10^{-6}$	—	—	—	—	170
铅 Pb	11.34	327.4	0.13	-0.12×10^{-6}	4	180	45	90	78
硫 S	2.07	112.8		-0.49×10^{-6}	—	—	—	—	—
银 Ag	10.53	960.5	0.23	-0.20×10^{-6}	25	1300	50	90	810
锑 Sb	7.68	630	0.21	-0.87×10^{-6}	30	脆的	脆的	—	710

续附表 1

名　称	密度 /g·cm^{-3}	熔点 /℃	在 20℃时的比热容/kJ·(kg·℃)$^{-1}$	磁化率	力　学　性　能				
					HB	σ_b/kPa	δ/%	ψ/%	E/MPa
钛 Ti	4.5	1813	0.46	$+1.25\times10^{-6}$	—	—	—	—	840
碳 C	3.52	—	—	-0.49×10^{-6}	—	—	—	—	—
金刚石	3.52	3500	0.46	—	—	—	—	—	—
石墨	2.50	3500	0.67	—	—	—	—	—	—
磷 P	1.82	44	0.75	-0.90×10^{-6}	—	—	—	—	—
锌 Zn	7.14	419.4	0.37	-0.157×10^{-6}	30	1500	20	70	1300
铬 Cr	7.14	1550	0.44	$+3.08\times10^{-6}$	脆的	脆的	—	—	—

本书的重力加速度 g 是取 10m/s^2。实际上世界各地的重力加速度略有区别，它是随纬度的提高，重力加速度 g 的数值略有增大。由于 g 随纬度变化不大，因此国际上将在纬度 45°的海拔平面精确测得的物体重力加速度 $g=9.80655$m/s^2 作为重力加速度的准确值。地球各点重力加速度近似的计算公式为：

$$g = g_0[1 - 0.00265\cos\&/(1 + 2h/R)]$$

式中，& 为测量点的地球纬度；h 为测量点的高度；R 为地球的平均半径（$R=$ 6370km）；g_0 为地球标准重力加速度 9.80665m/s^2。

附表 2　一些城市的纬度和重力加速度

地　点	纬　度	重力加速度/m·s^{-2}	附　注
赤道	0	9.780	
新加坡	北纬 1°17′	9.7807	
马尼拉	北纬 14°35′	9.7836	
南宁	北纬 22°43′	9.7876	
广州	北纬 23°06′	9.788	
福州	北纬 28°02′	9.7916	
杭州	北纬 30°16′	9.7930	
武汉	北纬 30°33′	9.7936	
上海	北纬 31°12′	9.794	
东京	北纬 35°42′	9.7980	
华盛顿	北纬 38°53′	9.8011	
北京	北纬 39°56′	9.8012	
罗马	北纬 41°54′	9.8035	海拔 59m

续附表2

地　点	纬　度	重力加速度/m·s^{-2}	附　注
巴黎	北纬48°50′	9.8094	海拔61m
格林威治	北纬51°29′	9.81188	
柏林	北纬52°31′	9.8128	海拔0m
好望角	南纬33°56′	9.7963	海拔11m
爪哇	南纬6°	9.7820	
北极	北纬90°	9.832	

元素周期表

原子序数 — 92 U — 元素符号、红色指放射性元素

元素名称，注 * 的是人造元素 — 铀

$5f^36d^17s^2$ — 外围电子层排布，括号指可能的电子层排布

238.0 — 相对原子质量（加括号的数据为该放射性元素半衰期最长同位素的质量数）

非金属　金属　过渡元素

周期＼族	ⅠA 1	ⅡA 2	ⅢB 3	ⅣB 4	ⅤB 5	ⅥB 6	ⅦB 7	Ⅷ 8	Ⅷ 9	Ⅷ 10	ⅠB 11	ⅡB 12	ⅢA 13	ⅣA 14	ⅤA 15	ⅥA 16	ⅦA 17	0 18	电子层	0族电子数
1	1 H 氢 $1s^1$ 1.008																	2 He 氦 $1s^2$ 4.003	K	2
2	3 Li 锂 $2s^1$ 6.941	4 Be 铍 $2s^2$ 9.012											5 B 硼 $2s^22p^1$ 10.81	6 C 碳 $2s^22p^2$ 12.01	7 N 氮 $2s^22p^3$ 14.01	8 O 氧 $2s^22p^4$ 16.00	9 F 氟 $2s^22p^5$ 19.00	10 Ne 氖 $2s^22p^6$ 20.18	L K	8 2
3	11 Na 钠 $3s^1$ 22.99	12 Mg 镁 $3s^2$ 24.31											13 Al 铝 $3s^23p^1$ 26.98	14 Si 硅 $3s^23p^2$ 28.09	15 P 磷 $3s^23p^3$ 30.97	16 S 硫 $3s^23p^4$ 32.06	17 Cl 氯 $3s^23p^5$ 35.45	18 Ar 氩 $3s^23p^6$ 39.95	M L K	8 8 2
4	19 K 钾 $4s^1$ 39.10	20 Ca 钙 $4s^2$ 40.08	21 Sc 钪 $3d^14s^2$ 44.96	22 Ti 钛 $3d^24s^2$ 47.87	23 V 钒 $3d^34s^2$ 50.94	24 Cr 铬 $3d^54s^1$ 52.00	25 Mn 锰 $3d^54s^2$ 54.94	26 Fe 铁 $3d^64s^2$ 55.85	27 Co 钴 $3d^74s^2$ 58.93	28 Ni 镍 $3d^84s^2$ 58.69	29 Cu 铜 $3d^{10}4s^1$ 63.55	30 Zn 锌 $3d^{10}4s^2$ 65.41	31 Ga 镓 $4s^24p^1$ 69.72	32 Ge 锗 $4s^24p^2$ 72.64	33 As 砷 $4s^24p^3$ 74.92	34 Se 硒 $4s^24p^4$ 78.96	35 Br 溴 $4s^24p^5$ 79.90	36 Kr 氪 $4s^24p^6$ 83.80	N M L K	8 18 8 2
5	37 Rb 铷 $5s^1$ 85.47	38 Sr 锶 $5s^2$ 87.62	39 Y 钇 $4d^15s^2$ 88.91	40 Zr 锆 $4d^25s^2$ 91.22	41 Nb 铌 $4d^45s^1$ 92.91	42 Mo 钼 $4d^55s^1$ 95.94	43 Tc 锝 $4d^55s^2$ [98]	44 Ru 钌 $4d^75s^1$ 101.1	45 Rh 铑 $4d^85s^1$ 102.9	46 Pd 钯 $4d^{10}$ 106.4	47 Ag 银 $4d^{10}5s^1$ 107.9	48 Cd 镉 $4d^{10}5s^2$ 112.4	49 In 铟 $5s^25p^1$ 114.8	50 Sn 锡 $5s^25p^2$ 118.7	51 Sb 锑 $5s^25p^3$ 121.8	52 Te 碲 $5s^25p^4$ 127.6	53 I 碘 $5s^25p^5$ 126.9	54 Xe 氙 $5s^25p^6$ 131.3	O N M L K	8 18 18 8 2
6	55 Cs 铯 $6s^1$ 132.9	56 Ba 钡 $6s^2$ 137.3	57~71 La~Lu 镧系	72 Hf 铪 $5d^26s^2$ 178.5	73 Ta 钽 $5d^36s^2$ 180.9	74 W 钨 $5d^46s^2$ 183.8	75 Re 铼 $5d^56s^2$ 186.2	76 Os 锇 $5d^66s^2$ 190.2	77 Ir 铱 $5d^76s^2$ 192.2	78 Pt 铂 $5d^96s^1$ 195.1	79 Au 金 $5d^{10}6s^1$ 197.0	80 Hg 汞 $5d^{10}6s^2$ 200.6	81 Tl 铊 $6s^26p^1$ 204.4	82 Pb 铅 $6s^26p^2$ 207.2	83 Bi 铋 $6s^26p^3$ 209.0	84 Po 钋 $6s^26p^4$ [209]	85 At 砹 $6s^26p^5$ [210]	86 Rn 氡 $6s^26p^6$ [222]	P O N M L K	8 18 32 18 8 2
7	87 Fr 钫 $7s^1$ [223]	88 Ra 镭 $7s^2$ [226]	89~103 Ac~Lr 锕系	104 Rf 𬬻* $(6d^27s^2)$ [261]	105 Db 𬭊* $(6d^37s^2)$ [262]	106 Sg 𬭳* [266]	107 Bh 𬭛* [264]	108 Hs 𬭶* [277]	109 Mt 鿏* [268]	110 Ds 𫟼* [281]	111 Rg 𬬭* [272]	112 Uub * [285]	……							

镧系	57 La 镧 $5d^16s^2$ 138.9	58 Ce 铈 $4f^15d^16s^2$ 140.1	59 Pr 镨 $4f^36s^2$ 140.9	60 Nd 钕 $4f^46s^2$ 144.2	61 Pm 钷 $4f^56s^2$ [145]	62 Sm 钐 $4f^66s^2$ 150.4	63 Eu 铕 $4f^76s^2$ 152.0	64 Gd 钆 $4f^75d^16s^2$ 157.3	65 Tb 铽 $4f^96s^2$ 158.9	66 Dy 镝 $4f^{10}6s^2$ 162.5	67 Ho 钬 $4f^{11}6s^2$ 164.9	68 Er 铒 $4f^{12}6s^2$ 167.3	69 Tm 铥 $4f^{13}6s^2$ 168.9	70 Yb 镱 $4f^{14}6s^2$ 173.0	71 Lu 镥 $4f^{14}5d^16s^2$ 175.0
锕系	89 Ac 锕 $6d^17s^2$ [227]	90 Th 钍 $6d^27s^2$ 232.0	91 Pa 镤 $5f^26d^17s^2$ 231.0	92 U 铀 $5f^36d^17s^2$ 238.0	93 Np 镎 $5f^46d^17s^2$ [237]	94 Pu 钚 $5f^67s^2$ [244]	95 Am 镅* $5f^77s^2$ [243]	96 Cm 锔* $5f^76d^17s^2$ [247]	97 Bk 锫* $5f^97s^2$ [247]	98 Cf 锎* $5f^{10}7s^2$ [251]	99 Es 锿* $5f^{11}7s^2$ [252]	100 Fm 镄* $5f^{12}7s^2$ [257]	101 Md 钔* $(5f^{13}7s^2)$ [258]	102 No 锘* $(5f^{14}7s^2)$ [259]	103 Lr 铹* $(5f^{14}6d^17s^2)$ [262]

注:相对原子质量录自2001年国际原子量表，并全部取4位有效数字。

参 考 文 献

[1] 米谷茂．机械学会论文集．28. 194（昭 37）：1325.
[2] 米谷茂．机械学会材料试验．8. 65（昭 34）：152.
[3] 米谷茂．机械学会材料试验．9. 76（昭 35）：40．
[4] Leng W，Pomp A. Stahl und Eisen. 61：1169.
[5] Leng W，Trptow K H. Stahl und Eisen. 75：162.
[6] Leng W，Pawelski O. Stahl und Eisen. 80：343.
[7] Paton N E，等．Metals Trans. 1979，10A（2）：241.
[8] Edington J W. Metals Techn. 1976，3（3）：138.
[9] 赵志业．金属塑性变形与轧制理论．北京：冶金工业出版社，2014.
[10] Bunler H. Arch Eisen Hütenw. 7：427.
[11] Metallk Z. 1973 Bd 64. H3：152~160.
[12] Metals Ecoluation. 1969，51：102.
[13] Exp Mech. 1970，10（6）：245.
[14] 仪表材料．1971，1（3）：37~53.
[15] Paxw T A，Mutom T. 1980，7：49~54.
[16] Mutom. 1978，11：58~59.
[17] 18Nickel uitra high strengtn maraging steel. Vanadium alloys steel PA-1966 company latrobe.
[18] 含 Cr 高韧性スシ゛ング钢レてーいて. 铁こ钢，1967，53（10）：43.
[19] 美国专利，No. 3594158.
[20] 特开昭，55-41928.
[21] 美国专利，No. 4200459.
[22] 特开昭，55-24930.
[23] Gelob G T. NpeyuzuoHHGLe cnlaBGL，1979（5）：40~43.
[24] 周长林．上海钢研，1979（2）：46~55.
[25] 斋藤．应用金属学．电磁材料，1965（9）：360.
[26] 日本金属学会报第七卷第 5 号．关于因瓦问题．1968：263.
[27] 日本金属学会志．1972，36（5）．
[28] 法国专利，No. 1493033. 1967.
[29] 美国专利，No. 346415. 1969.
[30] 吴淑媛．天津冶金，19：13.
[31] 吴淑媛．天津冶金，20：24.
[32] 吴淑媛．天津冶金，25：21.
[33] 吴淑媛．天津冶金，26：23.
[34] 郭可信．金属学报，14（1）：73.

[35] 新金属材料，1977（5）：60.
[36] 第四届精密合金交流资料及汇编 .
[37] 金属データブツケ：431~466.
[38] 戴礼智 . 金属磁性材料：210.
[39] 甄纳 C. 金属的弹性与滞弹性 .
[40] 增本量 . 日本金属学会志，1971，35（2~12）.